有限元分析及应用

主编　鞠彦忠
参编　张晓磊　白俊峰　侯立群

中国电力出版社
CHINA ELECTRIC POWER PRESS

内 容 提 要

有限元方法是处理各种复杂工程问题的重要分析手段，也是进行科学研究的重要工具。本书从有限元分析概述、杆梁结构分析的有限元方法、连续体结构分析的有限元方法、非线性有限元，以及基于ANSYS平台的有限元建模与分析实例等五个方面系统地介绍了有限元技术分析及相关计算应用。本书是作者在从教多年经验基础上，依据目前工程学科对有限元分析的要求及学生的学习特点而编写的。目的是让学生掌握有限元分析的基本概念及方法，了解有限元软件的应用，为后期的深入学习和研究打下基础。

本书主要作为普通高等院校土木类、机械类、材料类、能源动力类、电气类等专业研究生或本科生高年级课程教材，也可供相关专业工程技术人员学习参考。

图书在版编目（CIP）数据

有限元分析及应用/鞠彦忠主编．—北京：中国电力出版社，2024.3
ISBN 978-7-5198-7344-8

Ⅰ.①有…　Ⅱ.①鞠…　Ⅲ.①有限元分析　Ⅳ.①O241.82

中国国家版本馆CIP数据核字（2023）第156757号

出版发行：中国电力出版社
地　　址：北京市东城区北京站西街19号（邮政编码100005）
网　　址：http://www.cepp.sgcc.com.cn
责任编辑：熊荣华（010-63412543　124372496@qq.com）
责任校对：黄　蓓　朱丽芳
装帧设计：郝晓燕
责任印制：吴　迪

印　　刷：北京天泽润科贸有限公司
版　　次：2024年3月第一版
印　　次：2024年3月北京第一次印刷
开　　本：787毫米×1092毫米　16开本
印　　张：15
字　　数：279千字
定　　价：52.00元

前言

人类通过研究复杂对象的各类信息来认识客观世界，进行科学研究和工程设计。理论研究、试验研究、数值计算是科学研究的基本方法。在一些研究领域，由于理论和试验的局限，数值计算是唯一的研究手段。有限元分析作为一种数值计算的工具，在工程分析及科学研究中的作用越来越重要。

有限元方法（finite element method）是求解各种复杂数学物理问题的重要方法，是处理各种复杂工程问题的重要分析手段，也是进行科学研究的重要工具。该方法的应用和实施包括：计算原理、计算机软件、计算机硬件三方面。这三方面是相互关联的，缺一不可。正是计算机技术的飞速发展，才使得有限元方法的应用如此广泛和普及，成为最常用的分析工具。目前，国际上有90%的机械产品和装备都要采用有限元方法进行分析，进而进行设计修改和优化。实际上有限元分析已成为代替大量真实试验的数值化“虚拟试验”（virtual test），有限元分析与验证性试验相结合可以做到高效率和低成本。

它已经成为工程技术人员必须掌握的一种分析手段。

本书是作者在从教多年经验基础上，根据目前工程学科对有限元分析的要求及学生的学习特点而编写的。作为工科专业研究生教材，本书主要是让学生掌握有限元分析的基本概念及方法，了解有限元软件的应用，为后期的深入学习和研究打下基础。本书在编写过程中参考了大量的国内外文献资料，在书后一并列出，在此对文献资料的作者致以诚挚的谢意！

本书由东北电力大学鞠彦忠主编，张晓磊、白俊峰、侯立群参编。本书的具体编写分工为：第1章和第3章由鞠彦忠编写，第2章和第5章由张晓磊编写，第4章由白俊峰编写，习题由侯立群编写。全书由鞠彦忠统稿。在本书的文稿整理过程中赵健等同学做了大量的工作。

本书在出版过程中得到了东北电力大学研究生部的大力支持，在此深表感谢！

虽然编者在编写过程中尽了最大的努力，但限于编者水平，书中难免存在不足，敬请专家和读者批评指正。

编　者

2023年12月

目录

第 1 章　有限元分析概述

1.1　有限元方法的历史

在工程领域，有限元分析（finite element analysis）是进行数值计算的极为重要的方法，利用有限元分析可以对任意复杂工程结构进行研究，是计算机辅助工程（CAE）的重要手段。

有限元法离散化的思想最早可以追溯到 20 世纪 40 年代。1941 年赫兰尼可夫（A. Hrennikoff）首次提出用隔栅的集合体表示二维与三维的结构体，用离散元素法求解弹性力学问题，当时仅限于用杆系结构来构造离散模型，但很好地说明了有限元的思想。1943 年 Richard Courant 为了表征解决扭转问题时出现的翘曲函数，在论文中取定义在三角形域上分片连续函数，在各个三角形区域设定一个线性的翘曲函数，利用最小势能原理研究 St. Venant 的扭转问题。最终求得扭转问题的近似解。该方法是对兹数值近似法的推广，实质上就是有限元法分片近似、整体逼近的基本思想[1]。

20 世纪 50 年代，由于航空工业的需要，美国波音公司的专家首次采用三节点三角形单元，在分析飞机结构时系统研究了离散杆、梁、三角形的单元刚度表达式，将矩阵位移法用在平面问题上，并求得了平面应力问题的正确解答。1955 年德国的 Argyris 公司出版了第一本关于结构分析中的能量原理和矩阵方法的书，为后续的有限元研究奠定了重要基础。

20 世纪 60 年代有限元法得到了快速发展，除力学界外，许多数学家也参与了这项工作，奠定了有限单元法的理论基础，搞清了有限单元法与变分之间的关系，发展了各种各样的单元格式，扩大了有限单元法的应用范围。有限单元法第一次提出并使用是在 1960 年，美国克拉夫（Ray W. Clough）教授在一篇题为“平面应力分析的有限单元法”的论文中解决平面弹性问题时首先使用。随后大量的工程师开始使用这一离散方法来处理结构分析、流体力学、热传导等复杂问题。1967 年，辛克维奇（O. C. Zienkiewicz）和张佑启出版了第一本有关有限元分析的专著。

20世纪70年代以来，有限单元法进一步得到蓬勃发展，其应用范围扩展到所有工程领域，成为连续介质问题数值解法中最活跃的分支。由变分有限元扩展到加权残数法与能量法有限元，由弹性力学平面问题扩展到空间问题、板壳问题，由静力平衡问题扩展到稳定性问题、动力问题和波动问题，由线性问题扩展到非线性问题，分析的对象从弹性扩展到塑性、黏弹性、黏塑性和复合材料等，由结构分析扩展到结构优化乃至于设计自动化，从固体力学扩展到流体力学、传热学、电磁学等领域。它使许多复杂的工程分析问题迎刃而解。1970年以后，有限元方法开始应用于处理非线性和大变形问题，Oden于1972年出版了第一本关于处理非线性连续体的专著。这一时期的理论研究工作是比较超前的，但由于当时计算机的发展状态和计算能力的限制，还只能处理一些较简单的实际问题。1975年，对一个300个单元的模型，在当时先进的计算机上进行2000万次计算大约需要30h的机时，花费约3万美元，如此高昂的计算成本严重限制了有限元方法的发展和普及。然而，许多工程师都对有限元方法的发展前途非常清楚，因为它提供了一种处理复杂形状真实问题的有力工具。在工程师研究和应用有限元方法的同时，一些数学家也在研究有限元方法的数学基础。实际上，1943年Richard Courant的那一篇开创性的论文就是研究求解平衡问题的变分方法，1963年Besseling，Melosh和Jones等人研究了有限元方法的数学原理。还有学者进一步研究了加权残值法与有限元方法之间的关系，对于一些尚未确定出能量泛函的复杂问题，也可以建立起有限元分析的基本方程，这可以将有限元方法的应用领域大大地扩展。我国胡海昌于1954年提出了广义变分原理，钱伟长最先研究了拉格朗日乘子法与广义变分原理之间的关系，冯康研究了有限元分析的精度与收敛性问题。

有限元法起源于结构分析理论，近年来由于它的理论与公式逐步改进和推广，不仅在结构理论本身范围内由静力分析发展到动力问题、稳定问题、波动问题，由线性发展到非线弹性和塑性，而且该方法已经在连续体力学的一些场问题中得到应用，例如热传导、流体力学、电磁场等领域中的问题。

有限单元法的基本思想是将物体（连续的求解域）离散成若干个子域，物体被离散后，网格划分中每一个小的块体称为单元，通过对其中各个单元进行单元分析，最终得到对整个物体的分析。确定单元形状、单元之间相互连接的点称为节点，单元之间通过节点连接成组合体，用每个单元内所假设的近似函数分片地表示全求解域内待求的未知场变量。每个单元内的近似函数用未知场变量函数在单元各个节点上的数值和与其对应的插值函数表示。由于在连接相邻单元的节点上，场变量函数应具有相同的数值，因而将它们用作数值求解的基本未知量，将求解原函数的无穷多自由度问题转换为求解场变量函数节点值的有限自由度问题，从而将一个连续的无限自由度问题简化为离散的有限自由度问题并进行求解。

近些年来，在计算机程序的实现方面，也有了非常大的发展。由于有限元法的通用性，它已经成为解决各种问题的强有力和灵活通用的工具。因此，不少国家编制了大型通用的计算机程序，其中比较常用的有 SAP、ADINA、ANSYS、ALGOR、NASTRAN、ABAQUS、COSMOS 和 MARC 等。有限元在工程分析中的作用已从分析、校核扩展到优化设计并和计算机辅助设计技术相结合。可以预见，随着现代力学、计算数学和计算机技术等学科的发展，有限元法作为一个具有巩固理论基础和广泛应用效力的数值分析工具，必将得到进一步的发展和完善，在国民经济建设和科学技术中发挥更大的作用。

1.2　有限元软件的发展

现代产品的设计与制造正朝着高效、高速、高精度、低成本、节省资源和高性能等方面发展，传统的计算分析方法远远无法满足要求。近 20 年来，随着计算机技术的发展，出现了计算机辅助工程（Computer Aided Engineering，CAE）这一新兴学科。采用 CAE 技术，即使在进行复杂的工程分析时也可无须做很多简化，并且计算速度快、精度高。常见的工程分析包括：对质量、体积、惯性力矩和强度等的计算分析；对产品的运动精度，动、静态特征等的性能分析；对产品的应力、变形、安全性及寿命的分析等。CAE 是一个很广的概念，从字面上讲可以包括工程和制造业信息化的所有方面，其特点是以工程和科学问题为背景，建立计算模型并进行计算机仿真分析，对工程和产品进行性能与安全可靠性分析，对其未来的工作状态和运行行为进行模拟，及早发现设计中的不足，并证实未来工程、产品功能和性能的可用性与可靠性。工程和制造企业的生命力在于工程和产品的创新，而实现创新的关键，除了设计思想和概念之外，最主要的技术保障，就是采用先进可靠的 CAE 软件。CAE 软件可以分专用和通用两类，针对特定类型的工程或产品所开发的用于产品性能分析、预测和优化的软件，称为专用 CAE 软件；可以对多种类型的工程和产品的物理、力学性能进行分析、模拟、预测、评价和优化，以实现产品技术创新的软件，称为通用 CAE 软件。

CAE 分析起始于 20 世纪 50 年代中期，在 20 世纪 60 年代，由于 E. D. Wilson 发布了第一个程序，这种激情终于被点燃了。第一代程序没有名字，但遍布在世界的许多实验室里，通过改变扩展这些早期在Berkeley开发的软件，工程师们扩展了新的用途；这些给工程分析带来了巨大的冲击，有限元软件也随之发展。在Berkeley开发的第二代线性程序称为SAP。由Berkeley的工作发展起来的第一个非线性程序称为NONSAP，它具有隐士积分进行平衡求解和瞬态问题求解的功能。而真正的CAE软件则诞生于70年代初期，直到80年代中期的十多年间，CAE软件处于独立成长阶段，主要是扩充和完善基本功能、算法和软件结构，到80年代中期，逐步形成了商品化的通用和专用CAE软件。到目前为止，CAE的发展经历了不到80年的时间，并可以分为五个阶段，前四个阶段为8～12年一阶段，第五阶段则是近年来的事。第一阶段（1950～1960）年，航空工业的发展促进了有限元程序的发展。早期的程序大多基于力法理论进行开发，并用来对静不定结构进行分析，后来经过研究人员的努力开发出基于位移法理论的简单二、三维有限元法程序。在这个时期，人们主要致力于有限元基本理论与算法的研究，在有限元单元库的发展方面进行了大量的工作。第二阶段，人们开始致力于多功能通用有限元程序的开发，如具有多种用途的有限元软件NASTRAN、SAKA、ANSYS、STARDYNE、MARC、SAP、SESAM和SAMCEF在美国及欧洲已经公开使用，国产有限元分析软件有JIGFEX、DDJ、HAJIF与MAC软件系统等。这些程序在可用性、可靠性和计算效率上已经基本成熟，为大量的商业有限元软件系统的开发提供了坚实的基础。就软件结构和技术而言，这些CAE软件基本上是用结构化软件设计方法，是采用FORTRAN语言开发的结构化软件，其数据管理技术尚存在一定缺陷；它们的运行环境仅限于当时的大型计算机和高档工作站。在这一阶段，技术的发展包括以应力和位移为基本未知量参数的混合交叉有限元模型的研究；为处理大规模问题而求解代数方程、特征值问题、子结构化、模型合成技术的高效数值算法的研究。有限元方法在线性、静态问题上成功应用的同时进一步应用在非线性及瞬态响应问题上。第三阶段包括优化CAE商业软件代码，并对这些软件开发的相关技术进行深入研究，如用于断裂力学的分析方法与有限元技术、边界元技术的发展、有限元和其他分析技术的结合等。特别重要的是，在这一阶段，前处理、后处理软件及CAD系统的发展使CAE软件设计更为完善。第四阶段包括CAE软件为适应计算机系统的进步改进（向量、多重处理器、并行机）；发展了适应新型计算机的高效计算方法与数值算法；在工作站与PC机上CAE软件得到了推广和应用；许多CAE有限元软件在分析能力上得到大大地加强，其中包括程序系统中材料模型模拟功能的发展。在通用CAE软件得到迅速发展的同时，专用的CAE软件和特定的工程或产品应用软件相连接，开发出相当多的CAE专用软件。第五阶段开始于20世纪90年代中期。这一阶段的主要发展是将

CAE 与其他模拟软件集成到 CAD/CAE/CAM 系统中并形成一个完整、方便的实用产品。CAE 向智能化方向发展，如在技术发展方面有自动的有限元划分网格、面向对象的工具以及数据库和用户接口的发展等。面向对象的界面可使用户迅速通过 CAE 软件完成对产品的分析与优化设计。在这一阶段，计算环境也得到了迅速的发展，如分时计算与并行计算等，这些都促进了 CAE 软件的迅速发展。近 10 年国际上知名的 CAE 软件在单元库、材料库、前后处理，特别是用户界面和数据管理技术等方面都有了巨大的发展。值得说明的是，近 15～20 年是 CAE 软件商品化的迅速发展阶段，CAE 开发商为满足市场需求和适应计算机硬、软件技术的迅速发展，在大力推销其软件产品的同时，对软件的功能、性能，特别是用户界面及前、后处理能力，进行了大幅度扩充；对软件的内部结构和部分软件模块，特别是数据管理和图形处理，进行了重大的改造。新增的软件大都采用了面向对象的软件设计方法和 C＋＋语言设计，个别子系统则是完全使用面向对象软件方法开发的软件产品。这就使目前市场上知名的 CAE 软件，在功能、性能、可用性、可靠性以及对运行环境的适应性等方面得到了极大的提高。这些 CAE 软件可以在超级并行机，分布式微机群，大、中、小、微各类计算机和各种操作系统平台上运行。

1.3　有限元分析的目的和概念

1.3.1　有限元分析的目的

从本质上讲，有限元分析是用来解决常微分方程和偏微分方程的一种数学方法。它能够求解那些用微分方程的形式描述的复杂问题。当这些类型的方程很自然地发生在自然科学的各个领域时，有限元方法被无限制地应用到求解实际设计的问题中。由于高成本的计算处理时代已经过去，有限元分析有了被用来解决复杂和关键问题的优势。通常情况下，传统的方法不能提供足够的信息来确定土木工程建筑的安全工作限度，例如高层建筑、大的浮动桥或核反应堆的失败，其高昂的经济成本和恶劣的社会影响是无法承受的。

近年来，有限元分析几乎被大量应用于解决结构工程问题，尤其航空工业更加依赖于这个技术。由于对飞机快速、结实、轻便和经济的要求，制造商必须依靠这个技术来保持竞争优势。但是，更重要的是，为了安全，这个行业暴露出来的问题是零部件的制造成本高，同时它也是媒体关注的焦点，飞机制造商需要确保每个零件在发生破坏之前，提供停止使用的设计计划。有限元分析被用在大量产品生产和制造工业已有很多年。错误的产品设计将会带来极大的危害，例如一个大的制造商因为单个活塞设计错误而不得不收回一个模型，最后不得不更换100万个活塞。类似地，如果一个主要的部件出现错误，收入的损失远远超过了安装和替换部件所需要的成本费用，这还不包括相应事故所造成的环境和安全损失费用。

在工程设计方面有限元方法是一种非常重要的工具，它经常被用于解决下面领域中的问题：①结构强度设计；②结构流体分析；③冲击分析；④噪声；⑤热分析；⑥振动；⑦碰撞仿真；⑧流体分析；⑨电分析：质量扩散；⑩屈曲问题；⑪动力学分析；⑫电磁计算；⑬金属成型。

现在，甚至最简单产品的设计评估也依赖有限元的方法。这是因为使用其他现有的方法通常不能精确和经济实惠地解决当前的设计问题。以物理实验作为标准的时代已经过去，现在看来它的成本确实太高了。

1.3.2 有限元分析的概念

有限元法（或称有限单元法）是当今工程分析中应用最广泛的数值计算方法。由于它的通用性和有效性，有限元法一直受到工程技术界的高度重视。伴随着计算机科学和技术的发展，它已成为计算机辅助设计（CAD）和计算机辅助制造（CAM）的重要组成部分，并发展成为计算机辅助工程（CAB）。有限元分析（FEA）首先被运用于航空航天和核工业领域，因为在这些行业中，结构的安全是非常重要的。近20年来，有限元法被大量采用，这应直接归因于计算机技术的发展。因此，商业有限元软件能够解决非常复杂的问题，而不仅仅解决结构的问题。有限元分析由赋有材料属性的计算机模型或带有载荷和分析结果的图形构成，它被用于新产品的设计和对已有产品的优化，用于在制造或建设前期对设计按照规范进行验证，还用于调整现有的产品或结构使其能满足新的服务条件。分析的结构被细分为简单形状的微小网格单元，在每个单元里，位移变量假定由简单多项式图形函数和节点位移确定。应变和应力方程通过未知的节点位移扩展得到。从这一点看，平衡方程被假定为矩阵的形式，这种形式的矩阵很容易在计算机上通过编程求解。节点位移可以通过刚度矩阵方程进行求解。一旦得到了节点位移，单元应力和应变也能够被求解。在每个模拟设计中，程序员能够插入大量的函数，这些函数可以使得系统为线性或非线性的形式。线性系统大大减少了复杂程度，通常忽略了许多细微的加载和动作模拟；非线性系统计算形式更贴近实际，例如塑性变形、变化载荷等，同时它也能验证各种类型的破坏因素。不管商业软件的功能和扩展能力有多神奇，它的本质都是将技术的理解和物理过程融入分析中，只有这样才能选择合适的、准确的分析模型，并给出正确的定义和解释。

有限元分析的基本概念是用较简单的问题代替复杂问题后再求解。它将求解域看成是由许多称为有限元的小的互连子域组成，对每一单元假定一个合适的（较简单的）近似解，然后推导求解这个域总的满足条件（如结构的平衡条件）的整体方程，从而得到问题的解。这个解不是准确解，而是近似解，其原因是实际问题被较简单的问题代替。由于大多数实际问题难以得到准确解，而有限元法不仅计算精度高，而且能适应各种复杂形状，因而成为行之有效的工程分析手段。

（1）单元。结构的网格划分中的每一个小的块体称为一个单元。常见的单元类型有线段单元、三角形单元、四边形单元、四面体单元和六面体单元几种。由于单元是组成有限元模型的基础，因此，单元的类型对于有限元分析是至关重要的。

（2）节点。确定单元形状的点称为节点。例如线段单元只有两个节点，三角形单元有 3 个或者 6 个节点，四边形单元最少有 4 个节点等。

（3）载荷。工程结构所受到的外在施加的力称为载荷，包括集中载荷和分布载荷等。在不同的学科中，载荷的含义也不尽相同。在电磁场分析中，载荷是指结构所受的电场和磁场作用；在温度场分析中，所受的载荷则是指温度本身。

（4）边界条件。边界条件是指结构边界上所受到的外加约束。在有限元分析中，边界条件的确定是非常重要的因素。错误的边界条件使程序无法正常运行，施加正确的边界条件是获得正确的分析结果和较高的分析精度的重要条件。

1.4　有限元分析的基本流程

1.4.1　有限元法分析过程

有限元法的基本思路是“化整为零，积零为整”。它的求解步骤是：将连续的结构离散成有限多个单元，并在每个单元中设定有限多个节点，将连续体看作是只在节点处相连接的一组单元的集合体；然后选定场函数的节点值作为基本未知量，并在每一单元中假设一个近似的插值函数以表示单元中场函数的分布规律；进而利用力学中的变分原理建立用以求解节点未知量的有限元法方程，从而将一个连续域中的无限自由度问题化为离散域中的有限自由度问题。求解结束后，利用解得的节点值和设定的插值函数确定单元上乃至整个集合体上的场函数。

单元可以设计成不同的几何形状以模拟和逼近复杂的求解域。显然，如果插值函数满足一定要求，随着单元数目的增加，解的精度会不断提高而最终收敛于问题的精确解。从理论上说，无限制地增加单元的数目可以使数值分析解最终收敛于问题的精确解，但是这增加了计算机计算所耗费的时间。在实际工程应用中，只要所得的数据能够满足工程需要就足够了。有限元分析方法的基本策略就是在分析的精度和分析的时间上找到一个最佳平衡点。

有限单元法分析的主要步骤如下：

（1）研究分析结构特点。研究分析所需求解对象的结构特点，包括形状、边界条件、工况载荷特点；初步建立物理力学模型，包括形状的简化、构件间连接的简化、支承的简化、材料的简化、截面特性的简化、载荷的分析等。这一步工作的好坏对整个计算影响很大。

（2）形成有限元计算模型。根据结构特点，确定单元类型，选取节点，形成网格图，同时选定支撑及边界条件以及决定载荷的处理，最终形成计算数据文件。这一步既对选择怎样的软件有影响，又受所选软件的限制制约，因为选定所用的软件后，单元类型、单元数据、节点数据、边界与荷载的处理以及最终的数据文件都要按照软件的规定处理。

（3）选择有限元软件或编制计算程序。根据结构的计算模型，选择或编制有限元计算软件。选定所用软件后，又要根据软件的要求修改计算模型。

（4）上机试算。为了检验计算模型的正确性，同时熟悉所选定的软件，或者考核新编制的程序，一般要进行试算。试算时可在所形成的计算模型上加载荷，确认计算结果正确无误后，方可进入下一步。

（5）计算模型准确性判别。试算顺利结束后，一定要根据试算结果判别计算模型是否准确，这是关系到有限元分析是否准确无误的关键。最常用的方法是将计算结果与通过试验测量的结果进行比较，如果两者之间的误差在工程允许范围内，则认为这个计算模型是准确的。判别的其他方法还有：根据理论计算结果（如果存在的话）及常识进行判别，或对同一问题用其他软件计算的结果进行分析比较。

（6）修改计算模型或修改程序。当试算结果误差过大时应重新修改计算模型，修改计算模型可从单元的类型、节点与单元的划分和边界条件等着手。对自编程序，可以检查、分析程序的每一步骤，特别要注意数据的传递等，确保程序各方面无任何错误。如果使用的是通用软件，则可通过验证题、使用手册等途径进一步熟悉程序，理解输入、输出数据的确切含义。

（7）正式计算以及计算结果整理。若结构的计算模型判别为是准确的，则可施加各工况载荷进行正式计算。计算完成后，要对计算结果进行整理，以得到结构的应力图、变形图或振型图等。

（8）结构设计方案的判别。根据整理得到的计算结果，如应力图、变形图等，来判断设计方案是否合理。若得出结构的薄弱区域或者强度富裕区域等设计不合理之处，可对结构进行修改，并修改相应计算模型，重新计算。若设计方案合理，则输出最终较佳的设计方案。

有限元程序分析三部曲是从使用有限元程序的角度讲的。有限单元法分析又可分成三大步：①前处理，实际上是对计算对象划分网格、形成计算模型的过程，包括单元类型的选择、节点和单元网格的确定、约束载荷的移置等。②求解，则是在形成总刚度方程并进行约束处理后求解大型联立线性方程组、最终得到节点位移的过程，解方程组的方法有很多种，通用软件根据自身特点选用一两种方法。③后处理，则是对计算结果的处理和数据的输出，包括各种应力、位移或振型的整理，形成等应力线、变形图、振型图等。

1）前处理。根据计算目的，前处理时将连续的实际结构简化为理想的数学模型，用离散化的网格代替，并最终形成计算数据文件。对所分析的每一个结构件都必须给出下列信息：节点空间位置（坐标值），单元信息（包括单元类型、组成节点号、截面特征），结构的材料特征参数，边界条件或约束信息，各类载荷。

在构成离散模型时，为了使模型较合理，还须遵循以下原则：在不影响计算精度的前提下，尽量简化计算模型以减少计算时间和存储容量；选择合理的单元类型；在所关心的区域加密计算网格；在编排节点时，尽量减少相关单元的节点号之差，减小带宽，以减少数据存储量。

2）求解。求解时将前处理得到的有关信息输入计算，运行有限元程序，进行分析计算。

3）后处理。有限元分析是一种大规模的科学计算，计算势必产生大量的数字信息。只有在对这些计算输出信息进行仔细分析、理解之后，才有可能掌握计算中出现的情况和问题，才有可能获得对被分析对象的认识和见解。

有限元分析输出的计算结果，包括三个基本类型：①节点类数据。直接给出模型节点处的结果（应力、位移、内力、温度值等）；②单元类数据。给出单元节点处或内部指定处的结果（各种应力分量、应力组合等）。③整体类数据。通过对某些单元结果求和得到整个总体模型参数，通常用以检查模型的有效性或特定分析的精度等。

1.4.2　误差分析

1. 计算误差

计算误差是指计算机在数值运算时产生的误差。引起的原因主要有两个：一是在某一计算阶段涉及大量的数值运算，如在解线性代数方程组的过程中，利用矩阵分块法的平方根，分解总刚度矩阵为三角阵的转置阵与三角阵乘积时，要进行多次的乘法运算、幂运算。这些势必引起累积误差，从而导致产生计算误差。引起计算误差的另一重要原因是所谓“病态方程”问题。

2. 离散误差

离散误差是由于连续体被离散化模型代替并进行近似计算所带来的。引起离散误差的主要原因是，在一般情况下仅用具有有限个自由度的离散模型所假设的单元位移函数不可能精确表达连续体真实的位移场。此外，单元网格不可能精确地和结构的几何形状拟合，载荷的处理和边界条件的假设也不可能与实际情况完全符合等，这些都是直接影响有限元法的离散误差。连续体有无限多个自由度，而有限元离散模型只有有限个自由度。如果增加离散模型的自由度数，使单元尺寸趋于零，则离散误差也会趋向于零，有限元的近似解将收敛于精确解。

通过上面初步介绍的计算误差和离散误差概念可知，在有限元分析中这两种误差总是存在的。有限元计算要进行大量的数值运算，计算误差就不可避免；同时网格划分时不可能都取成正三角形和正方形单元，离散误差也总是存在。有限元计算误差主要由离散误差引起。这主要是由于在离散化形成有限元计算模型时，采用了较多的假设，涉及的因素（单元种类、位移模式假设、载荷移置、边界条件引入等）多，其中任何一项的假设和近似所带来的误差都要比计算累计误差大得多。

为减小误差，可以采取如下措施：

（1）在同一有限元计算模型中，尽量避免出现刚度过分悬殊的单元，包括刚度很大的边界元相邻单元大小相差很大等（在有的有限元通用程序中，当两个刚度系数的比值超过一个很大值，如出现错误，会提出警告，提示检查网格，重新计算）。

（2）采用较密的网格分割，且注意采用较好的单元形态（尽量采用接近等边三角形或正方形单元）。

需要指出的是：采用较密的网格分割能减少结果的离散误差，但单元多了，计算次数就会增加，相应计算误差也要增加；另一方面，如果取了不好的单元网格，计算误差更会增大（出现“病态方程”的缘故）。通常，有限元分析的总误差主要由离散误差造成，因此加密网格分割，同时注意单元形态将使有限元分析的总误差下降[6]。

1.5 有限元分析的特点

有限元法经过近 80 年的迅速发展和愈来愈广泛的应用，成为现代工业与工程技术密不可分的组成部分。有限元法所具有的特点表现在以下几个方面：

（1）物理概念清晰。可以在不同的理论层面建立有限元法的理解，既可以通过非常直观的物理解释来理解，也可以建立严格的数学理论分析。

（2）复杂结构的适应性。在固体力学及其他连续体力学中，只有特殊类型的位移场和应力场才能求得微分方程式的解。对于多数复杂的结构得不到解，而有限元法对于完成这些复杂结构的分析是一种十分有效的方法。有限元法利用离散化将无限自由度的连续体力学问题变为有限单元节点参数的计算，虽然它的解是近似的，但适当选择单元的形状与大小，可使近似解达到满意的程度。

（3）有限元法不仅能处理线弹性力学、非均质材料、各向异性材料、非线性应力 -应变关系、大变形、动力学和屈曲问题等，还能解决热传导、流体力学、电磁场等问题以及不同物理现象的耦合问题，应用范围极为广泛。

（4）适合计算机实现的高效性。有限元法引入边界条件的办法简单，边界条件不需要引进单个有限元的方程，而是求得整个集合体的代数方程后再引进，因此对内部和边界上的单元都能采用相同的场变量函数，而且当边界条件改变时，场变量函数不需要改变，对编制通用化程序带来了极大的简化。另外，有限元法通常采用矩阵表达式，便于编程计算。计算机不仅可以快速求解问题，而且使求解问题的方法规范化、软件商业化，为有限元的发展、应用奠定了坚实的基础。

思考题

近年来，西方国家对我国计算机软件和硬件的制约加剧，面对这种情况，我国提出“自强不息”和“坚定不移地走自主创新的道路”，全力进行国产软硬件的自主研发。请结合国产有限元软件的发展历程以及我国所采取的突破外国技术壁垒的措施，谈谈对“自主创新”的认识。

第2章　杆梁结构分析的有限元方法

2.1　杆梁结构分析的工程概念

在建筑结构中，杆、梁、板是主要的承力构件，由杆或梁组成的杆系结构在工程中应用十分广泛。杆系结构可以分为平面桁架、空间桁架、梁（包括连续梁）、平面刚架、平面板架和空间刚架等。对于有限元法来说，这些结构实际上都是由杆元和梁元两种基本单元组成的。关于它们的计算分析对于建筑结构设计来说具有非常重要的作用。对杆、梁、板的建模将充分考虑到实际结构的几何特征及连接方式，并需要对其进行不同层次的简化，可以就某一特定分析目的得到相应的1D、2D、3D模型。由于在设计时并不知道结构的真实力学性能（或许还没有实验结果，或许还得不到精确的解析解），仅有计算分析的一些结果，因此，一种进行计算结果校核或验证的可能方法，就是对所分析对象分别建立1D、2D、3D模型，就一些力学特征来进行它们之间的相互验证和核对。

本章从有限元法原理出发，建立杆元和梁元的有限元计算方法。

2.2　杆件有限元分析

2.2.1　杆件分析的基本力学原理

杆件是最常用的承力构件，它的几何特征是横截面的尺度远小于杆的长度，它的特点是连接它的两端一般都是铰接接头，因此，它主要承受沿轴线的轴向力，因两个连接的构件在铰接接头处可以转动，它不传递和承受弯矩。

有一个左端铰接的拉杆，其右端承受一外力 F。该拉杆的长度为 l，横截面积为 A，弹性模量为 E，如图2-1所示。这是一个一维问题，下面讨论该问题的力学描述与求解。

1. 基本假定

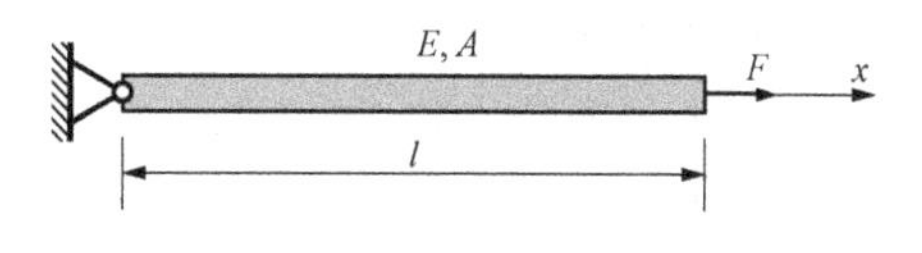

图 2 - 1　一端铰接的拉杆

弹性杆单元基于如下假定：

（1）杆在几何形式上为等横截面积、细长直杆。

（2）横截面上的正应力均匀分布。

（3）材料服从胡克定律。

（4）杆只受轴向载荷作用。

2. 基本变量

由于该问题是沿 x 方向的一维问题，所以杆单元的力学基本变量只与轴向坐标 x 有关，这些力学变量如下。

（1）位移：定义沿 x 方向的移动为位移，即位移为 $u(x)$ 。

（2）应变：定义沿 x 方向的相对伸长（或缩短）量为应变，即应变为 $\varepsilon_x(x)$ 。

（3）应力：定义沿 x 方向的单位横截面上的受力为应力，即应力为 $\sigma_x(x)$ 。

3. 3 类方程及 2 类边界条件

（1）几何方程（小变形）。物体的变形是由物体上各点的位移描述的。当物体变形时，物体的任意一个微团会产生运动及变形。若物体上各点位移都确定了，任一微团的变形也就相应确定了。以下讨论如何由位移场确定应变。

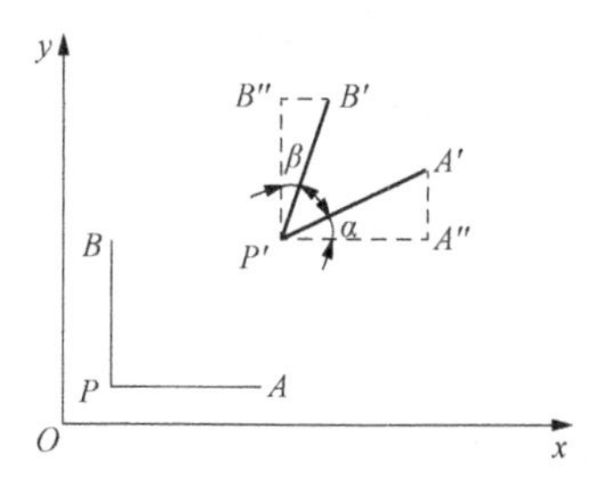

图 2 - 2　物体上任意一点 P 的位移场

如图 2 - 2 所示，设 P 为物体上任意一点，取沿 x 方向微线段 $PA = \mathrm{d}x$ ；沿 y 方向微线段 $PB = \mathrm{d}y$ 。变形后，P、A 点和 B 点分别移到 P'、A'、B'，P 点在 x 方向位移为 u，y 方向位移为 v。则由连续数学可以知道，A 点在 x 方向位移为 $u + (\partial u/\partial x)\mathrm{d}x$ ，在 y 方向位移为 $v + (\partial v/\partial x)\mathrm{d}x$ 。B 点在 x 方向位移是 $u + (\partial u/\partial y)\mathrm{d}y$ ，在 y 方向位移是 $v + (\partial v/\partial y)\mathrm{d}x\mathrm{d}y$ 。

由应变的定义，x 方向的线应变为

$$\varepsilon_x = \frac{P'A' - PA}{PA} \approx \frac{P'A'' - PA}{PA} = \frac{u + \dfrac{\partial u}{\partial x}\mathrm{d}x - u}{\mathrm{d}x} = \frac{\partial u}{\partial x} \qquad (2 - 1)$$

由于该问题是沿 x 方向的一维问题，取杆件 x 位置处的一段长度 $\mathrm{d}x$ ，设它的伸长量为 $\mathrm{d}u$ ，则它的相对伸长量为

$$\varepsilon_x = \mathrm{d}u/\mathrm{d}x \qquad (2 - 2)$$

（2）物理方程（线弹性材料）。由该材料的拉伸试验，其物理方程可由胡克定律推导出来。

由胡克定律可得

$$\begin{Bmatrix}\varepsilon\\ \varepsilon_y\\ \varepsilon_z\\ \gamma_{xy}\\ \gamma_{yz}\\ \gamma_{zx}\end{Bmatrix}=\frac{1}{E}\begin{bmatrix}1 & -\mu & -\mu & 0 & 0 & 0\\ -\mu & 1 & -\mu & 0 & 0 & 0\\ -\mu & -\mu & 1 & 0 & 0 & 0\\ 0 & 0 & 0 & 2(1+\mu) & 0 & 0\\ 0 & 0 & 0 & 0 & 2(1+\mu) & 0\\ 0 & 0 & 0 & 0 & 0 & 2(1+\mu)\end{bmatrix}\begin{Bmatrix}\sigma_X\\ \sigma_Y\\ \sigma_Z\\ \tau_{XY}\\ \tau_{YZ}\\ \tau_{ZX}\end{Bmatrix} \tag{2-3}$$

式中：E 为杨氏模量；μ 为泊松比。

对于杆件问题，由于 $\sigma_y=0$，$\sigma_z=0$，$\tau_{xy}=0$，$\tau_{yz}=0$，$\tau_{xz}=0$，该材料的胡克定律为

$$\sigma_x=E\varepsilon_x$$

（3）平衡方程。取出杆件的任意一个截面，$\sigma_x=C_1$，可以写成

$$\mathrm{d}\sigma_x/\mathrm{d}x=0 \tag{2-4}$$

其中，C_1 为待定的常数。

（4）位移边界条件为

$$BC(u)u(x)\mid_{x=0}=0 \tag{2-5}$$

（5）力边界条件为

$$BC(p)\ \sigma_x(x)\mid_{x=0}=F/A=\bar{p}_x \tag{2-6}$$

其中，$\bar{p}_x$ 为分布力。对于以上的力边界条件，只能作为一种近似，因为在 $x=l$ 的截面，σ_x（x）不应是均匀分布的。由圣维南原理（Saint - Venant principle），在远离 $x=l$ 的截面，力的边界条件才较好地满足。

圣维南原理是：对于作用在物体边界上一小块表面上的外力系可以用静力等效（主矢量、主矩相同）并且作用于同一小块表面上的外力系替换，这种替换造成的区别仅在离该小块表面的近处是显著的，而在较远处的影响可以忽略。

圣维南原理的要点有两个：一是两个力系必须是按照刚体力学原则的“等效”力系；二是替换所在的表面必须小，并且替换导致在小表面附近失去精确解。一般对连续体而言，替换所造成显著影响的区域深度与小表面的直径有关。

（6）微分方程。用位移表达的微分方程

$$EA\frac{\mathrm{d}^2u}{\mathrm{d}x^2}+q=0 \tag{2-7}$$

（7）能量、功及总势能。

应变能为

$$U=\frac{1}{2}\int_L\varepsilon_x\sigma_xA\,\mathrm{d}x \tag{2-8}$$

外力功为

$$W=\int_L uq\,\mathrm{d}x+\sum_i u_i P_i \tag{2-9}$$

总势能为

$$\Pi=\frac{1}{2}\int_L \varepsilon_x\sigma_x A\,\mathrm{d}x-\int_L uq\,\mathrm{d}x-\sum_i u_i P_i \tag{2-10}$$

式中，q 为沿轴向均布线荷载，P_i 为作用在节点 i 上的集中力

（8）虚功原理为

$$\int_L \delta\varepsilon_x\sigma_x A\,\mathrm{d}x=\int_L u\delta q\,\mathrm{d}x+\sum_i \delta u_i P_i \tag{2-11}$$

4. 1D 问题的直接求解

就所针对的问题，可得到以下结果：

$$\left.\begin{aligned}\sigma_x(x)&=C_1\\ \varepsilon_x(x)&=\frac{C_1}{E}\\ u(x)&=\frac{C_1}{E}x+C_2\end{aligned}\right\} \tag{2-12}$$

式中，C_1 及 C_2 为待定常数，由边界条件式（2-5）和式（2-6），可求出式（2-12）中常数为 $C_2=0$，$C_1=\dfrac{F}{A}$。因此，有最后的结果

$$\left.\begin{aligned}\sigma_x(x)&=\frac{F}{A}\\ \varepsilon_x(x)&=\frac{F}{EA}\\ u(x)&=\frac{F}{EA}x\end{aligned}\right\} \tag{2-13}$$

下面讨论基于试函数的间接方法的求解过程，先介绍相应的求解原理，然后就图 2-1 所示的一端铰接的拉杆问题给出解答。

5. 1D 问题的虚功原理求解

先以一个简单的结构静力平衡问题来描述虚功原理的基本思想，然后再具体求解一端固定的拉杆问题。

如图 2-3 所示的平衡力系，当该系统处于平衡状态时，则有

$$\frac{F_A}{F_B}=\frac{l_B}{l_A} \tag{2-14}$$

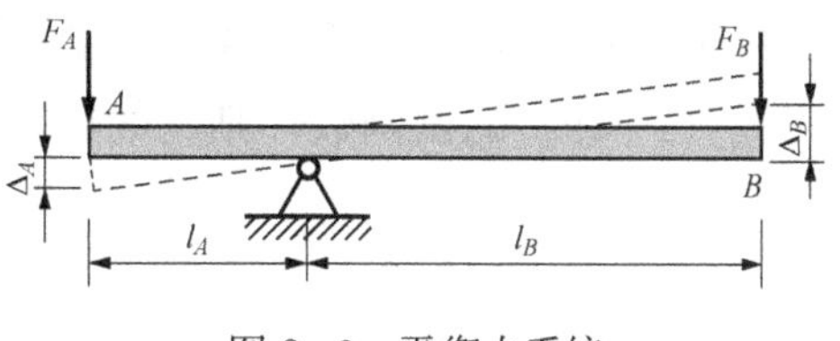

图 2-3　平衡力系统

若在该平衡力系上作用有微小的扰动（在不影响原平衡条件下），则该杠杆的位置会产生微小的位移变化。所产生的位移如果不影响原平衡条件，应满足以下几何关系：

$$\frac{\Delta_B}{\Delta_A}=\frac{l_B}{l_A} \tag{2-15}$$

这就是任意扰动的位移应满足的约束条件，称为许可位移条件。满足许可位移条件的、任意微小的假想位移称为虚位移（virtual displacement）。

由式（2-14）、式（2-15）可知

$$F_A\Delta_A-F_B\Delta_B=0 \tag{2-16}$$

$F_A\Delta_A$ 为 A 点的虚功（virtual work）（外力 F_A 在 A 点虚位移 Δ_A 上所做的功），$-F_B\Delta_B$ 为 B 点的虚功（外力 F 在 B 点虚位移 Δ_B 上做的功，注意负号表示力与位移的方向相反）。

实质上，关系式（2-16）表达了基于虚位移的虚功原理（principle of virtual work），即对于一个处于平衡状态的系统，作用于系统上的所有外力在满足许可位移条件的虚位移上所做的虚功总和恒为零。

基于以上原理，可以给出有关变形体的虚功原理，这时的虚功应包括外力虚功 δW 和内力虚功 $-\delta U$，δU 称作虚应变能（virtual strain energy）。由于弹性体在变形过程中，内力是抵抗变形所产生的，其方向总是与变形的方向相反，所以内力虚功取负。由于虚功总和为零，则有

$$\delta W-\delta U=0 \tag{2-17}$$

即

$$\delta W=\delta U \tag{2-18}$$

弹性力学中的虚功原理可表述为：在外力作用下处于平衡状态的变形体，当给物体以微小虚位移时，外力所做的总虚功等于物体的总虚应变能（微应力在由虚位移所产生的虚应变上所做的功）。注意，这里的虚位移是指仅满足位移边界条件 $BC(u)$ 的许可位移。

下面应用虚功应力来具体求解如图 2-1 所示的一端固定的拉杆问题。设有满足位移边界条件的位移场

$$u(x)=cx \tag{2-19}$$

可以验证：它满足位移边界条件。这是一个待定函数，也称为试函数。所谓该函数是待定的，就是因为它中间有一个待定系数 c，这就需要通过虚功原理来确认它。基于式（2-19）的试函数，则它的应变由几何方程、虚位移以及虚应变表述为

$$\left.\begin{aligned}\sigma_x(x)&=c\\ \varepsilon_x(x)&=\delta c\cdot x\\ u(x)&=\delta c\end{aligned}\right\} \tag{2-20}$$

其中，δc 为待定系数的增量。计算如图 2-2 所示算例的虚应变能以及外力虚功：

$$\delta U = \int_{\Omega} \sigma_x \delta \varepsilon_x \mathrm{d}\Omega = \int_0^l \int_A E \varepsilon_X \mathrm{d}A \mathrm{d}x = Ec\delta c \cdot Al \tag{2-21}$$

$$\delta W = F\delta u(x=l) = F\delta c \cdot Al \tag{2-22}$$

由虚功原理（2-18），有

$$Ec\delta c \cdot Al = F\delta c \cdot l \tag{2-23}$$

将其写成 $(EcAl—Fl)\delta c = 0$，由于 δc 具有任意性，则使得该式成立的解为

$$c = \frac{F}{EA} \tag{2-24}$$

代回式（2-19）中，就可以得到该问题的解。

6. 1D 问题的最小势能原理求解

先介绍最小势能原理的基本表达式。设有满足位移边界条件 BC（u）的许可位移场 u（x），计算该系统的势能（potential energy）：

$$\Pi(u) = U - W \tag{2-25}$$

其中，U 为应变能，W 为外力功，对于如图 2-2 所示的算例，有

$$\left.\begin{aligned} U &= \frac{1}{2}\int_{\Omega} \sigma_x(u(x))\varepsilon_x(u(x))\mathrm{d}\Omega \\ W &= Fu(x=l) \end{aligned}\right\} \tag{2-26}$$

对于包含待定系数的试函数 u（x）而言，真实的位移函数 u（x）应使得该系统的势能取极小值，即

$$\min_{u(x)\in BC(u)} [\Pi(u) = U - W] \tag{2-27}$$

下面应用最小势能原理来具体求解如图 2-2 所示的一端固定的拉杆问题，如同样取满足位移边界条件的位移场（2-19），则应力、应变计算为

$$\left.\begin{aligned} \varepsilon_x(x) &= \frac{\mathrm{d}u}{\mathrm{d}x} = c \\ \sigma_x(x) &= E\varepsilon_x(x) = Ec \end{aligned}\right\} \tag{2-28}$$

由式（2-26），该系统的势能为

$$\Pi(u) = U - W = \frac{1}{2}Ec^2 Al - Fcl \tag{2-29}$$

由式（2-27），应对式（2-29）求极值，即

$$\frac{\partial \Pi(u)}{\partial c} = 0 \tag{2-30}$$

则可以求出 $c = F/EA$，与式（2-24）的结果相同。

由上面的计算可以看出，基于试函数的方法，包括虚功原理以及最小势能原理

(principle of minimum potential energy)，仅计算系统的能量，实际上就是计算积分，然后转化为求解线性方程，不需求解微分方程，这样就大大地降低了求解难度。同时，也可以看出，试函数方法的关键是如何构造出适合于所求问题的位移试函数，并且该构造方法还应具有规范性以及标准化。基于单元的构造方法就可以完全满足这些要求。

2.2.2 局部坐标系中的杆单元描述

最简单的标准单元是杆单元，如图 2-4 所示为在一个局部坐标系中的杆单元。

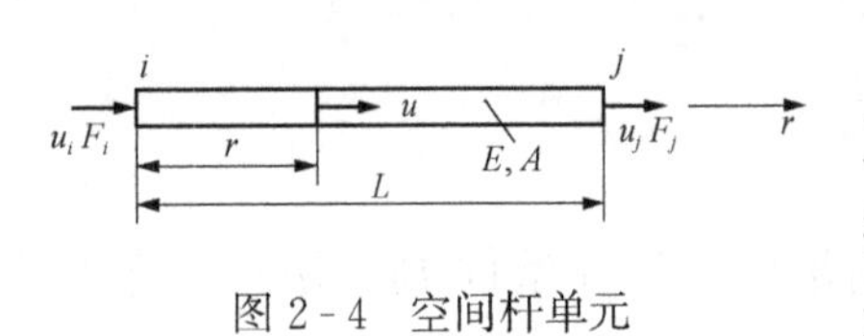

图 2-4 空间杆单元

空间杆单元是位于空间任意方位的等断面直杆，有 2 个节点。单元之间用空间铰接节点连接，因此只能传递力，不能传递弯矩。每个节点有 3 个线位移，因此一个杆元共有 6 个自由度。

载荷必须作用在节点上。考虑自重时，将重力平均分配到 2 个节点上，考虑温度均匀变化引起的温度力时，应将温度载荷作为等效节点力移置节点上。对每个单元输出节点位移（沿总体坐标轴方向）、轴向力和轴向应力。

从结构中取出一个典型单元（ij 杆），在单元坐标系下进行分析（图 2-4）。已知杆的材料弹性模量为 E，杆的横截面积为 A，单元长度为 L，单元坐标系下杆元的节点自由度为

$$\boldsymbol{\delta}^e = [u_i \quad u_j]^{\mathrm{T}} \tag{2-31}$$

相应的节点力为

$$\boldsymbol{F}^e = [F_i \quad F_j]^{\mathrm{T}} \tag{2-32}$$

单元位移函数为

$$u = N_1 u_i + N_2 u_j = N\delta^e \tag{2-33}$$

式中，形函数为

$$N_1 = 1 - \frac{r}{L}$$

$$N_2 = \frac{r}{L}$$

$$\mathbf{N} = [N_1 \quad N_2] = \left[1 - \frac{r}{L} \quad \frac{r}{L}\right] \tag{2-34}$$

1. 应变矩阵

因为杆元只有轴向应变，所以

$$\boldsymbol{\varepsilon}=\boldsymbol{\varepsilon}_r=\frac{\mathrm{d}u}{\mathrm{d}r}=\begin{bmatrix}\frac{\mathrm{d}N_1}{\mathrm{d}r} & \frac{\mathrm{d}N_2}{\mathrm{d}r}\end{bmatrix}\begin{Bmatrix}u_i\\u_j\end{Bmatrix}=\begin{bmatrix}1-\frac{r}{L} & \frac{r}{L}\end{bmatrix}\begin{Bmatrix}u_i\\u_j\end{Bmatrix} \tag{2-35}$$

写成

$$\boldsymbol{\varepsilon}=\boldsymbol{B\delta}^e \tag{2-36}$$

则几何矩阵表达为

$$\boldsymbol{B}=\begin{bmatrix}-\frac{1}{L} & \frac{1}{L}\end{bmatrix} \tag{2-37}$$

单元刚度矩阵表达为

$$\begin{aligned}k&=\int_{v^e}\boldsymbol{B}^{\mathrm{T}}D\boldsymbol{B}\,\mathrm{d}V=A\int_L\begin{bmatrix}-\frac{1}{L} & \frac{1}{L}\end{bmatrix}^{\mathrm{T}}E\begin{bmatrix}-\frac{1}{L} & \frac{1}{L}\end{bmatrix}\mathrm{d}r\\&=\frac{AE}{L}\begin{bmatrix}1 & -1\\-1 & 1\end{bmatrix}\end{aligned} \tag{2-38}$$

2. 等效节点载荷

当单元上作用分布轴力 p，则等效节点载荷为

$$\begin{aligned}\boldsymbol{F}^e&=\int_0^L\boldsymbol{N}^{\mathrm{T}}p\,\mathrm{d}r\\&=p\int_0^L\begin{bmatrix}1-\frac{r}{L} & \frac{r}{L}\end{bmatrix}\mathrm{d}r\\&=\frac{pL}{2}\begin{bmatrix}1\\1\end{bmatrix}\end{aligned} \tag{2-39}$$

单元势能可计算为

$$\begin{aligned}\Pi^e&=U^e-W^e=\frac{1}{2}\int_{\Omega^e}\sigma(x)\varepsilon(x)\mathrm{d}\Omega-(F_1u_1+F_2U_2)\\&=\frac{1}{2}\int_0^{l^e}q^{e\mathrm{T}}S^{\mathrm{T}}(x)B(x)q^eA^e\mathrm{d}x-(F_1u_1+F_2u_2)\\&=\frac{1}{2}(u_1\quad u_2)\begin{pmatrix}\frac{E^eA^e}{l^e} & -\frac{E^eA^e}{l^e}\\-\frac{E^eA^e}{l^e} & \frac{E^eA^e}{l^e}\end{pmatrix}\begin{pmatrix}u_1\\u_2\end{pmatrix}-(F_1\quad F_2)\begin{pmatrix}u_1\\u_2\end{pmatrix}\\&=\frac{1}{2}q^{e\mathrm{T}}\boldsymbol{K}^eq^e-F^{e\mathrm{T}}q^e\end{aligned} \tag{2-40}$$

其中，$\boldsymbol{K}^e$ 称作单元刚度矩阵（stiffness matrix of element），即

$$\boldsymbol{K}^e=\frac{E^eA^e}{l^e}\begin{pmatrix}1 & -1\\-1 & 1\end{pmatrix} \tag{2-41}$$

$\boldsymbol{F}^e$ 称作节点力列阵（nodal force vector），即

$$\boldsymbol{F}^e = \begin{pmatrix} F_1 \\ F_2 \end{pmatrix} \tag{2-42}$$

3. 单元的刚度方程

对式（2-40）取极小值，可以得到单元的刚度方程（stiffness equation of element），为

$$\underset{(2\times2)}{\boldsymbol{K}^e}\underset{(2\times1)}{\boldsymbol{q}^e} = \underset{(2\times1)}{\boldsymbol{F}^e} \tag{2-43}$$

2.2.3 杆单元的坐标变换

工程实际中的杆单元可能处于整体坐标系（global coordinate system）中的任意一个位置，如图 2-5 所示，这需要将原来在局部坐标系（local coordinate system）中所得到的单元表达等价地变换到整体坐标系中，这样，不同位置的单元才有公共的坐标基准，才能对各个单元进行集成（组装）。图 2-5 中的整体坐标系为（xOy），杆单元的局部坐标系为（Ox）。

局部坐标系中的节点位移为

$$\boldsymbol{q}^e = ((u_1 \quad u_2)^{\mathrm{T}} \tag{2-44}$$

整体坐标系中的节点位移为

$$\overline{\boldsymbol{q}^e} = (\overline{u_1} \quad \overline{v_1} \quad \overline{u_2} \quad \overline{v_2})^{\mathrm{T}} \tag{2-45}$$

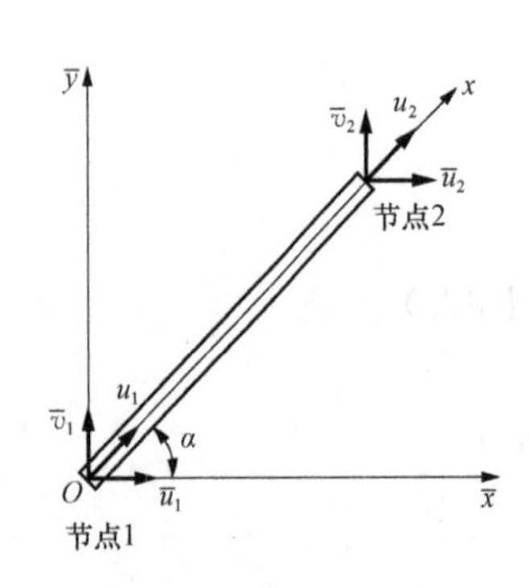

图 2-5　空间杆单元的坐标变换

如图 2-5 所示，在节点 1，整体坐标系下的节点位移为 $\overline{u_1}$ 和 $\overline{v_1}$，其合成的结果应完全等效于局部坐标系中的 u_1；在节点 2，节点位移 $\overline{u_2}$ 和 $\overline{v_2}$ 合成的结果应完全等效于局部坐标系中的 u_2，即存在以下的等价变换关系

$$\left.\begin{aligned} u_1 &= \overline{u_1}\cos\alpha + \overline{v_1}\sin\alpha \\ u_2 &= \overline{u_2}\cos\alpha + \overline{v_2}\sin\alpha \end{aligned}\right\} \tag{2-46}$$

写成矩阵形式，为

$$\boldsymbol{q}^e = \begin{pmatrix} u_1 \\ u_2 \end{pmatrix} = \begin{pmatrix} \cos\alpha & \sin\alpha & 0 & 0 \\ 0 & 0 & \cos\alpha & \sin\alpha \end{pmatrix} \begin{pmatrix} \overline{u_1} \\ \overline{v_1} \\ \overline{u_2} \\ \overline{v_2} \end{pmatrix} = \boldsymbol{T}^e \overline{\boldsymbol{q}^e} \tag{2-47}$$

其中，$\boldsymbol{T}^e$ 为坐标变换矩阵（transformation matrix），即

$$\begin{pmatrix} \cos\alpha & \sin\alpha & 0 & 0 \\ 0 & 0 & \cos\alpha & \sin\alpha \end{pmatrix} \tag{2-48}$$

基于节点位移的坐标变换，下面推导整体坐标系下的刚度方程。由于单元的势能是标量（能量），不会因坐标系的不同而改变，因此，可将节点位移的坐标变换关系式（2-47）代入原来基于局部坐标系的势能表达式（2-40）中，有

$$\begin{aligned} \boldsymbol{\Pi}^e &= \frac{1}{2}\boldsymbol{q}^{e\mathrm{T}}\boldsymbol{K}^e\boldsymbol{q}^e - \boldsymbol{F}^{e\mathrm{T}}\boldsymbol{q}^e \\ &= \frac{1}{2}\overline{\boldsymbol{q}}^{e\mathrm{T}}(\boldsymbol{T}^{e\mathrm{T}}\boldsymbol{K}^e\boldsymbol{T}^e)\overline{\boldsymbol{q}}^e - (\boldsymbol{T}^{e\mathrm{T}}\boldsymbol{F}^e)^{\mathrm{T}}\overline{\boldsymbol{q}}^e \\ &= \frac{1}{2}\overline{\boldsymbol{q}}^{e\mathrm{T}}\overline{\boldsymbol{K}}^e\overline{\boldsymbol{q}}^e - \overline{\boldsymbol{F}}^{e\mathrm{T}}\overline{\boldsymbol{q}}^e \end{aligned} \tag{2-49}$$

其中，$\overline{\boldsymbol{K}}^e$ 为整体坐标系下的单元刚度矩阵，$\overline{\boldsymbol{F}}^e$ 为整体坐标系下的节点力列阵，即

$$\overline{\boldsymbol{K}}^e = \boldsymbol{T}^{e\mathrm{T}}\boldsymbol{K}^e\boldsymbol{T}^e \tag{2-50}$$

$$\overline{\boldsymbol{F}}^e = \boldsymbol{T}^{e\mathrm{T}}\boldsymbol{F}^e \tag{2-51}$$

由最小势能原理（针对该单元），将式（2-49）对待定的节点位移阵列 $\overline{\boldsymbol{q}}^e$ 取极小值，可得到整体坐标系中的刚度方程

$$\underset{(4\times4)}{\overline{\boldsymbol{K}}^e}\,\underset{(4\times2)}{\overline{\boldsymbol{q}}^e} = \underset{(4\times2)}{\overline{\boldsymbol{F}}^e} \tag{2-52}$$

对于如图 2-6 所示的杆单元，由式（2-52）具体给出总体坐标系下的单元刚度矩阵

$$\underset{(4\times4)}{\overline{\boldsymbol{K}}^e} = \frac{E^eA^e}{l^e}\begin{pmatrix} \cos^2\alpha & \cos\alpha\sin\alpha & -\cos^2\alpha & -\cos\alpha\sin\alpha \\ \cos\alpha\sin\alpha & \sin^2\alpha & -\cos\alpha\sin\alpha & -\sin^2\alpha \\ -\cos^2\alpha & -\cos\alpha\sin\alpha & \cos^2\alpha & \cos\alpha\sin\alpha \\ -\cos\alpha\sin\alpha & -\sin^2\alpha & \cos\alpha\sin\alpha & \sin^2\alpha \end{pmatrix} \tag{2-53}$$

上述有限元公式是在单元局部坐标系下建立的，它相对于单元具有同样方位，单元刚度、单元载荷公式具有不变性。但结构平衡方程是在总体坐标系下建立的，因此需要将单元坐标系下的单元刚度、单元载荷转换到总体坐标系，以便组装形成总刚度方程。为此需要考虑任意方向的杆与总体坐标的关系（图 2-6）。

设节点 i、j 的总体坐标为（x_i，y_i，z_i）（x_j，y_j，z_j）。ij 杆在总体坐标轴（x，y，z）上的投影长度为

$$\left.\begin{aligned} L_x &= x_j - x_i \\ L_y &= y_j - y_i \\ L_z &= z_j - z_i \end{aligned}\right\} \tag{2-54}$$

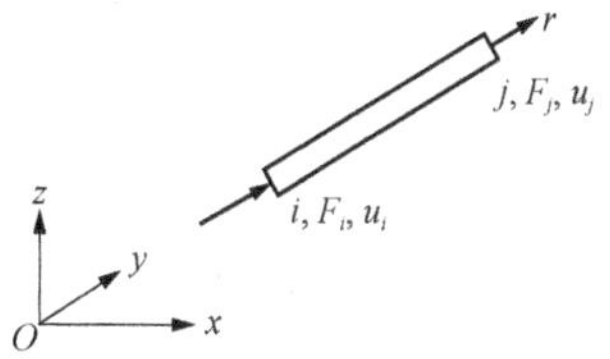

图 2-6　空间杆单元的坐标变化

杆元长度为

$$L=\sqrt{L_x^2+L_y^2+L_z^2} \tag{2-55}$$

设α、β、γ为杆元r与x、y、z轴的夹角，其方向余弦为

$$\cos\alpha=\frac{L_x}{L},\cos\beta=\frac{L_y}{L},\cos\gamma=\frac{L_z}{L} \tag{2-56}$$

单元坐标系的节点位移u_i、u_j与总体坐标系的节点位移、u_{xi}、u_{yi}、u_{zi}、u_{xj}、u_{zj}有如下关系

$$\begin{aligned} u_i &= u_{xi}\cos\alpha+u_{yi}\cos\beta+u_{zi}\cos\gamma \\ u_j &= u_{xj}\cos\alpha+u_{yj}\cos\beta+u_{zj}\cos\gamma \end{aligned} \tag{2-57}$$

则式（2-57）可写成矩阵形式，为

$$\begin{Bmatrix} u_i \\ 0 \\ 0 \\ u_j \\ 0 \\ 0 \end{Bmatrix}=\begin{Bmatrix} \cos\alpha & \cos\beta & \cos\gamma & 0 & 0 & 0 \\ 0 & 0 & 0 & 0 & 0 & 0 \\ 0 & 0 & 0 & 0 & 0 & 0 \\ 0 & 0 & 0 & \cos\alpha & \cos\beta & \cos\gamma \\ 0 & 0 & 0 & 0 & 0 & 0 \\ 0 & 0 & 0 & 0 & 0 & 0 \end{Bmatrix}\begin{Bmatrix} u_{xi} \\ u_{yi} \\ u_{zi} \\ u_{xj} \\ u_{yj} \\ u_{zj} \end{Bmatrix} \tag{2-58}$$

记为

$$\delta_L^e=\boldsymbol{T}\delta_G^e \tag{2-59}$$

式中，$\boldsymbol{T}$为转换矩阵。

对于单元节点力，也有

$$\boldsymbol{F}_L^e=\boldsymbol{T}\delta_G^e \tag{2-60}$$

将单元的刚度矩阵扩展为6×6阶矩阵

$$\boldsymbol{k}_L=\frac{AE}{L}\begin{bmatrix} 1 & 0 & 0 & -1 & 0 & 0 \\ 0 & 0 & 0 & 0 & 0 & 0 \\ 0 & 0 & 0 & 0 & 0 & 0 \\ -1 & 0 & 0 & 1 & 0 & 0 \\ 0 & 0 & 0 & 0 & 0 & 0 \\ 0 & 0 & 0 & 0 & 0 & 0 \end{bmatrix} \tag{2-61}$$

故有

$$\boldsymbol{k}_G=\boldsymbol{T}^{-1}\boldsymbol{k}_L\boldsymbol{T}=\boldsymbol{T}^{\mathrm{T}}\boldsymbol{k}_L\boldsymbol{T} \tag{2-62}$$

由坐标转换，可得

$$
\boldsymbol{k}_G=\frac{AE}{L}\begin{bmatrix}
\cos^2\alpha & \cos\alpha\cos\beta & \cos\alpha\cos\gamma & -\cos^2\alpha & -\cos\alpha\cos\beta & -\cos\alpha\cos\gamma \\
\cos\alpha\cos\beta & \cos^2\beta & \cos\beta\cos\gamma & -\cos\beta\cos\alpha & -\cos^2\beta & -\cos\beta\cos\gamma \\
\cos\alpha\cos\gamma & \cos\beta\cos\gamma & \cos^2\gamma & -\cos\gamma\cos\alpha & -\cos\gamma\cos\beta & -\cos^2\gamma \\
-\cos^2\alpha & -\cos\beta\cos\alpha & -\cos\gamma\cos\alpha & \cos^2\alpha & \cos\alpha\cos\beta & \cos\alpha\cos\gamma \\
-\cos\alpha\cos\beta & -\cos^2\beta & -\cos\gamma\cos\beta & \cos\alpha\cos\beta & \cos^2\beta & \cos\beta\cos\gamma \\
-\cos\alpha\cos\gamma & -\cos\beta\cos\gamma & -\cos^2\gamma & \cos\alpha\cos\gamma & \cos\beta\cos\gamma & \cos^2\gamma
\end{bmatrix} \tag{2-63}
$$

此式即为程序中所用杆元在总体坐标系下单元刚度的具体形式。

例 2.1　图 2-7 所示为一平面桁架，假定弹性模量为 E，各杆的横截面积为 A。α 为 45°在点 1 的负 y 方向作用力为 F。求点 1 的竖向位移。

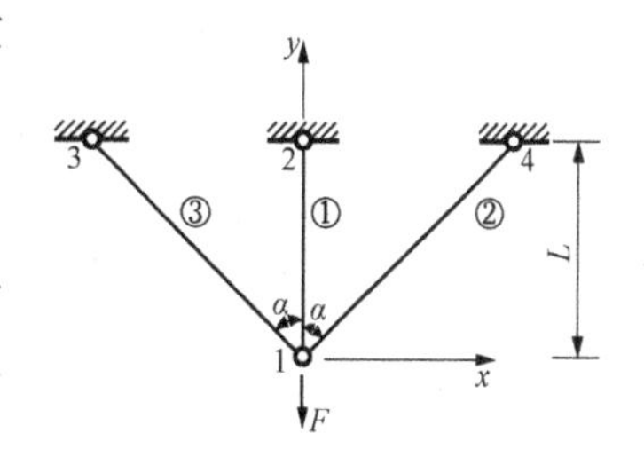

图 2-7　平面桁架

解　将每根杆作为一个杆单元，即单元 1 的节点号为 1 和 2，单元 2 的节点号为 1 和 4，单元 3 的节点号为 1 和 3。

首先，根据式（2-61）可以求得各单元的刚度矩阵。

单元 1 的刚度矩阵为

$$
[k]^1=\frac{EA}{L}\begin{bmatrix}
0 & 0 & 0 & 0 \\
0 & 1 & 0 & -1 \\
0 & 0 & 0 & 0 \\
0 & -1 & 0 & 1
\end{bmatrix}
$$

单元 2 的刚度矩阵为

$$
[k]^2=\frac{EA}{\sqrt{2}L}\times\frac{1}{2}\begin{bmatrix}
1 & 1 & -1 & -1 \\
1 & 1 & -1 & -1 \\
-1 & -1 & 1 & 1 \\
-1 & -1 & 1 & 1
\end{bmatrix}
$$

单元 3 的刚度矩阵为

$$
[k]^3=\frac{EA}{\sqrt{2}L}\times\frac{1}{2}\begin{bmatrix}
1 & 1 & -1 & 1 \\
-1 & 1 & 1 & -1 \\
-1 & 1 & 1 & -1 \\
1 & -1 & -1 & 1
\end{bmatrix}
$$

现在组装总体平衡方程。已知节点载荷为节点 1 的负 y 方向的力 F。因为节点 2

的位移为零，为了求节点1的位移，只需要列出与节点1对应的平衡方程，即

$$\frac{EA}{L}\begin{bmatrix}0+\frac{1}{2\sqrt{2}}+\frac{1}{2\sqrt{2}} & 0+\frac{1}{2\sqrt{2}}-\frac{1}{2\sqrt{2}}\\ 0+\frac{1}{2\sqrt{2}}-\frac{1}{2\sqrt{2}} & 1+\frac{1}{2\sqrt{2}}+\frac{1}{2\sqrt{2}}\end{bmatrix}\begin{Bmatrix}u_1\\ v_1\end{Bmatrix}=\begin{Bmatrix}0\\ -F\end{Bmatrix}$$

$$\Rightarrow\frac{EA}{L}\begin{bmatrix}\frac{\sqrt{2}}{2} & 0\\ 0 & \frac{2+\sqrt{2}}{2}\end{bmatrix}\begin{Bmatrix}u_1\\ v_1\end{Bmatrix}=\begin{Bmatrix}0\\ -F\end{Bmatrix}$$

解得 $u_1=0, v_1=-\frac{FL}{EA}\times\frac{2}{2+\sqrt{2}}$，所求结果与材料力学理论解相同。

2.3 梁件有限元分析

2.3.1 梁件分析的基本力学原理

首先要考虑平面梁，设有一个受分布载荷作用的简支梁如图2-8所示，若此简支梁的宽度较小，外载沿宽度方向无变化，则该问题可以认为是 xOy 平面内的平面问题，可以有以下两种方法来描述该问题。

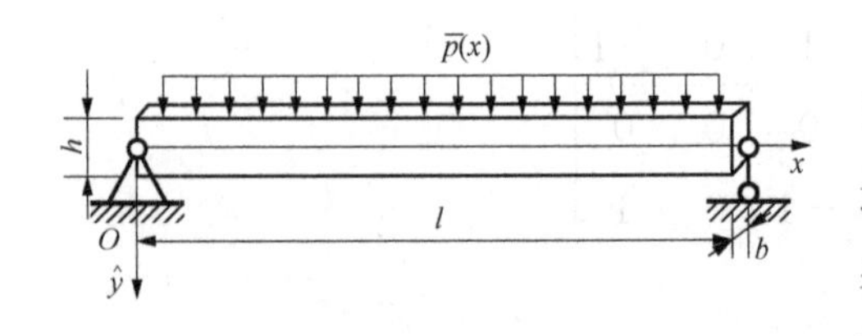

图2-8 受分布荷载作用的简支梁

第一，是采用一般的建模及分析方法，即从对象取出 $dxdy$ 微元体进行分析，建立最一般的方程，见3.2节中关于2D问题的基本变量及方程。这样，所用的力学变量较多，方程复杂，关键是未考虑到这一具体问题的“细长梁”特征。

第二，是针对细长梁用“特征建模”（characterized modeling）的简化方法来推导3大方程，基本思想是采用工程宏观特征量来进行问题的描述。由此可以看出，该问题的特征为：①梁为细长梁（long beam），因此可主要采用 x 坐标来刻画；②主要变形为垂直于 x 的挠度，可只用挠度（deflection）来描述位移场。针对这两个特征，对梁沿高度方向的变形做出以下设定：①变形后的直线假定；②小变形假定。这两个假定可由细长梁的实际实验来考证。

1. 平面梁的基本变量

(1) 位移：v（x，$\hat{y}=0$）（中性层的挠度）。

（2）应力：σ（采用 σ_x，其他应力分量很小，不考虑），该变量对应于梁截面上的弯矩 M。

（3）ε 应变：ε_x（采用 e_x，沿高度方向满足直法线假定）。

下面取具有全高度梁的 dx“微段”来推导 3 大方程（图 2-9）。

2. 平面梁的基本方程

该问题的 3 大类基本方程和边界条件如下。

（1）平衡方程。针对图 2-9 中的“微段”，分析它的几个平衡关系，首先由 x 方向的合力等效 $\sum X=0$，有

$$M=\int_A \sigma_x \hat{y}\mathrm{d}A \qquad (2-64)$$

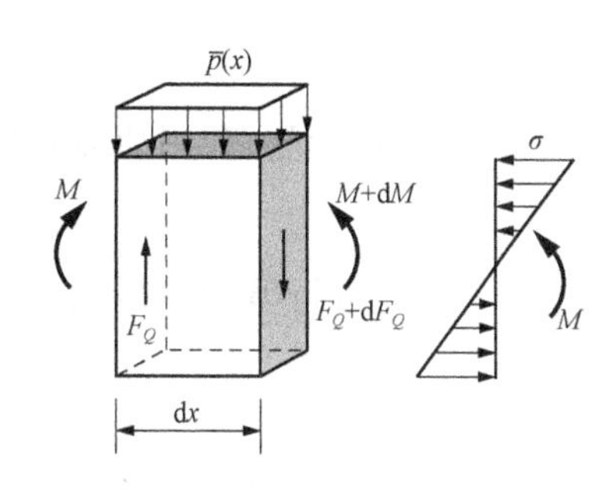

图 2-9　梁问题的 dx“微段”及受力平衡

其中，$\hat{y}$ 是以梁的中性层（neutral layer）为起点的 y 坐标，M 为截面上的弯矩。

对于 y 方向的合力平衡 $\sum Y=0$，有 $\mathrm{d}F_Q+\bar{p}(x)\mathrm{d}x=0$，即

$$\frac{\mathrm{d}F_Q}{\mathrm{d}x}+\bar{p}=0 \qquad (2-65)$$

其中，F_Q 为截面上的剪力。再由弯矩平衡 $\sum M_0=0$，有 $\mathrm{d}M-F_Q\mathrm{d}X=0$，即

$$F_Q=\frac{\mathrm{d}M}{\mathrm{d}x} \qquad (2-66)$$

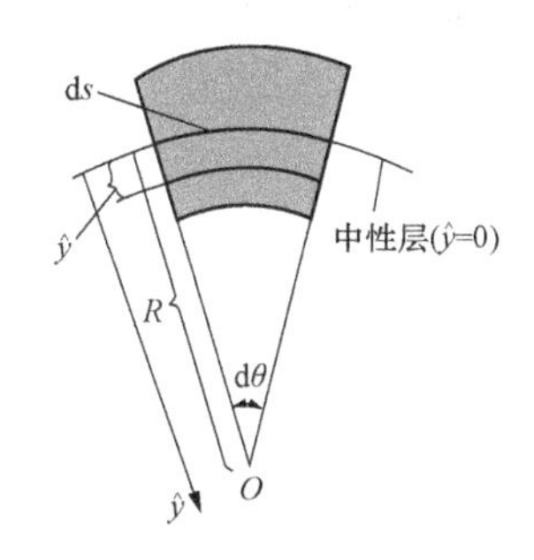

图 2-10　梁的纯弯变形

（2）几何方程。梁问题 dx“微段”的弯曲变形分析如图 2-10 所示，为梁的纯弯变形（pure bending deformation）。

由变形后的几何关系，可得到位于 y 处纤维层的应变（相对伸长量），为

$$\varepsilon_x(\hat{y})=\frac{(R-\hat{y})\mathrm{d}\theta-R\mathrm{d}\theta}{R\mathrm{d}\theta}=-\frac{\hat{y}}{R} \qquad (2-67)$$

其中，R 为曲率半径。而曲率 r（curvature）与曲率半径 R 的关系为

$$k=\frac{\mathrm{d}\theta}{\mathrm{d}s}=\frac{\mathrm{d}\theta}{R\mathrm{d}\theta}=\frac{1}{R} \qquad (2-68)$$

对于梁的挠度函数 v（x，$\hat{y}=0$），曲率 K 计算为

$$k=\pm\frac{v''(x)}{[1+v'(x)^2]^{3/2}}\approx\pm v''(x) \qquad (2-69)$$

对于图 2 - 10 所示的情形，应取为

$$k=\frac{d^2v}{dx^2} \tag{2-70}$$

将式（2 - 68）和式（2 - 70）代入式（2 - 67）中，有

$$\varepsilon_X(x,\hat{y})=-\hat{y}\frac{d^2v}{dx^2} \tag{2-71}$$

（3）物理方程。利用胡克定律

$$\sigma_x=E\varepsilon_x \tag{2-72}$$

并对以上方程进行整理，得到描述平面梁弯曲问题的所有基本方程：

$$-EI\frac{d^4v}{dx^4}+\bar{p}(x)=(0)(y\text{ 方向的平衡}) \tag{2-73}$$

$$M(x)=\int_A\sigma_x\hat{y}dA=\int_A-\hat{y}^2Ev''dA(x\text{ 方向的平衡})=-EI\frac{d^2v}{dx^2} \tag{2-74}$$

$$\sigma_x(x)=-E\hat{y}\frac{d^2v}{dx^2}(\text{物理方程}) \tag{2-75}$$

$$\varepsilon_x(x)=-\hat{y}\frac{d^2v}{dx^2}(\text{几何方程}) \tag{2-76}$$

方程（2 - 74）中 $I=\int_A\hat{y}^2dA$ 为梁横截面的惯性矩（moment of inertia），可以看出若将该问题的基本变量确定为中性层的挠度 v（x，$\hat{y}=0$），则其他力学参量都可以基于它来表达。

（4）边界条件。简支梁的边界仅为梁的两端，如图 2 - 8 所示，由于在建立平衡方程时已考虑了分布外载 $\bar{p}$（x），因此它不再作为力的边界条件。

两端的位移边界

$$BC(u):v|_{x=0}=0,v|_{x=l}=0 \tag{2-77}$$

两端的力（弯矩）边界

$$BC(p):M|_{x=0}=0,M|_{x=l}=0 \tag{2-78}$$

由式（2 - 70），可将弯矩以挠度的二阶导数来表示，即

$$BC(p):v''|_{x=0}=0,v''|_{x=l}=0 \tag{2-79}$$

1）简支梁的微分方程解。若用基于 $dxdy$ 微体所建立的原始方程（即原平面应力问题中的 3 大类方程）进行直接求解，不仅过于烦琐，而且不易求解；若用基于以上“特征建模”简化方法所得到的基本方程进行直接求解则比较简单，对如图 2 - 8 所示的均匀分布外载的情况，其方程为

$$-EI\frac{d^4v}{dx^4}+\bar{p}(x)=(0) \tag{2-80}$$

边界条件为

$$BC(u): v|_{x=0}=0, v|_{x=l}=0 \tag{2-81}$$

$$BC(p): v''|_{x=0}=0, v''|_{x=l}=0 \tag{2-82}$$

这是一个常微分方程，解的形式为

$$v(x)=\frac{1}{EI}\left(\frac{\bar{p}_0}{24}x^4+c_3x^3+c_2x^2+c_1x+c_0\right) \tag{2-83}$$

其中，c_0、c_1、c_2、c_3 为待定系数，可由4个边界条件求出，最后的结果为

$$v(x)=\frac{\bar{p}_0}{24EI}(x^4-2lx^3+l^3x) \tag{2-84}$$

计算位于中点处的挠度，为

$$v(x=\frac{1}{2}l)=0.013020833\frac{\bar{p}_0l^4}{EI} \tag{2-85}$$

下面计算平面梁弯曲问题有关能量。

应变能为

$$U=\frac{1}{2}\int_{\Omega}\sigma_x\varepsilon_x\mathrm{d}\Omega=\frac{1}{2}\int_{\Omega}\left(-E\hat{y}\frac{\mathrm{d}^2v}{\mathrm{d}x^2}\right)\left(-\hat{y}\frac{\mathrm{d}^2v}{\mathrm{d}x^2}\right)\mathrm{d}A\mathrm{d}x=\frac{1}{2}\int_{l}EI_z\left(\frac{\mathrm{d}^2v}{\mathrm{d}x^2}\right)^2\mathrm{d}x \tag{2-86}$$

外力功为

$$W=\int_{l}\bar{p}(x)v(x)\mathrm{d}x \tag{2-87}$$

势能为

$$\Pi=U-W=\frac{1}{2}\int_{l}EI_z\left(\frac{\mathrm{d}^2v}{\mathrm{d}x^2}\right)^2\mathrm{d}x-\int_{l}\bar{p}(x)v(x)\mathrm{d}x \tag{2-88}$$

2）简支梁的虚功原理求解。同样以如图2-8所示的简支梁为例，假设有一个只满足位移边界 BC（u）的位移场，为

$$\hat{v}(x)=c_1\sin\frac{\pi x}{l} \tag{2-89}$$

其中，c_1 为待定系数，则它的微小变化，即虚位移场为

$$\delta\hat{v}(x)=\delta c_1\sin\frac{\pi x}{l} \tag{2-90}$$

$\delta\hat{v}$（x）为微小变化量。由此可以验证，式（2-89）满足位移边界条件 BC（u），将位移边界条件 BC（u）的试函数称作许可位移（admissible displacement）。

该简支梁的虚应变能为

$$\delta U=\int_{\Omega}\sigma_x\delta\varepsilon_x\mathrm{d}\Omega=\int_0^l\int_A E\varepsilon_x\delta\varepsilon_x\mathrm{d}A\mathrm{d}x \tag{2-91}$$

其中，A 为梁的横截面积。对于梁的弯曲问题，由式（2-71），有几何方程

$$\varepsilon_x = -\hat{y} \cdot \frac{\mathrm{d}^2 \hat{v}}{\mathrm{d}x^2} \tag{2-92}$$

将其代入式（2-91）中，则有

$$\delta U = \int_0^l E\left(\int_A \hat{y}^2 \mathrm{d}A\right)\left(\frac{\mathrm{d}^2 \hat{v}}{\mathrm{d}x^2}\right)\left(\frac{\mathrm{d}^2 \delta\hat{v}}{\mathrm{d}x^2}\right)\mathrm{d}x \tag{2-93}$$

将式（2-89）和式（2-90）代入式（2-93），则有

$$\begin{aligned}\delta U &= \int_0^l EI\left(\frac{\pi}{l}\right)^2 c_1 \sin\frac{\pi x}{l}\left(\frac{\pi}{l}\right)^2 \sin\frac{\pi x}{l}\delta c_1 \mathrm{d}x \\ &= \frac{EIl}{2}\left(\frac{\pi}{l}\right)4c_1\delta c_1\end{aligned} \tag{2-94}$$

式中，$I = \int_A \hat{y}^2 \mathrm{d}A$ 为截面横性矩。

该简支梁的外力虚功为

$$\begin{aligned}\delta W &= \int_0^l \bar{p}_0 \delta\hat{v}\mathrm{d}x \\ &= \bar{p}_0 \delta c_1 \int_0^l \sin\frac{\pi x}{l}\mathrm{d}x \\ &= \frac{2l\bar{p}_0}{\pi}\delta c_1\end{aligned} \tag{2-95}$$

由虚功原理式（2-18），即 $\delta U = \delta W$，则有

$$\frac{EIl}{2}\left(\frac{\pi}{l}\right)^4 c_1\delta c_1 = \frac{2l\bar{p}_0}{\pi}\delta c_1 \tag{2-96}$$

由于 δc_1，具有任意性，要满足式（2-96），则有

$$c_1 = \frac{4l^4}{EI\pi^5}\bar{p}_0 \tag{2-97}$$

那么，由式（2-89）所表示的位移模式中，真实的一组为满足虚功原理时的位移，即

$$\hat{v}(x) = \frac{4l^4}{EI\pi^5}\bar{p}_0 \sin\frac{\pi x}{l} \tag{2-98}$$

3）简支梁的最小势能原理求解。为提高计算精度，可以选取多项函数的组合，这里，取满足位移边界条件 BC（u）的许可位移场，为

$$\hat{v}(x) = c_1 \sin\frac{\pi x}{l} + c_2 \sin\frac{3\pi x}{l} \tag{2-99}$$

式中，c_1 和 c_2 为待定系数。计算应变能 U 为

$$
\begin{aligned}
U &= \frac{1}{2}\int_{\Omega}\sigma_x\varepsilon_x \mathrm{d}\Omega \\
&= \frac{1}{2}\int_0^l EI\left(\frac{\mathrm{d}^2\hat{v}}{\mathrm{d}x^2}\right)^2\mathrm{d}x \\
&= \frac{1}{2}\int_0^l EI\left[c_1^2\left(\frac{\pi}{l}\right)^4\sin^2\left(\frac{\pi x}{l}\right)+c_2^2\left(\frac{3\pi}{l}\right)^4\sin^2\left(\frac{3\pi x}{l}\right)+2c_1c_2\left(\frac{\pi}{l}\right)^2\left(\frac{3\pi}{l}\right)^2\sin\frac{\pi x}{l}\sin\frac{3\pi x}{l}\right]\mathrm{d}x \\
&= \frac{EI}{2}\left[c_1^2\left(\frac{\pi}{l}\right)^4\frac{l}{2}+c_2^2\left(\frac{3\pi}{l}\right)^4\frac{l}{2}\right]
\end{aligned}
\tag{2-100}
$$

相应的外力功 W 为

$$
\begin{aligned}
W &= \int_0^l \bar{p}_0\left(c_1\sin\frac{\pi x}{l}+c_2\sin\frac{3\pi x}{l}\right)\mathrm{d}x \\
&= \bar{p}_0\left(c_1\frac{2l}{\pi}+c_2\frac{2l}{3\pi}\right)
\end{aligned}
\tag{2-101}
$$

则总势能为 $\Pi=U-W$，为使 Π 取极小值，则有

$$
\left.
\begin{aligned}
\frac{\partial\Pi}{\partial c_1} &= \frac{EI}{2}\left[2c_1\left(\frac{\pi}{l}\right)^4\frac{l}{2}\right]-\bar{p}_0\frac{2l}{\pi}=0 \\
\frac{\partial\Pi}{\partial c_2} &= \frac{EI}{2}\left[2c_2\left(\frac{3\pi}{l}\right)^4\frac{l}{2}\right]-\bar{p}_0\frac{2l}{3\pi}=0
\end{aligned}
\right\}
\tag{2-102}
$$

解出 c_1 和 c_2 后，$\hat{v}(x)$ 的具体表达为

$$
\hat{v}(x)=\frac{4\bar{p}_0l^4}{\pi^5EI}\sin\left(\frac{\pi x}{l}\right)+\frac{4\bar{p}_0l^4}{243\pi^5EI}\sin\left(\frac{3\pi x}{l}\right)
\tag{2-103}
$$

由上述求解可以看出，该方法得到的第一项与前面虚功原理求解出来的结果相同，与精解式（2-84）相比，该结果比前面由虚功原理得到的结果更为精确。这是因为选取两项函数作为试函数，这也是提高计算精度的重要途径。以上求解过程所用的试函数式（2-99）为许可基底函数的线性组合，因此上述求解方法也是利-里兹方法。

以上的求解原理都是基于试函数的能量方法（也称为泛函极值方法），基本要点是不需求解原微分方程，但需要假设一个满足位移边界条件 BC（w）的许可位移场。因此，如何寻找或构建满足所要求的许可位移场是关键，并且期望这种构建许可位移场的方法还应具有标准化和规范性。下面将重点讨论通过基于“单元”的位移函数的构建可以满足这些要求。

2.3.2　局部坐标系中的平面梁单元

在材料力学和结构力学中，一般把能够承受轴向力、弯矩和横向剪力的杆件称

作梁，因此有限元法中把称作梁的杆件离散成的单元称作梁单元。本小节将介绍能够承受轴向力、弯矩和横向剪力的梁单元。

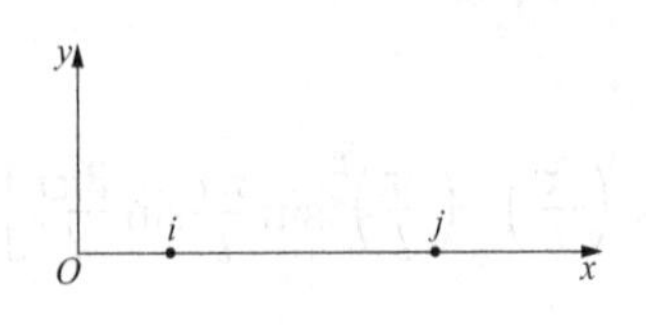

图 2-11 局部坐标系下的梁单元

如图 2-11 所示的梁单元，令梁的轴线与坐标 x 轴重合，单元的两个节点分别为 i 和 j。根据梁的变形特点，每个节点有 3 个位移：沿 x 和 y 方向的位移 u 以及绕 z 轴的转角 θ_z。每个节点有轴力 N、剪力 Q 和弯矩 M 3 个节点力。

1. 单元位移函数

单元的每个节点有 3 个广义位移：沿 x 轴和 y 轴方向的位移 u 和 v，绕 z 轴的转角 θ。这样每个单元沿梁的轴线方向只有 2 个轴向节点位移 u_i、u_j，单元的轴向位移取坐标的线性函数，而每个单元与 y 向位移有关的节点位移有 4 个，即 v_i、θ_{iz}、v_j、θ_{jz}。因此，单元的 y 向位移取坐标的 3 次函数，即

$$\left.\begin{aligned} u &= \alpha_1 + \alpha_2 x \\ v &= \beta_1 + \beta_2 x + \beta_3 x^2 + \beta_4 x^3 \end{aligned}\right\} \tag{2-104}$$

式中，α_1，α_2，β_1，β_2，β_3，β_4 为待定常数，可由单元节点位移条件确定，即

当 $x=x_i$ 时，$u=u_i$，$v=v_i$，$\theta_z=\dfrac{\mathrm{d}v}{\mathrm{d}x}=\theta_{iz}$；当 $x=x_j$ 时，$u=u_j$，$v=v_j$，$\theta_z=\dfrac{\mathrm{d}v}{\mathrm{d}x}=\theta_{jz}$。这样就有

$$\left.\begin{aligned} u_i &= \alpha_1 + \alpha_2 x_i \\ u_j &= \alpha_1 + \alpha_2 x_j \end{aligned}\right\} \tag{2-105}$$

$$\left.\begin{aligned} v_i &= \beta_1 + \beta_2 x_i + \beta_3 x_i^2 + \beta_4 x_i^3 \\ \theta_{iz} &= 0 + \beta_2 + 2\beta_3 x_i + 3\beta_4 x_i^2 \\ v_j &= \beta_1 + \beta_2 x_j + \beta_3 x_j^2 + \beta_4 x_j^3 \\ \theta_{jz} &= 0 + \beta_2 + 2\beta_3 x_j + 3\beta_4 x_j^2 \end{aligned}\right\} \tag{2-106}$$

由式（2-101）和式（2-102）分别解出 α_1、α_2 和 β_1、β_2、β_3、β_4，并代回式（2-104）

$$u = \left[\frac{1}{L}(x_j - x) - \frac{1}{L}(x_i - x)\right]\begin{Bmatrix} u_i \\ u_j \end{Bmatrix} = \begin{bmatrix} N_1 & N_2 \end{bmatrix}\begin{Bmatrix} u_i \\ u_j \end{Bmatrix} \tag{2-107a}$$

$$v = \begin{bmatrix} 1 & x & x^2 & x^3 \end{bmatrix}\begin{bmatrix} 1 & 0 & 0 & 0 \\ 0 & 1 & 0 & 0 \\ \dfrac{-3}{L} & \dfrac{-2}{L} & \dfrac{3}{L^2} & \dfrac{-1}{L} \\ \dfrac{2}{L^3} & \dfrac{1}{L} & \dfrac{-2}{L^3} & \dfrac{1}{L^2} \end{bmatrix}\begin{Bmatrix} v_i \\ \theta_{iz} \\ v_j \\ \theta_{jz} \end{Bmatrix} = \begin{bmatrix} N_3 & N_4 & N_5 & N_6 \end{bmatrix}\begin{Bmatrix} v_i \\ \theta_{iz} \\ v_j \\ \theta_{jz} \end{Bmatrix}$$

（2-107b）

式中，L 为单元长度。

将式（2-107a）、（2-107b）两式合写在一起，并以矩阵形式表示，则有

$$\{u\}^e=\begin{Bmatrix}u\\v\end{Bmatrix}=\begin{bmatrix}N_1&0&0&N_2&0&0\\0&N_3&N_4&0&N_5&N_6\end{bmatrix}\begin{Bmatrix}u_i\\v_i\\\theta_{iz}\\u_j\\v_j\\\theta_{jz}\end{Bmatrix}=[N]\{\delta\}^e \quad (2-108)$$

其中，$[N]$ 为形函数矩阵，$\{\delta\}^e$ 为单元节点位移列阵，即

$$[N]=\begin{bmatrix}N_1&0&0&N_2&0&0\\0&N_3&N_4&0&N_5&N_6\end{bmatrix} \quad (2-109)$$

$$\{\delta\}^e=[u_i\quad v_i\quad \theta_{iz}\quad u_j\quad v_j\quad \theta_{jz}]^{\mathrm{T}} \quad (2-110)$$

而

$$N_1=\frac{1}{L}(x_j-x),N_2=-\frac{1}{L}(x_i-x),N_3=1-\frac{3x^2}{L^2}+\frac{2x^3}{L^3}$$

$$N_4=x-\frac{2x^2}{L}+\frac{x^3}{L^2},N_5=\frac{3x^2}{L^2}-\frac{2x^3}{L},N_6=\frac{-x^2}{L}+\frac{x^3}{L^2}$$

2. 单元应变和单元应力

梁单元受到拉压和弯曲变形后，其应变可以分为两部分：拉压应变 ε_t 和弯曲应变 ε_b。如果略去剪切变形的影响，则单元应变为

$$\{\varepsilon\}^e=\begin{Bmatrix}\varepsilon_t\\\varepsilon_b\end{Bmatrix}=\begin{Bmatrix}\dfrac{du}{dx}\\-y\dfrac{d^2v}{dx^2}\end{Bmatrix}$$

$$=\begin{bmatrix}\dfrac{dN_1}{dx}&0&0&\dfrac{dN_2}{dx}&0&0\\0&-y\dfrac{d^2N_3}{dx^2}&-y\dfrac{d^2N_4}{dx^2}&0&-y\dfrac{d^2N_5}{dx^2}&-y\dfrac{d^2N_6}{dx^2}\end{bmatrix}\begin{Bmatrix}u_i\\v_i\\\theta_{iz}\\u_j\\v_j\\\theta_{jz}\end{Bmatrix} \quad (2-111)$$

若令

$$[B]=\begin{bmatrix} \frac{dN_1}{dx} & 0 & 0 & \frac{dN_2}{dx} & 0 & 0 \\ 0 & -y\frac{d^2N_3}{dx^2} & -y\frac{d^2N_4}{dx^2} & 0 & -y\frac{d^2N_5}{dx^2} & -y\frac{d^2N_6}{dx^2} \end{bmatrix}$$

$$=\begin{bmatrix} \frac{-1}{L} & 0 & 0 & \frac{1}{L} & 0 & 0 \\ 0 & -y\left(\frac{-6}{L^2}+\frac{12x}{L^3}\right) & -y\left(\frac{-4}{L}+\frac{6x}{L^2}\right) & 0 & -y\left(\frac{-6}{L^2}-\frac{12x}{L^3}\right) & -y\left(\frac{-2}{L}+\frac{6x}{L^2}\right) \end{bmatrix} \tag{2-112}$$

则式（2-111）可写为

$$\{\varepsilon\}^e=\begin{Bmatrix}\varepsilon_t\\ \varepsilon_b\end{Bmatrix}=[B]\{\delta\}^e \tag{2-113}$$

式中，$[B]$ 为单元应变矩阵。而单元应力为

$$\{\sigma\}^e=E[B]\{\delta\}^e \tag{2-114}$$

3. 单元刚度矩阵

单元刚度矩阵可由虚位移原理导出。假定单元的虚位移函数与单元位移函数的形式相同，即参照式（2-108）和式（2-113），则单元虚位移 $\{u^*\}^e$和单元虚应变 $\{\varepsilon^*\}^e$可以写为

$$\{u^*\}^e=[N]\{\delta^*\}^e$$

$$\{\varepsilon^*\}^e=[B]\{\delta^*\}^e$$

式中，$[N]$ 为形函数，$\{\varepsilon^*\}^e$为单元的节点虚位移列阵，即

$$\{\delta^*\}^e=[u_i^* \quad v_i^* \quad \theta_{iz}^* \quad u_j^* \quad v_j^* \quad \theta_{jz}^*]^T$$

单元应力在虚应变上所做的虚功为

$$\int_{V_e}(\{\varepsilon^*\}^e)^T\{\sigma\}^e dV=(\{\delta^*\}^e)^T E\int_{V_e}[B]^T[B]\{\delta\}^e dV \tag{2-115}$$

式中，V_e 为单元体积。

将单元节点力记为

$$\{R\}^e=[N_i \quad Q_i \quad M_i \quad N_j \quad Q_j \quad M_j]^T$$

式中，N 为单元的轴力，Q 为 y 方向的剪力，M 为绕轴的弯矩。

单元节点力在虚位移上所做的虚功为

$$(\{\delta^*\}^e)^T\{R\}^e \tag{2-116}$$

由虚位移原理可得

$$(\{\delta^*\}^e)^{\mathrm{T}}\{R\}^e=(\{\delta^*\}^e)^{\mathrm{T}}E\int_{V_e}[B]^{\mathrm{T}}[B]\{\delta\}^e\mathrm{d}V \tag{2-117}$$

因为虚位移是任意的，所以为使式（2-117）成立，等式两边与 $(\{\delta^*\}^e)^{\mathrm{T}}$ 相乘的项应该相等，即

$$\{R\}^e=E\int_{V_e}[B]^{\mathrm{T}}[B]\{\delta\}^e\mathrm{d}V \tag{2-118}$$

若记

$$[k]^e=E\int_{V_e}[B]^{\mathrm{T}}[B]\mathrm{d}V \tag{2-119}$$

则式（2-114）可以写为

$$\{R\}^e=[k]^e\{\delta\}^e \tag{2-120}$$

式（2-120）为梁单元的节点力与节点位移关系的单元刚度方程，而 $[k]$ 是单元刚度矩阵。将式（2-112）代入式（2-119），并经过积分运算，梁单元刚度矩阵可显式表达为

$$[k]^e=\begin{bmatrix}\frac{EA}{L} & 0 & 0 & \frac{-EA}{L} & 0 & 0\\ 0 & \frac{12EI}{L^3} & \frac{6EI}{L^2} & 0 & \frac{-12EI}{L^3} & \frac{6EI}{L^2}\\ 0 & \frac{6EI}{L^2} & \frac{4EI}{L} & 0 & \frac{-6EI}{L^2} & \frac{2EI}{L}\\ \frac{-EA}{L} & 0 & 0 & \frac{EA}{L} & 0 & 0\\ 0 & \frac{-12EI}{L^3} & \frac{-6EI}{L^2} & 0 & \frac{12EI}{L^3} & \frac{-6EI}{L^2}\\ 0 & \frac{6EI}{L^2} & \frac{2EI}{L} & 0 & \frac{-6EI}{L^2} & \frac{4EI}{L}\end{bmatrix} \tag{2-121}$$

式中，A 为单元的横截面面积，I 为横截面惯性矩，E 为材料的弹性模量。

4. 考虑剪切变形时的单元刚度矩阵

式（2-121）是不考虑剪切变形影响时的刚度矩阵，当梁的高度相对于跨度不是很小时，需要考虑剪切变形的影响，为此需要对式（2-121）的刚度矩阵做如下修正：

$$[k]^e=\begin{bmatrix} \frac{EA}{L} & 0 & 0 & \frac{-EA}{L} & 0 & 0 \\ 0 & \frac{12EI}{L^3(1+\Phi)} & \frac{6EI}{L^2(1+\Phi)} & 0 & \frac{-12EI}{L^3(1+\Phi)} & \frac{6EI}{L^2(1+\Phi)} \\ 0 & \frac{6EI}{L^2(1+\Phi)} & \frac{(4+\Phi)EI}{L(1+\Phi)} & 0 & \frac{-6EI}{L^2(1+\Phi)} & \frac{(2-\Phi)EI}{L(1+\Phi)} \\ \frac{-EA}{L} & 0 & 0 & \frac{EA}{L} & 0 & 0 \\ 0 & \frac{-12EI}{L^3(1+\Phi)} & \frac{-6EI}{L^2(1+\Phi)} & 0 & \frac{12EI}{L^3(1+\Phi)} & \frac{-6EI}{L^2(1+\Phi)} \\ 0 & \frac{6EI}{L^2(1+\Phi)} & \frac{(2-\Phi)EI}{L(1+\Phi)} & 0 & \frac{-6EI}{L^2(1+\Phi)} & \frac{(4+\Phi)EI}{L(1+\Phi)} \end{bmatrix} \tag{2-122}$$

式中，$\Phi=\frac{12EI\gamma}{GAL^2}$ 为剪切影响系数，A 为梁的横截面面积，E 和 G 是弹性模量和剪切模量，γ 为横截面剪切因子。对于矩形和圆形横截面，有关文献建议 γ 分别取 6/5 和 10/9。对于高为 h、宽为 b 的矩形横截面，剪切影响系数为 $\Phi=\frac{E\gamma h^2}{GL^2}$，因此当梁的高度 h 相对于跨度 L 很小时，可以忽略剪切变形的影响。

例 2.2 按考虑和不考虑剪切变形影响两种情况，计算图 2-12 所示矩形横截面悬臂梁在端部横向力 F 作用下的端点挠度，横截面高为 h、宽为 b，忽略轴向变形。

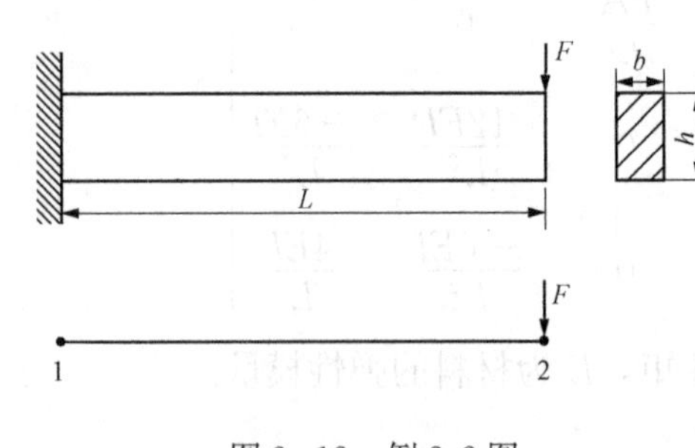

图 2-12 例 2.2 图

解 当用一个单元计算时，只有两个节点。节点 1 是固定端，载荷作用在节点 2 上，由于忽略轴向变形，每个节点只有 2 个自由度，即 y 方向的移动和绕 z 轴的转动。在节点 1 有 $v_1=\theta_1=0$，总体平衡方程只有与节点 2 对应的 2 个方程。按不考虑剪切变形影响，根据式（2-121）所示的单元刚度矩阵，可得总体平衡方程为

$$\frac{EI}{L^3}\begin{bmatrix} 12 & -6L \\ -6L & 4L^2 \end{bmatrix}\begin{Bmatrix} v_2 \\ \theta_2 \end{Bmatrix}=\begin{Bmatrix} F \\ 0 \end{Bmatrix}$$

求解，可得

$$\theta_2=\frac{FL^2}{2EI}, \omega_2=\frac{FL^3}{3EI}$$

从上述结果可以看到，使用一个单元求解，就可以得到与材料力学的理论解相同的位移结果。这是因为这种梁单元的挠度位移函数是三次的，由材料力学的理论解得到的悬臂梁的挠度也是三次的。

考虑剪切变形影响，根据式（2-122）所示的单元刚度矩阵，可得总体平衡方程为

$$\frac{EI}{L^3(1+\Phi)}\begin{bmatrix} 12 & -6L \\ -6L & (4+\Phi)L^2 \end{bmatrix}\begin{Bmatrix} v_2 \\ \theta_2 \end{Bmatrix}=\begin{Bmatrix} F \\ 0 \end{Bmatrix}$$

求解，可得

$$\theta_2=\frac{FL^2}{2EI},\quad \omega_2=\frac{FL^3}{12EI}(4+\Phi)$$

对于矩形横截面，$I=\frac{bh^2}{12},A=bh,\gamma=\frac{5}{6},G=\frac{E}{2(1+\mu)}$，则

$$\omega_2=\frac{FL^3}{12EI}(4+\Phi)=\frac{FL^3}{3EI}\left[1+\frac{5(1+\mu)}{12}\frac{h^2}{L^2}\right] \tag{2-123}$$

式（2-123）的括号中第二项反映了剪切变形对挠度的影响，即梁的横向剪力所产生的剪切变形将产生附加挠度。对于梁的高度 h 远小于跨度 L 的情况，剪切变形对挠度的影响可以忽略不计，比如当 $h/L=1/10$，$\mu=0.3$ 时，括号中第二项等于0.54%。但是，对于梁的高度不是远小于跨度的情况，就应该考虑剪切变形对挠度的影响。

2.3.3　平面梁单元的坐标变换

由若干杆件在同一平面内组成的杆件系统，如果杆件承受的载荷在同一平面内，并且杆件不仅能承受轴向力，还能承受弯矩和横向受力，同时，在变形过程中，各杆件之间的夹角保持不变，则此杆件系统称作平面刚架。在平面刚架中，杆件的轴线通常不处在同一直线上，杆件的轴线可以与坐标轴成任意角度，即处在平面内的任意方位。对处于平面内任意方位的杆件划分成的梁单元称为平面梁单元，对处于空间任意方位的梁单元称为三维梁单元。因为总体刚度矩阵是相对于总体坐标系的，所以对于平面和三维梁单元就需要建立在总体坐标系下的单元刚度矩阵。单元刚度矩阵只与单元的横截面形状和长度有关，而与它的位置无关，因此，总体坐标系下的单元刚度矩阵可以由局部坐标系下的单元刚度矩阵通过坐标变换来得到。

图2-13所示为一整体坐标系中的平面梁单元，它有两个端节点，梁的长度为 l，弹性模量为 E，横截面的面积为 A，惯性矩为 I_z，轴线角度为 α。

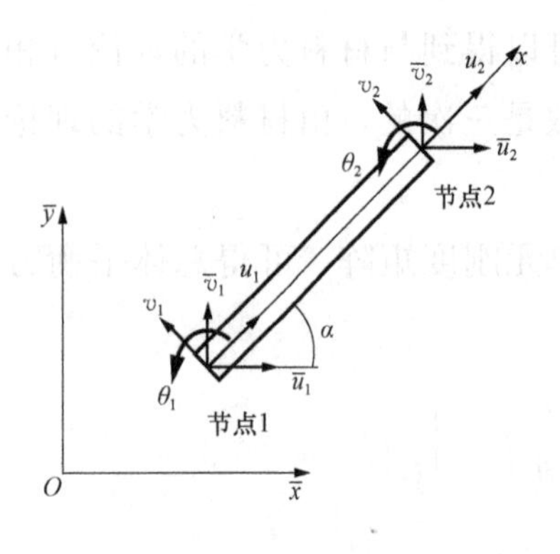

图 2-13　平面问题中梁单元的坐标变换

设局部坐标系下（xOy）的节点位移列阵为

$$\underset{(6\times x)}{\boldsymbol{q}^e}=(u_1\quad v_1\quad \theta_1\quad u_2\quad v_2\quad \theta_2)^{\mathrm{T}}$$

整体坐标系中（$\bar{x}O\bar{y}$）的节点位移列阵为

$$\underset{(6\times x)}{\bar{\boldsymbol{q}}^e}=(\bar{u}_1\quad \bar{v}_1\quad \theta_1\quad \bar{u}_2\quad \bar{v}_2\quad \theta_2)^{\mathrm{T}} \tag{2-124}$$

注意：转角 θ_1 和 θ_2，在两个坐标系中是相同的。按照两个坐标系中的位移向量相等效的原则，可推导出以下变换关系：

$$\left.\begin{aligned} u_1&=\bar{u}_1\cos\alpha+\bar{v}_1\sin\alpha\\ v_1&=-\bar{u}_1\sin\alpha+\bar{v}_1\cos\alpha\\ u_2&=\bar{u}_3\cos\alpha+\bar{v}_2\sin\alpha\\ v_2&=-\bar{u}_2\sin\alpha+\bar{v}_2\cos\alpha \end{aligned}\right\} \tag{2-125}$$

写成矩阵形式有

$$\underset{(6\times1)}{\boldsymbol{q}^e}=\underset{(6\times6)}{\boldsymbol{T}^e}\ \underset{(6\times1)}{\bar{\boldsymbol{q}}^e} \tag{2-126}$$

式中，$\boldsymbol{T}_e$ 为单元的坐标变换矩阵，即

$$\underset{(6\times6)}{\boldsymbol{T}^e}=\begin{bmatrix} \cos\alpha & \sin\alpha & 0 & 0 & 0 & 0\\ -\sin\alpha & \cos\alpha & 0 & 0 & 0 & 0\\ 0 & 0 & 1 & 0 & 0 & 0\\ 0 & 0 & 0 & \cos\alpha & \sin\alpha & 0\\ 0 & 0 & 0 & -\sin\alpha & \cos\alpha & 0\\ 0 & 0 & 0 & 0 & 0 & 1 \end{bmatrix} \tag{2-127}$$

与平面杆单元的坐标变换类似，梁单元在整体坐标系中的刚度方程为

$$\underset{(6\times6)}{\bar{\boldsymbol{K}}^e}\ \underset{(6\times1)}{\boldsymbol{q}^e}=\underset{(6\times1)}{\bar{\boldsymbol{F}}^e} \tag{2-128}$$

其中

$$\underset{(6\times6)}{\bar{\boldsymbol{K}}^e}=\underset{(6\times6)}{\boldsymbol{T}^{e\mathrm{T}}}\ \underset{(6\times6)}{\boldsymbol{K}^e}\ \underset{(6\times6)}{\boldsymbol{T}^e} \tag{2-129}$$

$$\underset{(6\times1)}{\bar{\boldsymbol{F}}^e}=\underset{(6\times6)}{\boldsymbol{T}^{e\mathrm{T}}}\ \underset{(6\times1)}{\boldsymbol{F}^e} \tag{2-130}$$

由上述推导过程可知，对处于任意方位的平面梁单元的刚度矩阵，可以利用局部坐标系下的单元刚度矩阵 $\boldsymbol{k}^e$，通过坐标转换来得到。在有限元程序中，一般先在单元局部坐标系下计算单元刚度矩阵，然后按式（2-129）将其转换为总体坐标系下的单元刚度矩阵，最后将总体坐标系下的单元刚度矩阵组装到总体刚度矩阵中去。

2.4　杆梁问题的有限元案例

例 2.3　悬臂梁的挠度计算问题。悬臂梁长 1000mm、宽 50mm、高 10mm，左端固定，材料的弹性模量 $E=2\times10^{11}\mathrm{N/m^2}$，泊松比 $\mu=0.3$，如图 2-14 所示，求其在自重作用下的最大挠度。

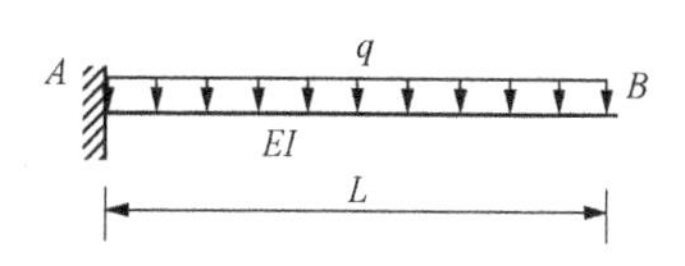

图 2-14　悬臂梁的挠度计算问题

（1）分析模块 Preferences 的选择。运行主菜单“Main Menu”→“Preferences”，弹出对话框，选择“Structural”结构分析选项，单击“OK”按钮，即可。

（2）建立模型。在 model 下单击“create”按钮建立一个长 1、宽 0.05、高 0.01 的长方体实体（单位默认为 m），如图 2-15 所示。建立的模型效果如图 2-16 所示。

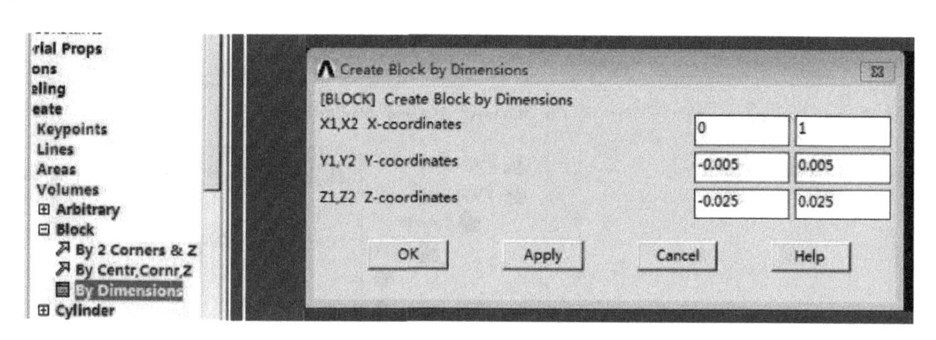

图 2-15　模型的建立

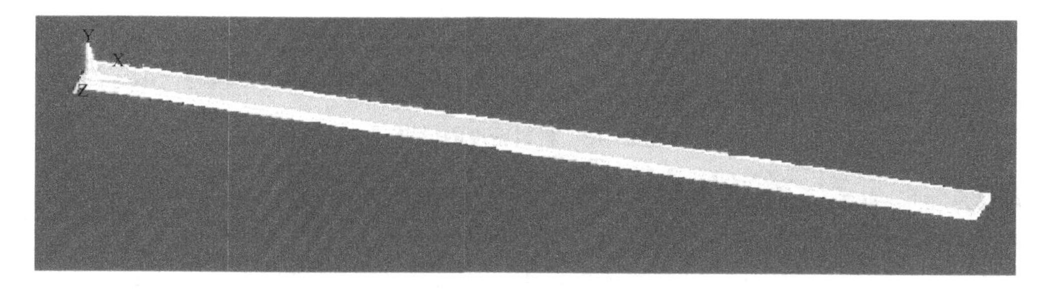

图 2-16　模型建立效果

（3）材料属性设置。杨氏模量设置为“2E11”，泊松比设置为“0.3”，如图 2-17 所示。密度设置为“7800”，如图 2-18 所示。

（4）划分网格。设置网格单元，选择“Structure Solid”“Brick 8node 185”（图 2-19），单击“Mesh Tool”按钮，在弹出的对话框（图 2-20）中设置网格大小为 0.002，在 Hex 下单击“Mesh”按钮。

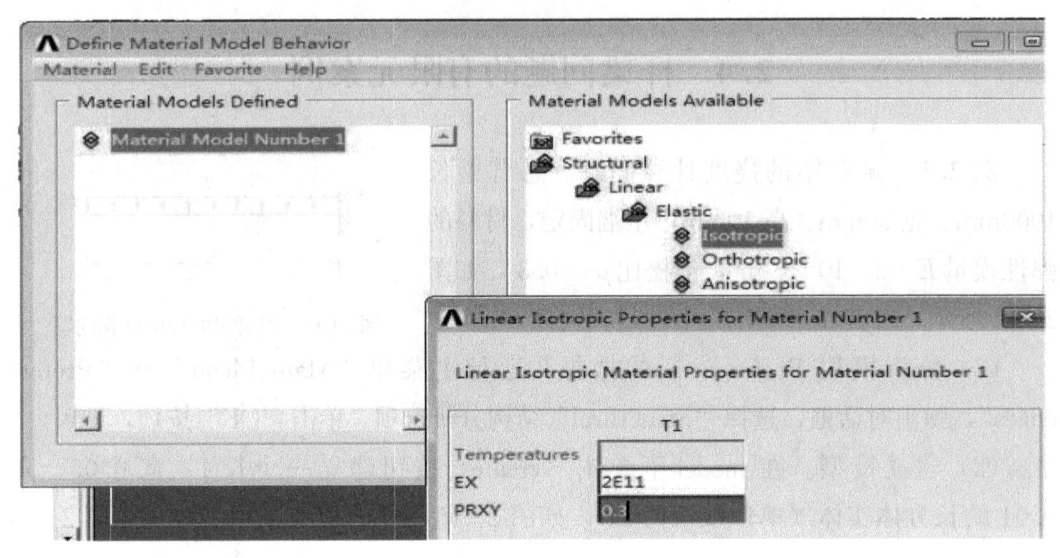

图 2-17 材料属性的设置

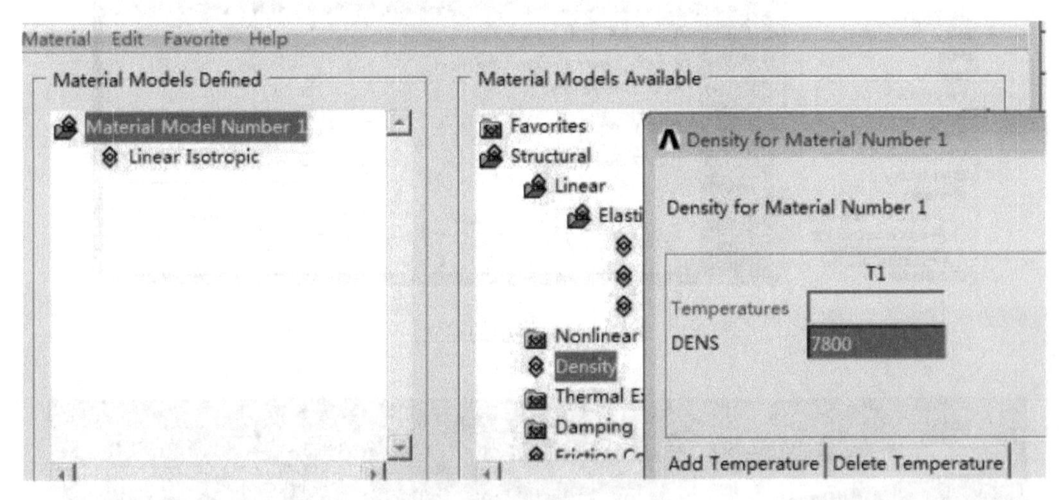

图 2-18 材料密度的设置

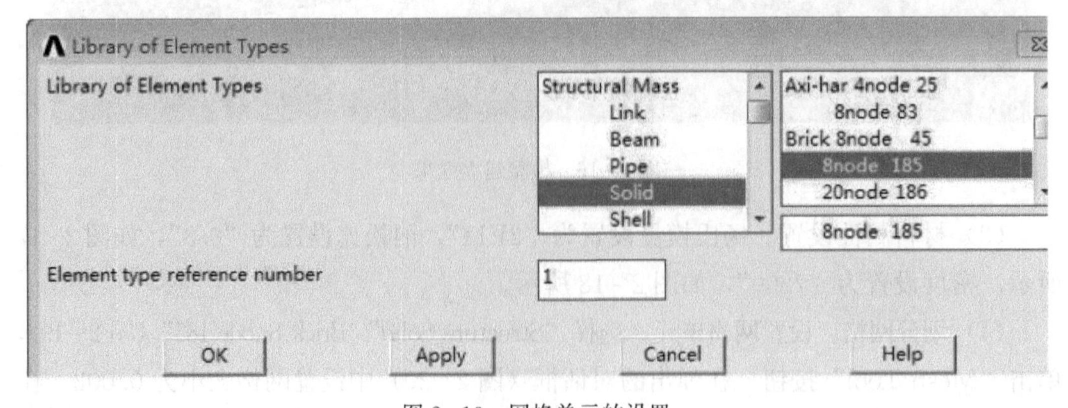

图 2-19 网格单元的设置

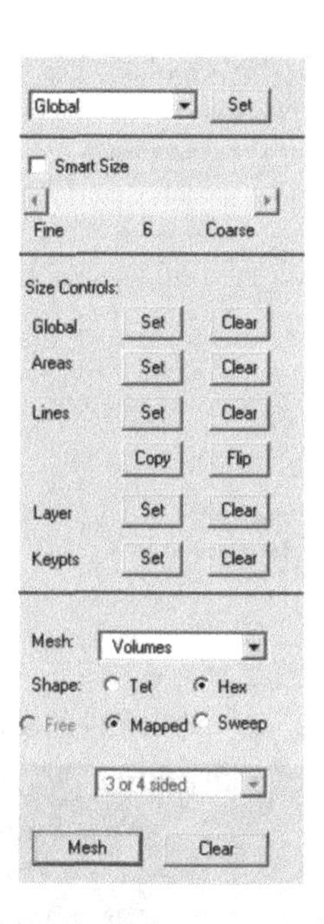

图 2 - 20　“Mesh Tool”对话框

（5）施加荷载。在“preprocessor”中“intertia”中设置 Y 方向重力加速度为 9.8（图 2 - 21）。在左面施加固定约束（三个方向固定），如图 2 - 22 所示。

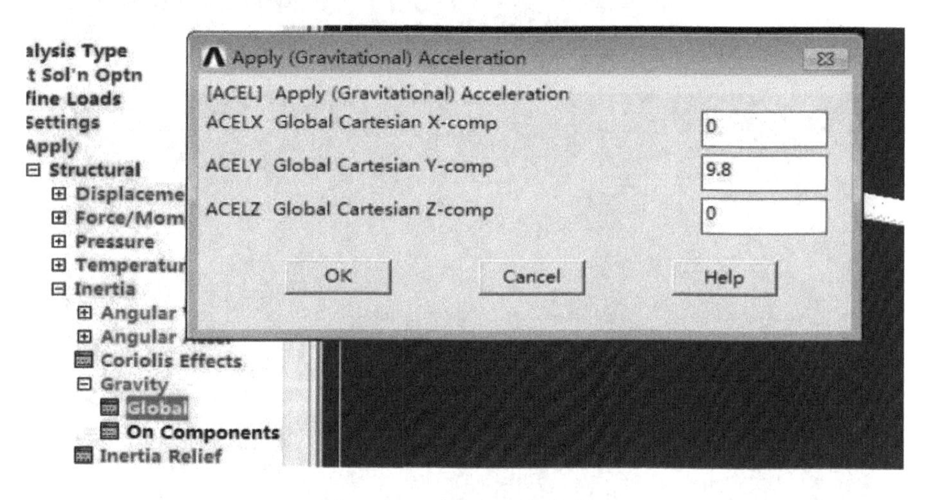

图 2 - 21　重力加速度的设置

（6）求解。运行主菜单命令“Main Menu”→“Solution”→“Solve”→“Current LS”，完成计算。

（7）结果分析。如图 2 - 23～图 2 - 25 所示，在“Result”窗格中单击“Plot Result”选项，查看“Nodes Displacement”。查看文本，观察最大位移点。

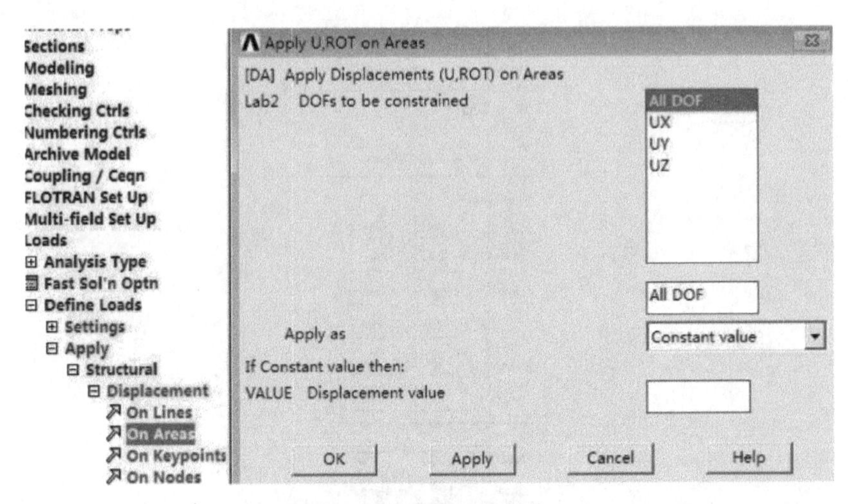

图 2-22 约束条件的设置

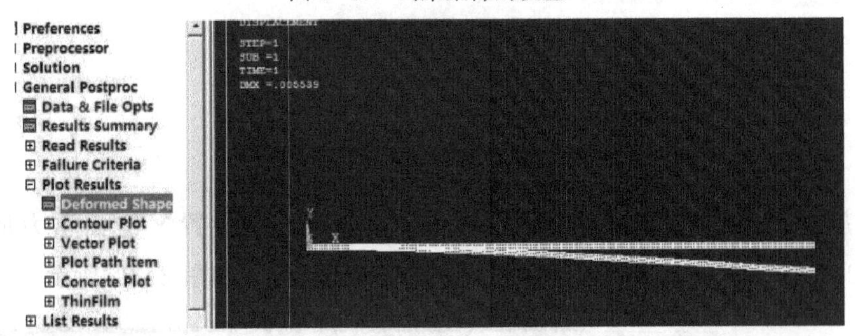

图 2-23 最大位移点位移图

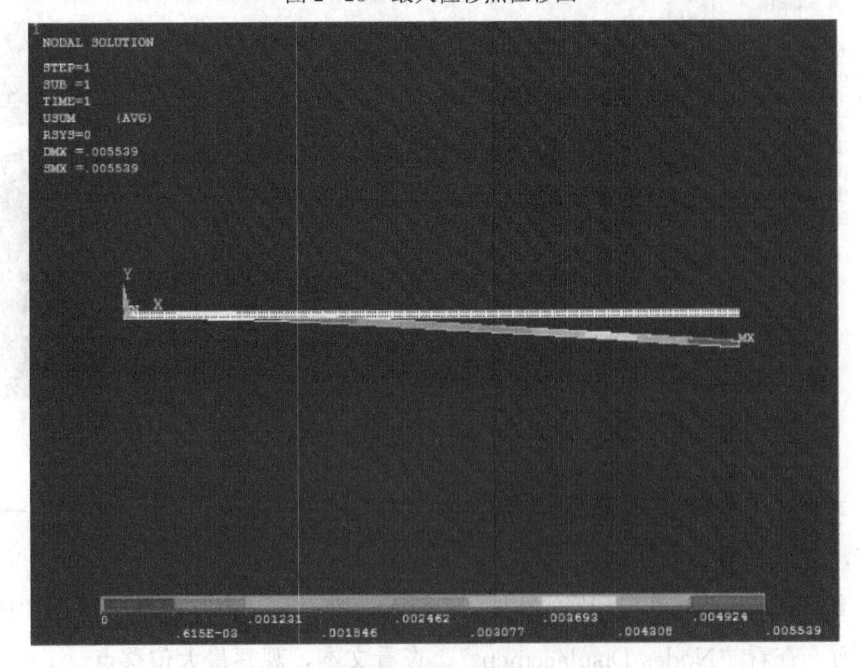

图 2-24 Y 方向位移云图

```
14042 -0.12321E-04-0.55097E-02 0.72441E-10 0.55097E-02
14043 -0.12321E-04-0.55097E-02 0.85716E-10 0.55097E-02
14044 -0.12321E-04-0.55097E-02 0.93261E-10 0.55097E-02
14045  0.12321E-04-0.55097E-02 0.93293E-10 0.55097E-02
14046  0.12321E-04-0.55097E-02 0.85749E-10 0.55097E-02
14047  0.12321E-04-0.55097E-02 0.72474E-10 0.55097E-02
14048  0.12321E-04-0.55097E-02 0.54353E-10 0.55097E-02
14049  0.12321E-04-0.55097E-02 0.32472E-10 0.55097E-02
14050  0.12321E-04-0.55097E-02 0.83469E-11 0.55097E-02
14051  0.12321E-04-0.55097E-02-0.16534E-10 0.55097E-02
14052  0.12321E-04-0.55097E-02-0.40659E-10 0.55097E-02
14053  0.12321E-04-0.55097E-02-0.62540E-10 0.55097E-02
```

图 2 - 25　位移列表

思 考 题

2.1　《道德经》六十三章有曰："图难于其易，为大于其细"。六十四章有曰："合抱之木，生于毫末；九层之台，起于累土"。我国古代先贤经典中蕴藏着大智慧，这是我们的文化自信。有限单元法的核心思想是把整体结构划分成有限个单元，重点研究单元特性，然后再组装成整体进行分析。请大家用心体会一下有限元法的核心思想和上述《道德经》思想的相通之处，谈谈自己的看法。

2.2　冯康院士于 1965 年在《应用数学与计算数学》上发表了《基于变分原理的差分格式》一文，在极其广泛的条件下证明了方法的收敛性和稳定性，建立了有限元方法严格的数学理论基础，这篇论文的发表是我国学者独立于西方创始有限元方法的标志。冯康院士即使在困难时期，他的研究小组仍应用有限元方法解决了我国国防建设和国民经济中数十个重大的计算课题。请大家查阅文献，谈一谈我国专家学者在有限元分析方法领域所作出的杰出贡献。

习　题

2.1　函数 u（x）如图 2 - 26 所示，求其在 u_1 和 u_2 之间有效的一维线性插值多项式。

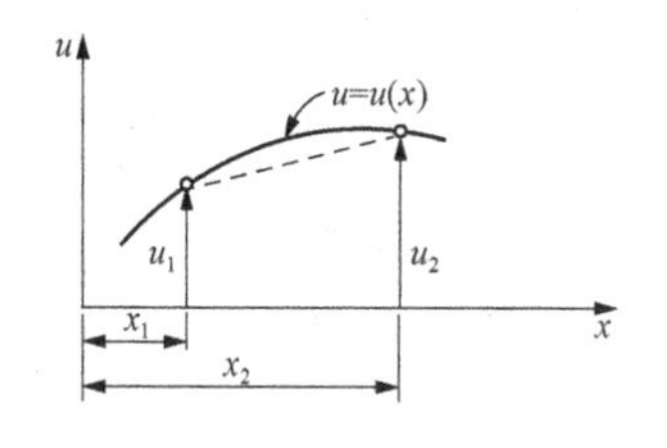

图 2 - 26　习题 2.1 图

2.2　试推导一维有限元空间的形函数。

2.3　推导基于形状函数和节点的一维线性插值格式，并将结果表示成矩阵形式。

2.4　设横截面面积为常数的弹性杆两端固定杆长为 $3L$，弹性杆各处受相同的体积力 f 作用 。试采用 3 个长为 L 的线性元，用形状函数（不用插值多项式）给出 Rayleigh - Ritz 解的表达式。

2.5　对一维有限元问题的两点线性元形式及三点二次元形式进行比较。

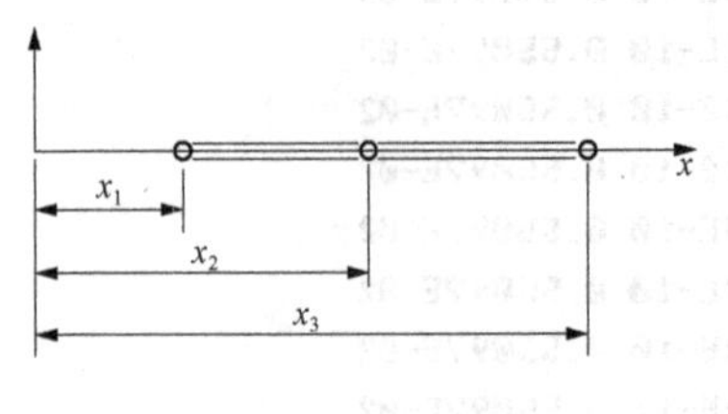

图 2-27　习题 2.8 图

2.6　采用直接方法推导轴向力作用下直杆拉伸问题的单元刚度矩阵。

2.7　如图 2-27 所示，推导关于 x_1、x_2 和 x_3 的三点二次元的形状函数。

2.8　参照题 2.8 和图 2-27，设 $x_1=-L$、$x_2=0$ 和 $x_3=L$，求相应的形状函数。

2.9　参照题 2.9，对长为 2L、坐标为（-L，0，L）的单元，推导其单元刚度矩阵。

2.10　利用题 2.10 定义的长为 2L 的三点单元，推导定义各点体积力分布的应力矩阵。

2.11　在推导梁有限元刚度矩阵所满足的方程时，图 2-28 所示的梁问题是一类主要问题（在 $x=0$ 处施加正的节点旋度），它也用于解释最终的梁分析结果。试由微分方程求解图 2-28 中固定梁的反作用剪切力和反作用力矩。

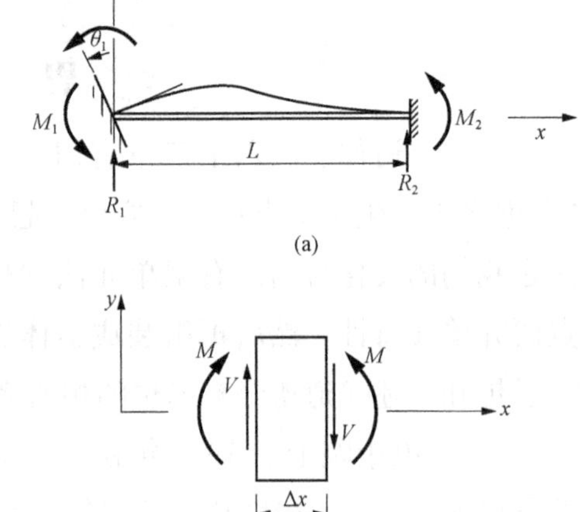

图 2-28　习题 2.12 图

(a) 在 $x=0$ 处施加旋度 θ_1；

(b) 剪切力和力矩的符号对流

2.12　设梁受到横向荷载和轴向力的共同作用，试推导其局部有限元刚度矩阵。

2.13　试推导图 2-29 所示定向梁在（ξ，η）局部坐标系中的变换矩阵和相应的刚度矩阵，并将他们引用到（x，y）整体坐标系之中。

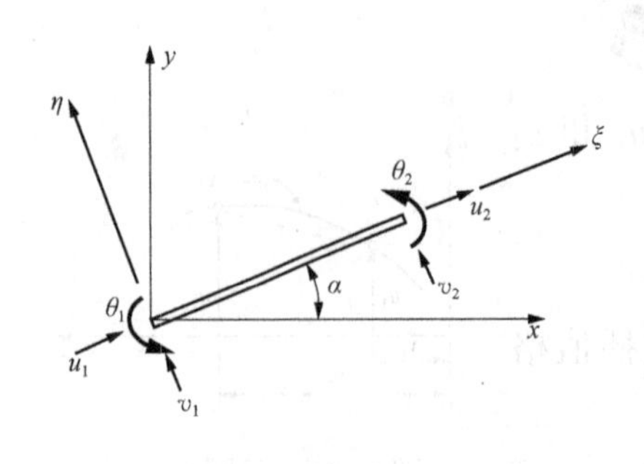

图 2-29　习题 2.14 图

2.14　如图 2-30 所示的桁架中，节点①固定，节点③可以在 x 方向平行移动。试计算所有节点的位移和反作用力。

2.15　如图 2-31 所示的桁架，受到节点①和节点③处的针式支承点的支撑。桁架结构可以在这两个点处自由转动，但不能移动。桁架的长度和结构特性与题 2.15 中的桁架相同。试计算每个支撑点上的反作用力和节点②处的内部作用力。

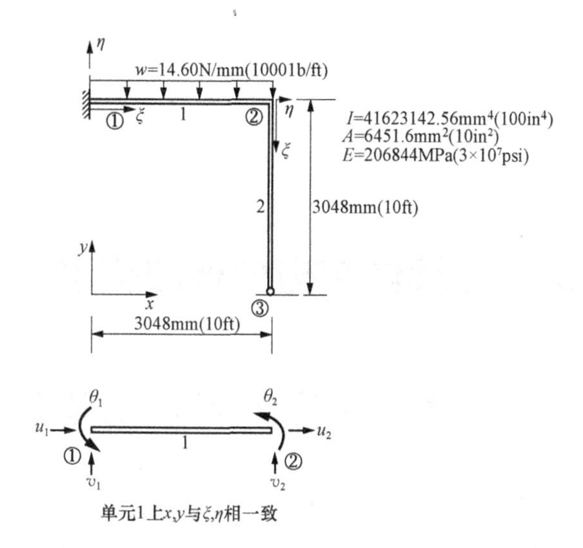

图 2-30　习题 2.15 图

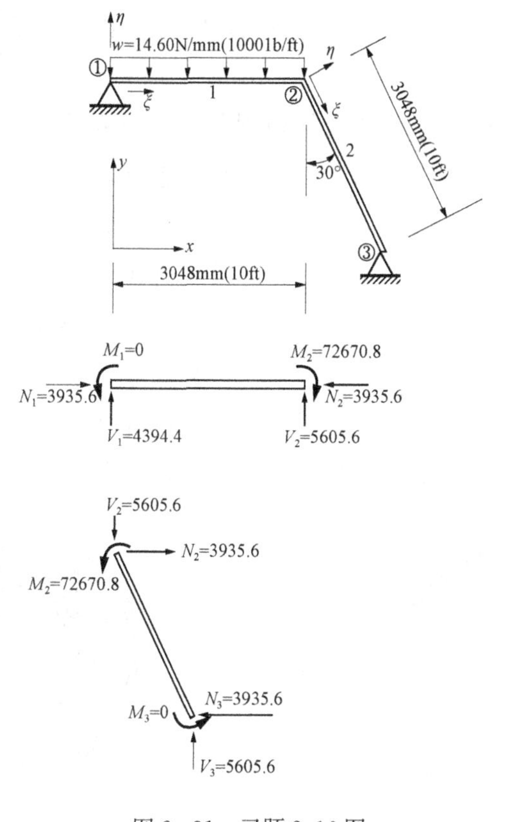

图 2-31　习题 2.16 图

第3章　连续体结构分析的有限元方法

3.1　连续体结构分析的工程概念

最简单的1D几何图形是直线，最简单的2D几何图形是三角形，最简单的3D几何图形是四面体。杆单元以及梁单元从局部坐标系来看可以说是1D单元。本章将重点讨论用于连续体结构离散的2D单元及3D单元。

第2章虽然仅讨论了杆单元以及梁单元，但已经给出了有限元分析的具有标准化分析过程的核心要素——单元。

本章除了使读者接受将连续的几何域划分为一系列的2D单元或3D单元这一基本思想外，其他的过程与第2章完全相同，再一次说明了有限元分析的标准化及规范性的特征。

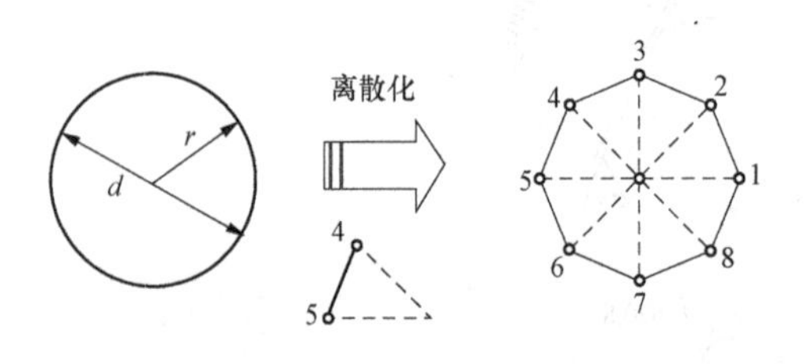

图3-1　将连续的一个圆面离散为有限个三角片

图3-1展示了将连续的一个圆离散为有限个三角片的过程。正是按照这一原理，可以将一个任意复杂的几何形状离散为一系列（有限个）标准几何图形（单元）的组合，如图3-2所示。

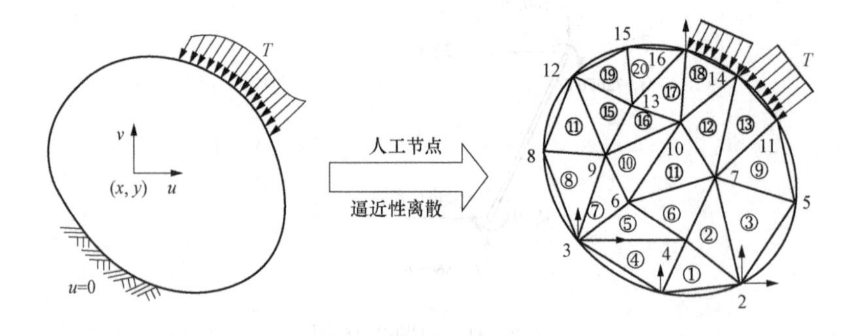

图3-2　将连续的几何域离散为有限个三角片组成的逼近域

3.2　连续体结构分析的基本力学原理

与第 2 章类似，连续体结构的力学分析也包括基本变量、基本方程和求解原理。下面分别进行描述。

3.2.1　连续体问题的 3 大类变量

就基本变量而言，2D 和 3D 问题将在 1D 问题上进行另外方向上的推广延伸。注意：除了在主方向上进行延伸外，还存在每两个坐标轴之间的交叉（夹角）项，对于应力来说就是剪应力，对于应变来说就是剪应变。上述几种情况的基本变量列于表 3-1 中。

表 3-1　连续体问题的 3 大类变量的各个分量（直角坐标系）

名称	1D 问题	2D 问题	3D 问题
位移分量	$u(x)$	$u(x, y)$, $v(x, y)$	$u(x,y,z)$, $v(x,y,z)$, $w(x,y,z)$
应变分量	$\varepsilon_{xx}(x)$	$\varepsilon_{xx}(x,y)$, $\varepsilon_{yy}(x,y)$, $\gamma_{xy}(x,y)$	$\varepsilon_{xx}(x,y,z)$, $\varepsilon_{yy}(x,y,z)$, $\varepsilon_{zz}(x,y,z)$ $\gamma_{xx}(x,y,z)$, $\gamma_{yy}(x,y,z)$, $\gamma_{zz}(x,y,z)$
应力分量	$\sigma_{xx}(x)$	$\sigma_{xx}(x,y)$, $\sigma_{yy}(x,y)$, $\tau_{xy}(x,y)$	$\sigma_{xx}(x, y)$, $\sigma_{yy}(x, y)$, $\sigma_{zz}(x, y)$ $\tau_{xx}(x, y)$, $\tau_{yy}(x, y)$, $\tau_{zz}(x, y)$

注　$\sigma_{xx}(x)$ 中的第一个下标表明应力的方向，第二个下标表明应力所作用面的发现方向。对于应变也如此。一般情况下，将下标相同的正应力 $\sigma_{xx}(x,y,z)$ 或正应变 $\varepsilon_{yy}(x,y,z)$ 表达成 $\sigma_x(x,y,z)$ 或 $\varepsilon_y(x,y,z)$，即只写一个下标，y 方向以及 z 方向的情况与此类似。

3.2.2　连续体问题的 3 大类方程及边界条件

对于基本方程而言，2D 和 3D 问题同样将在 1D 问题上进行另外方向上的推广延伸。上述几种情况的基本方程列于表 3-2 中（这里不考虑体积力）。

表 3-2　连续体问题的 3 大类方程的各个表达式（直角坐标系）

名称	1D 问题	2D 问题	3D 问题
平衡方程	$\dfrac{d\sigma_{xx}}{dx}=0$	$\dfrac{\partial\sigma_{xx}}{\partial x}+\dfrac{\partial\tau_{xy}}{\partial y}=0$ $\dfrac{\partial\tau_{xx}}{\partial x}+\dfrac{\partial\sigma_{xy}}{\partial y}=0$	$\dfrac{\partial\sigma_{xx}}{\partial x}+\dfrac{\partial\sigma_{xy}}{\partial y}+\dfrac{\partial\tau_{xz}}{\partial z}=0$ $\dfrac{\partial\tau_{xy}}{\partial x}+\dfrac{\partial\sigma_{yy}}{\partial y}+\dfrac{\partial\tau_{yz}}{\partial z}=0$ $\dfrac{\partial\tau_{xz}}{\partial x}+\dfrac{\partial\tau_{yz}}{\partial y}+\dfrac{\partial\tau_{zz}}{\partial z}=0$
几何方程	$\varepsilon_{xx}=\dfrac{du}{dx}$	$\varepsilon_{xx}=\dfrac{\partial u}{\partial x}, \varepsilon_{yy}=\dfrac{\partial v}{\partial y}$ $\gamma_{xy}=\dfrac{\partial v}{\partial x}+\dfrac{\partial u}{\partial y}$	$\varepsilon_{xx}=\dfrac{\partial u}{\partial x}, \varepsilon_{yy}=\dfrac{\partial v}{\partial y}, \varepsilon_{zz}=\dfrac{\partial w}{\partial z}$ $\gamma_{xy}=\dfrac{\partial v}{\partial x}+\dfrac{\partial u}{\partial y}, \gamma_{yz}=\dfrac{\partial w}{\partial y}+\dfrac{\partial v}{\partial z}, \gamma_{zx}=\dfrac{\partial w}{\partial x}+\dfrac{\partial u}{\partial z}$

续表

名称	1D问题	2D问题	3D问题
物理方程	$\varepsilon_{xx}=\frac{\sigma_{xx}}{E}$	$\varepsilon_{xx}=\frac{1}{E}(\sigma_{xx}-\mu\sigma_{yy})$ $\varepsilon_{yy}=\frac{1}{E}(\sigma_{yy}-\mu\sigma_{xx})$ $\gamma_{xy}=\frac{1}{G}\tau_{xy}$	$\varepsilon_{xx}=\frac{1}{E}[\sigma_{xx}-\mu(\sigma_{yy}+\sigma_{zz})]$ $\varepsilon_{yy}=\frac{1}{E}[\sigma_{yy}-\mu(\sigma_{xx}+\sigma_{zz})]$ $\varepsilon_{zz}=\frac{1}{E}[\sigma_{zz}-\mu(\sigma_{xx}+\sigma_{yy})]$ $\gamma_{xy}=\frac{1}{G}\tau_{xy},\gamma_{yz}=\frac{1}{G}\tau_{yz},\gamma_{zx}=\frac{1}{G}\tau_{zx}$

注　E、p 和 G 分别为材料的弹性模量、泊松比和剪切模量。

对于一般的力学问题，还有两类边界条件（boundary condition），即位移边界条件 $BC(u)$ 和力边界条件 $BC(p)$。这两种情况的边界条件列于表 3-3 中。

表 3-3　　连续体问题的两大类边界条件的各个表达式（直角坐标系）

名称	1D问题	2D问题	3D问题
几何边界条件	$u(x)\mid_{x=x_0}=\bar{u}$	$u(x,y)\mid_{x=x_0,y=y_0}=\bar{u}$ $v(x,y)\mid_{x=x_0,y=y_0}=\bar{v}$	$u(x,y,z)\mid_{x=x_0,y=y_0,z=z_0}=\bar{u}$ $v(x,y,z)\mid_{x=x_0,y=y_0,z=z_0}=\bar{v}$ $w(x,y,z)\mid_{x=x_0,y=y_0,z=z_0}=\bar{w}$
外力边界条件	$\sigma_{xx}(x)\mid_{x=x_0}=\overline{p_x}$	$n_x\sigma_{xx}(x_0,y_0)+n_y\tau_{xy}(x_0,y_0)=\overline{p_x}$ $n_x\tau_{xy}(x_0,y_0)+n_y\sigma_{yy}(x_0,y_0)=\overline{p_y}$	$n_x\sigma_{xx}(x_0,y_0,z_0)+n_y\tau_{xy}(x_0,y_0,z_0)+n_z\tau_{xz}(x_0,y_0,z_0)=\overline{p_x}$ $n_x\tau_{xy}(x_0,y_0,z_0)+n_y\sigma_{yy}(x_0,y_0,z_0)+n_z\tau_{xz}(x_0,y_0,z_0)=\overline{p_y}$ $n_x\tau_{xz}(x_0,y_0,z_0)+n_y\tau_{yz}(x_0,y_0,z_0)+n_z\sigma_{zz}(x_0,y_0,z_0)=\overline{p_z}$

注　x_0、y_0、z_0 为边界上的几何坐标；n_x、n_y、n_z 边界外法线上的方向余弦；$\bar{u}$、$\bar{v}$、$\bar{w}$ 为给定的对应方向上的位移值；$\overline{p_x}$、$\overline{p_y}$、$\overline{p_z}$ 为给定的对应方向上的边界分布力。

3.2.3　直接法以及试函数法的求解思想

针对具体对象，目标是通过 3 大类方程（平衡、几何和物理方程）来求解出 3 大类变量（位移、应变和应力）。对于 1D 问题，实际就是通过 3 个方程来求解 3 个变量，一般可以直接进行联立求解。对于 2D 问题，变量及方程的个数都较多，而且为偏微分方程，除一些具有简单几何形状（如矩形、圆形）外，一般较难直接求解。必须寻找能够求解任意复杂几何形状的通用方法。好的方法应该具有以下几个特征：

（1）几何形状的适应性（通用方法）。

（2）力学原理在数学上的标准化（不需要较多的技巧，都较容易掌握）。

（3）处理过程的规范性（具有统一的处理流程）。

（4）操作实施的可行性（具备相应的软件及硬件条件，可处理大规模线性方程组）。

（5）分析误差的可控制性（可确定计算的最佳效率，方法具有良好的收敛性）。

针对弹性问题的 3 大类变量和方程，从第一层次（求解方法论）的思路上说，总体上有两大类求解方法：直接法（直接求解原始微分方程）以及试函数法（基于假设解的调试方法）。

从第二层次（求解策略）的思路上说，对于 3 大类变量，要同时进行联立求解一般比较困难，需要将变量先进行代换，最好是代换成一种类型的变量先进行求解，然后求解另外类型的变量。

对于直接法，也就是解析方法，若将要求解的基本变量先确定为应力，这就是应力方法，常用的有 Airy 应力函数（stress function）方法，还有一些诸如逆解法、半逆解法的方法。但这些方法虽然可以获得解析解，但仅针对一些简单几何形状，而大量的实际问题目前还不能获得解析解。而且，对求解的数学技巧也要求较高，因此，这类方法大部分不具备上面提到的几个特征。

而对于试函数法，可以追溯到 Rayleigh（1870 年）以及 Ritz（1909 年），它首先假设一个可能的解（试函数，其中包含一些待定系数），将试函数再代入到原方程中，通过确定相应误差函数的最小值来获得其中的待定系数，这样就求出以试函数（确认了待定系数）为结果的解。这种方法大大降低了求解的难度和技巧，方法也具有标准化和规范性，但由于最早的试函数是基于整个几何全域来选择的，因此，它的几何形状的适应性也是受到一定限制的，加上过去还没有合适的计算工具，它实施的可行性也不具备。

进入 20 世纪 50 年代，随着计算机技术的飞速发展，复杂力学问题的处理有了两个实质性的突破：其一是大规模计算成为可能；其二是将基于整个几何全域的试函数变为基于分片（子区域）的多项式函数表达（可以很好适应任意复杂的几何形状），然后将分片的函数进行集成组合得到全域的试函数。这种分片就是“单元”，分片的过程就是将整体区域进行离散的过程，将这种基于分片函数描述的试函数方法称作有限元方法。

3.2.4 连续体问题求解的虚功原理

对于一般弹性问题（以 2D 问题为例），在几何域 Ω 中，受有体积力，$(\overline{b_x}, \overline{b_y})$

在外力边界 S_p 上，受有施加的分布力（$\overline{p_x}$，$\overline{p_y}$）。设有满足位移边界条件的位移场（u，v），这就是试函数（其中有一些待定的系数），则它的虚位移为（$\delta u,\delta v$），虚应变为（$\delta\varepsilon_{xx},\delta\varepsilon_{yy},\delta\gamma_{xy}$）。

相应的虚应变能为

$$\delta U=\int_{\Omega}(\sigma_{xx}\delta\varepsilon_{yy}+\tau_{xy}\delta\gamma_{xy})\mathrm{d}\Omega \tag{3-1}$$

而外力虚功为

$$\delta W=\int_{\Omega}(\overline{b_x}\delta u+\overline{b_y}\delta v)\mathrm{d}\Omega+\int_{S_p}(\overline{p_x}\delta u+\overline{p_y}\delta v)\mathrm{d}A \tag{3-2}$$

那么，虚功原理 $\delta U=\delta W$ 可以表达为

$$\begin{aligned}&\int_{\Omega}(\sigma_{xx}\delta\varepsilon_{xx}+\delta_{yy}\delta\varepsilon_{yy}+\tau_{xy}\delta\gamma_{xy})\mathrm{d}\Omega\\&=\int_{\Omega}(\overline{b_x}\delta u+\overline{b_y}\delta v)\mathrm{d}\Omega+\int_{S_p}(\overline{p_x}\delta u+\overline{p_y}\delta v)\mathrm{d}A\end{aligned} \tag{3-3}$$

通过以上方程可以确定出试函数中的待定系数。

3.2.5 连续体问题求解的最小势能原理

同样对于 2D 问题，设有满足位移边界条件的位移场（u,v），即试函数（其中有一些待定的系数），确定其中待定系数的方法，就是使得该系统的势能取极小值，即

$$\min_{(u,v)\in BC(u)}\Pi(u,v) \tag{3-4}$$

其中

$$\begin{aligned}\Pi=U-W=&\frac{1}{2}\int_{\Omega}(\sigma_{xx}\varepsilon_{xx}+\sigma_{yy}\varepsilon_{yy}+\tau_{xy}\gamma_{xy})\mathrm{d}\Omega\\&-\left[\int_{\Omega}(\overline{b_x}u+\overline{b_y}v)\mathrm{d}\Omega+\int_{S_p}(\overline{p_x}u+\overline{p_y}v)\mathrm{d}A\right]\end{aligned} \tag{3-5}$$

实际上，虚功原理与最小势能原理是等价的。

3.2.6 结构分析中的受力状态诊断（强度准则）

实际的工程设计往往需要进行多次的力学分析、优化修改才能完成，强度准则在整个设计过程中具有重要的作用，它是判断受力状态是否满足需要的主要依据。图 3-3 展示了一个结构件的设计过程。

对于不同的材料，由于它的承载破坏的机制不同，需要采用针对性的强度判断准

则。下面给出常用的几种强度准则。一个问题具体应采用何种准则，应根据材料的性质及受力状态、环境要求、设计要求，甚至还需要通过一系列的实际状况的实验来确定。

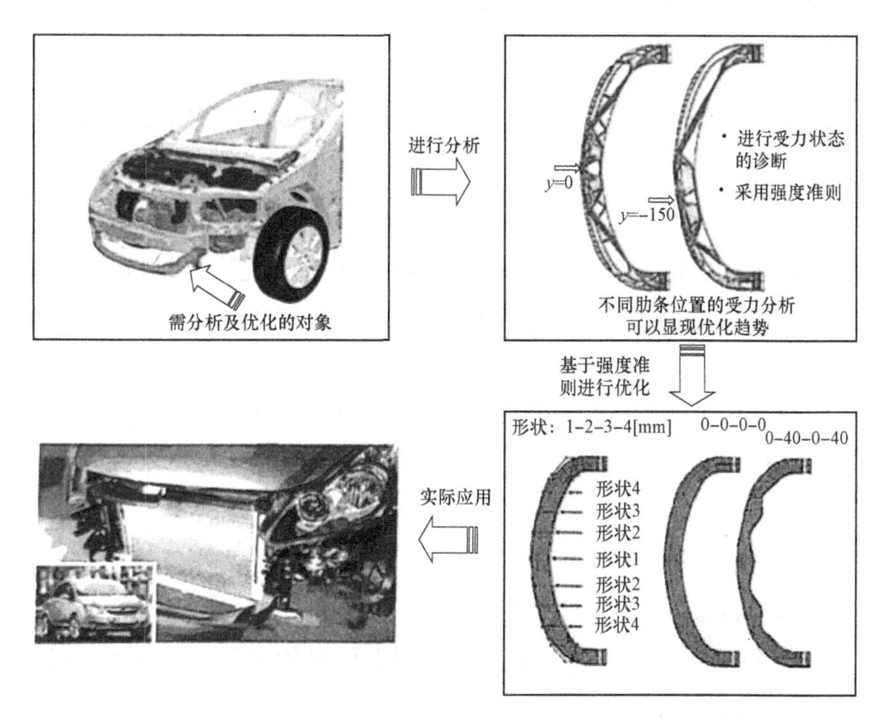

图 3-3　一个结构的力学分析、状态诊断以及优化改进的主要过程

（1）最大拉应力准则（max. tensile stress criterion）：若材料发生脆性断裂失效，其原因是材料内所承受的最大拉应力达到了所能承受的极限（一般用于脆性材料）。

已知危险点的应力状态 σ_{ij} ，首先通过斜面分解方法求出最大的拉应力 σ_1（实际上就是第一主应力）和所在面的主方向，然后进行应力失效校核和判断：

$$\sigma_1 \leqslant [\sigma] \tag{3-6}$$

式中，$[\sigma]$ 为材料的许用应力，由材料的单向拉伸试验和安全系数确定，即 $[\sigma]=\dfrac{\sigma_b}{n}$ ，其中 σ_b 为单向拉伸试验得到的强度极限，n 为安全系数。

（2）最大剪应力准则（max. shearing stress criterion）：若材料发生屈服（或剪断），其原因是材料内所承受的最大剪应力达到了所能承受的极限（一般用于韧性材料）。

已知危险点的应力状态 σ_{ij} ，首先通过斜面分解方法求出最大的剪应力 τ_{max} ，即

$$\tau_{max}=\frac{\sigma_1-\sigma_3}{2} \tag{3-7}$$

然后进行剪应力失效校核和判断：

$$\tau_{max} \leqslant [\tau] \tag{3-8}$$

式中，$[\tau]$ 为材料的许用剪应力，由材料的单向拉伸试验和安全系数确定。对于材料的单向拉伸试验，有 $\sigma_3 = \sigma_2 = 0$，因此

$$[\tau] = \frac{[\sigma]}{2} \tag{3-9}$$

将式（3-7）和式（3-9）代入式（3-8）中，有以主应力形式来表达的最大剪应力准则：

$$\sigma_1 - \sigma_3 \leqslant [\sigma] \tag{3-10}$$

（3）最大畸变能准则（max. distortion energy criterion）：若材料发生屈服（或剪断），其原因是材料内的畸变能密度达到了所能承受的极限（一般用于韧性材料，也称为 Mises 等效应力强度准则）。

已知危险点的应力状态 a，按式（3-11）计算该点的畸变应变能密度：

$$U'_{\mathrm{d}} = \frac{1+\mu}{6E}[(\sigma_1 - \sigma_2)^2 + (\sigma_2 - \sigma_3)^2 + (\sigma_1 - \sigma_3)^2] \tag{3-11}$$

然后进行畸变应变能密度校核和判断：

$$U'_{\mathrm{d}} \leqslant [U'_{\mathrm{d}}] \tag{3-12}$$

式中，$[U'_{\mathrm{d}}]$ 为材料的临界畸变应变能密度，即由材料的单向拉伸试验和安全系数确定。对于材料的单向拉伸试验，有 $\sigma_2 = 0, \sigma_3 = 0$，因此，由式（3-11）可得

$$[U'_{\mathrm{d}}] \leqslant \frac{1+\mu}{3E}[\sigma]^2$$

将该关系以及式（3-11）代入式（3-12）中，有以主应力形式来表达的最大畸变能准则

$$\sqrt{\frac{1}{2}[(\sigma_1 - \sigma_2)^2 + (\sigma_2 - \sigma_3)^2 + (\sigma_1 - \sigma_3)^2]} \leqslant [\sigma] \tag{3-13}$$

或写成更一般的形式

$$\sqrt{\frac{1}{2}[(\sigma_{xx} - \sigma_{yy})^2 + (\sigma_{yy} - \sigma_{zz})^2 + (\sigma_{xx} + \sigma_{zz})^2 + 6(\tau_{xy}^2 + \tau_{uz}^2 + \tau_{xz}^2)]} \leqslant [\sigma]$$

若定义

$$\begin{aligned} \sigma_{\mathrm{eq}} &= \sqrt{\frac{1}{2}[(\sigma_1 - \sigma_2)^2 + (\sigma_2 - \sigma_3)^2 + (\sigma_1 - \sigma_3)^2]} \\ &= \sqrt{\frac{1}{2}[(\sigma_{xx} - \sigma_{yy})^2 + (\sigma_{yy} - \sigma_{zz})^2 + (\sigma_{xx} - \sigma_{zz})^2 + 6(\tau_{xy}^2 + \tau_{yz}^2 + \tau_{xz}^2)]} \end{aligned} \tag{3-14}$$

则称 σ_{eq} 为 Mises 等效应力，也称作应力强度。由式（3-14）可以看出，该等效应力反映了材料受力变形的畸变能的平方根。

3.3　平面问题有限元分析

3.3.1　平面问题的3节点三角形单元

平面问题3节点单元具有几何特征简单、描述能力较强的特点，是平面问题有限元分析中最基础的单元，也是最重要的单元之一。

1. 单元的几何和节点描述

如图3-4所示的3节点三角形单元。3个节点的编号为1、2、3，各自的位置坐标为（x，y），i=1，2，3，各个节点的位移（分别沿x方向和y方向）为（u_i，v_i），i=1，2，3。

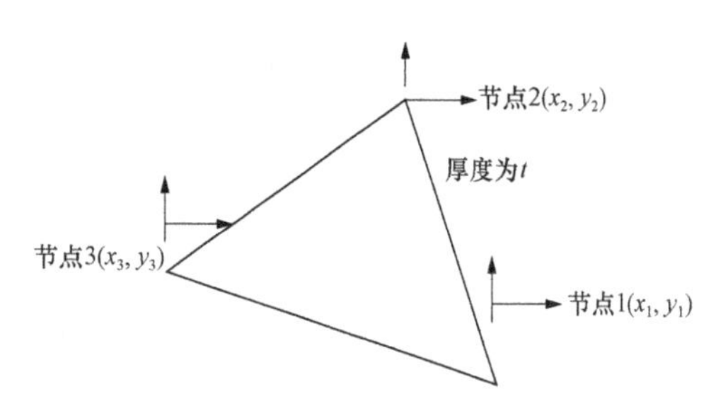

图3-4　平面3节点三角形单元

该单元共有6个节点位移自由度。将所有节点上的位移组成一个列阵，记作$\boldsymbol{q}^e$；同样，将所有节点上的各个力也组成一个列阵，记作$\boldsymbol{F}^e$，那么

$$\underset{(6\times1)}{\boldsymbol{q}^e}=(u_1,v_1,u_2,v_2,u_3,v_3)^{\mathrm{T}} \tag{3-15}$$

$$\underset{(6\times6)}{\boldsymbol{F}^e}=(F_{x_1}\quad F_{y_1}\quad F_{x_2}\quad F_{y_2}\quad F_{x_3}\quad F_{y_3}) \tag{3-16}$$

若该单元承受分布外载，可以将其等效到节点上，即也可以表示为如图3-4所示的节点力。利用函数插值、几何方程、物理方程以及势能计算公式，可以将单元的所有力学参量［场变量$u(x,y)$,$\varepsilon(x,y)$,$\sigma(x,y)$和Π^e］用节点位移列阵$\boldsymbol{q}^e$及相关的插值函数来表示。下面进行具体的推导。

2. 单元位移场的表达

如图3-4所示的平面3节点三角形单元而言，由于有3个节点，每一个节点有2个位移，因此共有6个节点位移，考虑到简单性、完备性、连续性及待定系数的唯一确定性原则，分别选取单元中各个方向的位移模式，为

$$\begin{cases}u(x,y)=\overline{a_0}+\overline{a}_1x+\overline{a_2}y\\ v(x,y)=\overline{b_0}+\overline{b_1}x+\overline{b_2}y\end{cases} \tag{3-17}$$

由节点条件，在$x=x_i,y=y_i$处有

$$\begin{cases}u(x_i,y_i)=u_i\\ v(x_i,y_i)=v_i\end{cases}\quad i=1,2,3 \tag{3-18}$$

将式（3-17）代入节点条件式（3-18）中，可求解出式（3-17）中的待定系数，即

$$\overline{a_0} = \frac{1}{2A}\begin{vmatrix} u_1 & x_1 & y_1 \\ u_2 & x_2 & y_2 \\ u_3 & x_3 & y_3 \end{vmatrix} = \frac{1}{2A}(a_1u_1 + a_2u_2 + a_3u_3) \tag{3-19}$$

$$\overline{a_1} = \frac{1}{2A}\begin{vmatrix} 1 & u_1 & y_1 \\ 1 & u_2 & y_2 \\ 1 & u_3 & y_3 \end{vmatrix} = \frac{1}{2A}(b_1u_1 + b_2u_2 + b_3u_3) \tag{3-20}$$

$$\overline{a_2} = \frac{1}{2A}\begin{vmatrix} 1 & x_1 & u_1 \\ 1 & x_2 & u_2 \\ 1 & x_3 & u_3 \end{vmatrix} = \frac{1}{2A}(c_1u_1 + c_2u_2 + c_3u_3) \tag{3-21}$$

$$\overline{b_0} = \frac{1}{2A}(a_1v_1 + a_2v_2 + a_3v_3) \tag{3-22}$$

$$\overline{b_1} = \frac{1}{2A}(b_1v_1 + b_2v_2 + b_3v_3) \tag{3-23}$$

$$\overline{b_2} = \frac{1}{2A}(c_1v_1 + c_2v_2 + c_3v_3) \tag{3-24}$$

在式（3-19）～式（3-24）中

$$A = \frac{1}{2}\begin{vmatrix} 1 & x_1 & y_1 \\ 1 & x_2 & y_2 \\ 1 & x_3 & y_3 \end{vmatrix} = \frac{1}{2}(a_1 + a_2 + a_3) = \frac{1}{2}(b_1c_2 - b_2c_1) \tag{3-25}$$

$$\left.\begin{aligned} a_1 &= \begin{vmatrix} x_2 & y_2 \\ x_3 & y_3 \end{vmatrix} = x_2y_3 - x_3y_2 \\ b_1 &= -\begin{vmatrix} 1 & y_2 \\ 1 & y_3 \end{vmatrix} = y_2 - y_3 \\ c_1 &= -\begin{vmatrix} 1 & x_2 \\ 1 & x_3 \end{vmatrix} = x_2 - x_3 \end{aligned}\right\} \tag{3-26}$$

式（3-26）中的符号（1，2，3）表示下标轮换，如1→2，2→3，3→1同时更换。

将系数式（3-19）～式（3-24）代入式（3-17）中，重写位移函数，并以节点位移的形式进行表示，有

$$u(x,y) = N_1(x,y)u_1 + N_2(x,y)u_2 + N_3(x,y)u_3 \tag{3-27}$$

$$v(x,y) = N_1(x,y)v_1 + N_2(x,y)v_2 + N_3(x,y)v_3 \tag{3-28}$$

写成矩阵形式，有

$$\underset{(2\times1)}{u}(x,y)=\begin{bmatrix}u(x,y)\\v(x,y)\end{bmatrix}=\begin{pmatrix}N_1 & 0 & N_2 & 0 & N_3 & 0\\0 & N_1 & 0 & N_2 & 0 & N_3\end{pmatrix}\begin{pmatrix}u\\v\\u\\v\\u\\v\end{pmatrix}=\underset{(2\times6)}{N}(x,y)\underset{(6\times1)}{\boldsymbol{q}^e}$$

(3 - 29)

式中，$\boldsymbol{N}(x,y)$ 为形状函数矩阵，即

$$\underset{(2\times6)}{\boldsymbol{N}}=\begin{pmatrix}N_1 & 0 & N_2 & 0 & N_3 & 0\\0 & N_1 & 0 & N_2 & 0 & N_3\end{pmatrix} \tag{3 - 30}$$

而

$$N_i=\frac{1}{2A}(a_i+b_ix+c_iy)\quad i=1,2,3 \tag{3 - 31}$$

式中，系数 a_i,b_i,c_i 见式（3 - 26）。

3. 单元应变场的表达

由弹性力学平面问题的几何方程（矩阵形式）给出

$$\underset{(3\times1)}{\boldsymbol{\varepsilon}}(x,y)=\begin{bmatrix}\varepsilon_{xx}\\\varepsilon_{yy}\\\gamma_{xy}\end{bmatrix}=\begin{bmatrix}\dfrac{\partial u}{\partial x}\\\dfrac{\partial v}{\partial y}\\\dfrac{\partial u}{\partial y}+\dfrac{\partial v}{\partial x}\end{bmatrix}=\begin{bmatrix}\dfrac{\partial}{\partial x} & 0\\0 & \dfrac{\partial}{\partial y}\\\dfrac{\partial}{\partial y} & \dfrac{\partial}{\partial x}\end{bmatrix}\begin{pmatrix}u(x,y)\\v(x,y)\end{pmatrix}=\underset{(3\times2)}{[\partial]}\underset{(2\times1)}{u} \tag{3 - 32}$$

式中，$[\partial]$ 为几何方程的算子矩阵，即

$$\underset{(3\times2)}{[\partial]}=\begin{bmatrix}\dfrac{\partial}{\partial x} & 0\\0 & \dfrac{\partial}{\partial y}\\\dfrac{\partial}{\partial y} & \dfrac{\partial}{\partial x}\end{bmatrix} \tag{3 - 33}$$

将式（3 - 29）代入式（3 - 33）中，有

$$\underset{(3\times1)}{\boldsymbol{\varepsilon}}(x,y)=\underset{(3\times2)}{[\partial]}\underset{(2\times6)}{\boldsymbol{N}}(x,y)\boldsymbol{q}^e=\underset{(3\times6)}{B}(x,y)\underset{(6\times1)}{\boldsymbol{q}^e} \tag{3 - 34}$$

式中，几何矩阵 $\boldsymbol{B}(x,y)$ 为

$$\underset{(3\times6)}{\boldsymbol{B}}(x,y)=\underset{(3\times2)}{[\partial]}\boldsymbol{N}=\begin{bmatrix}\frac{\partial}{\partial x} & 0\\ 0 & \frac{\partial}{\partial y}\\ \frac{\partial}{\partial y} & \frac{\partial}{\partial x}\end{bmatrix}\begin{pmatrix}N_1 & 0 & N_2 & 0 & N_3 & 0\\ 0 & N_1 & 0 & N_2 & 0 & N_3\end{pmatrix} \tag{3-35}$$

将式（3-31）代入式（3-35），有

$$\underset{(3\times6)}{\boldsymbol{B}}(x,y)=\frac{1}{2A}\begin{bmatrix}b_1 & 0 & b_2 & 0 & b_3 & 0\\ 0 & c_1 & 0 & c_2 & 0 & c_3\\ c_1 & b_1 & c_2 & b_2 & c_3 & b_3\end{bmatrix}=(\underset{(3\times2)}{\boldsymbol{B}_1}\ \underset{(3\times2)}{\boldsymbol{B}_2}\ \underset{(3\times2)}{\boldsymbol{B}_3}) \tag{3-36}$$

其中

$$\underset{(3\times6)}{\boldsymbol{B}_i}=\frac{1}{2A}\begin{bmatrix}b_i & \\ & c_i\\ c_i & b_i\end{bmatrix}\quad i=1,2,3 \tag{3-37}$$

4. 单元应力场的表达

对于弹性力学中平面问题的物理方程，将其写成矩阵形式，为

$$\boldsymbol{\sigma}(x,y,z)=\begin{bmatrix}\sigma_{xx}\\ \sigma_{yy}\\ \tau_{xy}\end{bmatrix}=\frac{E}{1-\mu^2}\begin{bmatrix}1 & \mu & 0\\ \mu & 1 & 0\\ 0 & 0 & \frac{1-\mu}{2}\end{bmatrix}\begin{bmatrix}\varepsilon_{xx}\\ \varepsilon_{yy}\\ \gamma_{xy}\end{bmatrix}=\underset{(3\times3)}{\boldsymbol{D}}\ \underset{(3\times1)}{\boldsymbol{\varepsilon}} \tag{3-38}$$

式中，平面应力问题的弹性系数矩阵 $\boldsymbol{D}$ 为

$$\boldsymbol{D}=\frac{E}{1-\mu^2}\begin{bmatrix}1 & \mu & 0\\ \mu & 1 & 0\\ 0 & 0 & \frac{1-\mu}{2}\end{bmatrix} \tag{3-39}$$

若为平面应变问题，则将式（3-39）中的系数（E,μ）换成平面应变问题的系数 $\left(\frac{E}{1-\mu^2},\frac{\mu}{1-\mu}\right)$ 即可。将式（3-34）代入式（3-39）中，有

$$\underset{(3\times1)}{\boldsymbol{\sigma}}=\underset{(3\times6)}{\boldsymbol{D}}\ \underset{(3\times6)}{\boldsymbol{B}}\ \underset{(6\times1)}{\boldsymbol{q}}=\underset{(3\times6)}{\boldsymbol{S}}\ \underset{(6\times1)}{\boldsymbol{q}^e} \tag{3-40}$$

式中，应力函数矩阵为

$$\underset{(3\times6)}{\boldsymbol{S}}=\underset{(3\times3)}{\boldsymbol{D}}\ \underset{(3\times6)}{\boldsymbol{B}}$$

5. 单元的势能表达

以上已将单元的 3 大基本变量（$\boldsymbol{u},\boldsymbol{\varepsilon},\boldsymbol{\sigma}$）用基于节点的位移列阵 $\boldsymbol{q}^e$ 来进行表达，见式（3-29）、式（3-34）及式（3-40），将其代入单元的势能表达式（3-5）中，有

$$
\begin{aligned}
\Pi^e &= \frac{1}{2}\int_{\Omega^e}\sigma^{\mathrm{T}}\varepsilon \mathrm{d}\Omega - \left[\int_{\Omega^e}\bar{b}^{\mathrm{T}}u\mathrm{d}\Omega + \int_{S_p^e}\bar{p}^{\mathrm{T}}u\mathrm{d}A\right] \\
&= \frac{1}{2}q^{e\mathrm{T}}\left(\int_{\Omega^e}\boldsymbol{B}^{\mathrm{T}}\boldsymbol{D}\boldsymbol{B}\mathrm{d}\Omega\right)\boldsymbol{q}^e - \left(\int_{\Omega^e}N^{\mathrm{T}}\bar{b}\mathrm{d}\Omega + \int_{S_p^e}N^{\mathrm{T}}\bar{p}\mathrm{d}A\right)\boldsymbol{q}^e \\
&= \frac{1}{2}q^{e\mathrm{T}}\boldsymbol{K}^e\boldsymbol{q}^e - F^{e\mathrm{T}}\boldsymbol{q}^e
\end{aligned}
\tag{3-41}
$$

式中，$\boldsymbol{K}^e$ 是单元刚度矩阵，即

$$
\underset{(6\times6)}{\boldsymbol{K}^e} = \int_{\Omega^e}\underset{(6\times3)}{\boldsymbol{B}}^{\mathrm{T}}\underset{(3\times3)}{\boldsymbol{D}}\underset{(3\times6)}{\boldsymbol{B}}\mathrm{d}\Omega = \int_{A^e}B^{\mathrm{T}}DB\mathrm{d}At \tag{3-42}
$$

t 为平面问题的厚度。由式（3-36）可知，这时 $\boldsymbol{B}$ 矩阵为常系数矩阵，因此式（3-42）可以写成

$$
\underset{(6\times6)}{\boldsymbol{K}^e} = \underset{(6\times3)}{\boldsymbol{B}^{\mathrm{T}}}\underset{(3\times3)}{D}\underset{(3\times6)}{\boldsymbol{B}}tA = \begin{bmatrix}\boldsymbol{k}_{11} & \boldsymbol{k}_{12} & \boldsymbol{k}_{13}\\ \boldsymbol{k}_{21} & \boldsymbol{k}_{22} & \boldsymbol{k}_{23}\\ \boldsymbol{k}_{31} & \boldsymbol{k}_{32} & \boldsymbol{k}_{33}\end{bmatrix} \tag{3-43}
$$

其中的各个子块矩阵为

$$
\underset{(2\times2)}{\boldsymbol{k}_{rs}{}^e} = \boldsymbol{B}_r{}^{\mathrm{T}}\boldsymbol{D}\boldsymbol{B}_s tA = \frac{Et}{4(1-\mu^2)A}\begin{pmatrix}k_1 & k_3\\ k_2 & k_4\end{pmatrix} \quad r,s=1,2,3 \tag{3-44}
$$

其中

$$
k_1 = b_r b_s + \frac{1-\mu}{2}c_r c_s
$$

$$
k_2 = \mu c_r b_s + \frac{1-\mu}{2}b_r c_s
$$

$$
k_3 = \mu b_r c_s + \frac{1-\mu}{2}c_r b_s
$$

$$
k_4 = c_r c_s + \frac{1-\mu}{2}b_r b_s
$$

式（3-41）中的 $\boldsymbol{F}^e$ 为单元节点等效载荷，即

$$
\begin{aligned}
\underset{(6\times1)}{\boldsymbol{F}^e} &= \int_{\Omega^e}N^{\mathrm{T}}\bar{b}\mathrm{d}\Omega + \int_{S_p^e}N^{\mathrm{T}}\bar{p}\mathrm{d}A \\
&= \int_{A^e}\underset{(6\times2)}{N}^{\mathrm{T}}\underset{(2\times1)}{\bar{b}}t\mathrm{d}A + \int_{l_p^e}\underset{(6\times2)}{N}^{\mathrm{T}}\underset{(2\times1)}{\bar{p}}t\mathrm{d}l
\end{aligned}
\tag{3-45}
$$

式中，l_p^e 为单元上作用有外载荷的边，$\int \mathrm{d}l$ 为线积分。

6. 单元的刚度方程

单元的势能式（3-41）对节点位移 $\boldsymbol{q}^e$ 取一阶极值，可得到单元的刚度方程

$$
\underset{(6\times6)}{\boldsymbol{K}^e}\underset{(6\times1)}{\boldsymbol{q}^e} = \underset{(6\times1)}{\boldsymbol{F}^e} \tag{3-46}
$$

3.3.2 平面问题的四节点矩形单元

四节点矩形单元如图 3-5 所示，矩形边的长度分别为 $2a$ 和 $2b$，矩形单元的边界分别与 x 、y 轴平行。四节点矩形单元共有 8 个自由度，单元节点沿坐标轴的位移列阵为

$$\boldsymbol{\delta}^e = [u_1 \quad v_1 \quad u_2 \quad v_2 \quad u_3 \quad v_3 \quad u_4 \quad v_4]^{\mathrm{T}} \tag{3-47}$$

与之相对应的单元等效节点力列阵为

$$\boldsymbol{F}^e = [U_1 \quad V_1 \quad U_2 \quad V_2 \quad U_3 \quad V_3 \quad U_4 \quad V_4]^{\mathrm{T}} \tag{3-48}$$

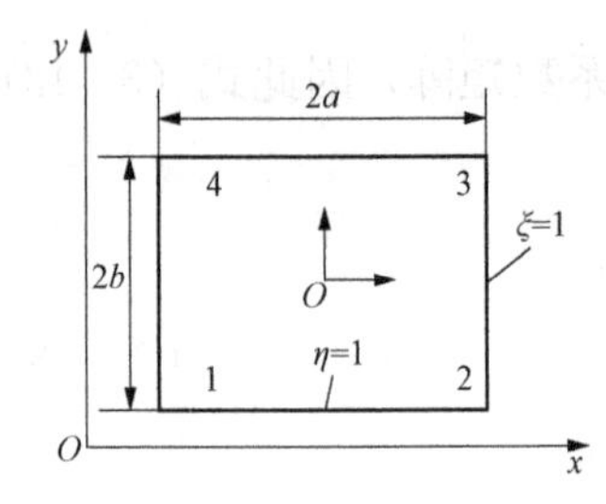

图 3-5　四节点矩形单元

1. 单元位移模式和形函数

由于矩形单元共有 8 个自由度，引入的待定系数只能有 8 个。因此，x,y 每个方向的位移可取 4 项多项式，即为 x,y 的双线性函数

$$\begin{cases} u = a_1 + a_2 x + a_3 y + a_4 xy \\ v = a_5 + a_6 x + a_7 y + a_8 xy \end{cases} \tag{3-49}$$

其中参数 a_1、a_2、a_3、a_4 和 a_5、a_6、a_7、a_8 反映了刚体位移和常应变，因此这种单元为完备单元。另外，在相邻单元的公共边界 $x=\pm a$ 和 $y=\pm b$ 上位移函数按线性变化，且相邻单元公共节点上有共同的节点位移值，保证了两个相邻单元在公共边界上位移的连续性，即协调性。因此，矩形单元也是协调单元。

为了研究方便，在单元的中心建立一个局部坐标系 $\xi o' \eta$，其坐标转换公式为

$$\begin{cases} x = x_0 + a\xi \\ y = y_0 + b\eta \end{cases} \tag{3-50}$$

式中，x_0，y_0 为矩形单元中心的整体坐标值；ξ，η 为在 $-1 \sim 1$ 之间变化的量。

由于式 (3-50) 为线性式，所以以局部坐标表示的位移函数仍为双线性式，即

$$\begin{cases} u = \beta_1 + \beta_2 \xi + \beta_3 \eta + \beta_4 \xi\eta \\ v = \beta_5 + \beta_6 \xi + \beta_7 \eta + \beta_8 \xi\eta \end{cases} \tag{3-51}$$

通过将 8 个节点位移代入式 (3-51)，就可解出 8 个待定系数，从而求出形函数。但求解 8 个线性方程组较为困难。为此应用插值函数法直接建立位移模式，并根据形函数性质求出形函数。

由形函数表示的位移模式为

$$\begin{cases} u = N_1 u_1 + N_2 u_2 + N_3 u_3 + N_4 u_4 = \sum_{i=1}^{4} N_i u_i \\ v = N_1 v_1 + N_2 v_2 + N_3 v_3 + N_4 v_4 = \sum_{i=1}^{4} N_i v_i \end{cases} \tag{3-52}$$

式（3 - 52）中形函数 N_i 可由下列性质来确定：

（1）形函数 N_i 与位移模式同次，为双线性函数。

（2）在节点上有 N_i（ξ_j，η_j）$=\delta_{ij}$（i，$j=1$，2，3，4），若取 $i=1$，那么必然有 N_i（ξ_1，η_1）$=1$，N_1 在其他 3 个点的值为零，也就是说 N_1 在 23 和 34 边上必为零。另外，23 边的直线方程为 $1-\xi=0$，34 边直线方程为 $1-\eta=0$。因此，形函数 N_1 可以表示为

$$N_1 = C(1-\xi)(1-\eta)$$

式中，C 为待定系数，可由在 1 点上 $N_1=1$ 来确定，即 $N_1=C\left[1-(-1)\right]\left[1-(-1)\right]=1$，解得 $C=\dfrac{1}{4}$。因此，形函数为

$$N_1 = \frac{1}{4}(1-\xi)(1-\eta)$$

依此类推，可得其他形函数

$$N_2 = \frac{1}{4}(1+\xi)(1-\eta)$$

$$N_3 = \frac{1}{4}(1+\xi)(1+\eta)$$

$$N_4 = \frac{1}{4}(1-\xi)(1+\eta)$$

若引入节点坐标，可把形函数统一表示为

$$N_i = \frac{1}{4}(1+\xi_i\xi)(1+\eta_i\eta) \tag{3-53}$$

单元位移模式（3 - 52）的矩阵形式为

$$\boldsymbol{f} = \begin{Bmatrix} u \\ v \end{Bmatrix} = \begin{Bmatrix} N_1 & 0 & N_2 & 0 & N_3 & 0 & N_4 & 0 \\ 0 & N_1 & 0 & N_2 & 0 & N_3 & 0 & N_4 \end{Bmatrix} \boldsymbol{q}^e = \boldsymbol{N}\boldsymbol{q}^e \tag{3-54}$$

式中，$\boldsymbol{N}$ 为函数矩阵。

2. 单元应变和应力

利用几何方程得到单元应变

$$\boldsymbol{\varepsilon} = \begin{Bmatrix} \varepsilon x \\ \varepsilon y \\ \varepsilon z \end{Bmatrix} = \begin{Bmatrix} \dfrac{\partial}{\partial x} & 0 \\ 0 & \dfrac{\partial}{\partial y} \\ \dfrac{\partial}{\partial y} & \dfrac{\partial}{\partial x} \end{Bmatrix} \boldsymbol{f}$$

将式（3 - 50）、式（3 - 54）代入上式，则有

$$\boldsymbol{\varepsilon}=\frac{1}{ab}\begin{Bmatrix} b\frac{\partial}{\partial\xi} & 0 \\ 0 & a\frac{\partial}{\partial\eta} \\ a\frac{\partial}{\partial\eta} & b\frac{\partial}{\partial\xi} \end{Bmatrix}\boldsymbol{N}\boldsymbol{q}^{e}=\boldsymbol{B}\boldsymbol{q}^{e} \tag{3-55}$$

式中，应变矩阵 $\boldsymbol{B}=[\boldsymbol{B}_1 \quad \boldsymbol{B}_2 \quad \boldsymbol{B}_3 \quad \boldsymbol{B}_4]$，其子矩阵为

$$\boldsymbol{B}_i=\frac{1}{ab}\begin{Bmatrix} b\frac{\partial N_i}{\partial\xi} & 0 \\ 0 & a\frac{\partial N_i}{\partial\eta} \\ a\frac{\partial N_i}{\partial\eta} & b\frac{\partial N_i}{\partial\xi} \end{Bmatrix}=\frac{1}{4ab}\begin{Bmatrix} b\xi_i(1+\eta_i\eta) & 0 \\ 0 & a\eta_i(1+\xi_i\xi) \\ a\eta_i(1+\xi_i\xi) & b\xi_i(1+\eta_i\eta) \end{Bmatrix} \quad i=1,2,3,4 \tag{3-56}$$

利用物理方程可得单元应力计算公式，为

$$\boldsymbol{\sigma}=\boldsymbol{D}\boldsymbol{\varepsilon}=\boldsymbol{D}\boldsymbol{B}\boldsymbol{q}^{e}=\boldsymbol{S}\boldsymbol{q}^{e} \tag{3-57}$$

式中，应力矩阵为 $\boldsymbol{S}=[\boldsymbol{S}_1 \quad \boldsymbol{S}_2 \quad \boldsymbol{S}_3 \quad \boldsymbol{S}_4]$，对于平面应力问题，其子矩阵

$$\boldsymbol{S}_i=\boldsymbol{D}\boldsymbol{B}_i=\frac{E}{8ab(1-\mu^2)}\begin{Bmatrix} 2b\xi_i(1+\eta_i\eta) & 2\mu a\eta_i(1+\xi_i\xi) \\ 2\mu b\xi_i(1+\eta_i\eta) & 2a\eta_i(1+\xi_i\xi) \\ (1-\mu)a\eta_i(1+\xi_i\xi) & (1-\mu)b\xi_i(1+\eta_i\eta) \end{Bmatrix} \quad i=1,2,3,4 \tag{3-58}$$

由式（3-56）和式（3-58）知，四节点矩形单元的应变和应力分量按 ξ、η 线性变化，要比常应变三角形单元精度高。

3. 单元刚度矩阵

由前文可知，平面问题单元刚度矩阵为

$$\boldsymbol{K}^{e}=\iint_{A}\boldsymbol{B}^{\mathrm{T}}\boldsymbol{D}\boldsymbol{B}t\,\mathrm{d}x\mathrm{d}y=\begin{bmatrix} \boldsymbol{k}_{11} & \boldsymbol{k}_{12} & \boldsymbol{k}_{13} & \boldsymbol{k}_{14} \\ \boldsymbol{k}_{21} & \boldsymbol{k}_{22} & \boldsymbol{k}_{23} & \boldsymbol{k}_{24} \\ \boldsymbol{k}_{31} & \boldsymbol{k}_{32} & \boldsymbol{k}_{33} & \boldsymbol{k}_{34} \\ \boldsymbol{k}_{41} & \boldsymbol{k}_{42} & \boldsymbol{k}_{43} & \boldsymbol{k}_{44} \end{bmatrix} \tag{3-59}$$

其中，单元刚度矩阵 $\boldsymbol{K}^{e}$ 的子矩阵为

$$\boldsymbol{k}_{rs}=\iint_{A}\boldsymbol{B}_{r}{}^{\mathrm{T}}\boldsymbol{D}\boldsymbol{B}_{s}t\,\mathrm{d}x\mathrm{d}y=abt\int_{-1}^{1}\int_{-1}^{1}B_{r}{}^{\mathrm{T}}\boldsymbol{D}\boldsymbol{B}_{s}\,\mathrm{d}\xi\mathrm{d}\eta \quad r,s=1,2,3,4$$

积分简化后有

$$k_{r3}=\frac{E}{8(1-\mu^2)}\begin{Bmatrix} 2\frac{b}{a}\xi_r\xi_s\left(1+\frac{1}{3}\eta_r\eta_s\right)+(1-\mu)\frac{a}{b}\eta_r\eta_s\left(1+\frac{1}{3}\xi_r\xi_s\right) & 2\mu\xi_r\xi_s+(1-\mu)\eta_r\xi_s \\ 2\mu\eta_r\xi_s+(1-\mu)\xi_r\eta_s & 2\frac{a}{b}\eta_r\eta_s\left(1+\frac{1}{3}\xi_r\xi_s\right)+(1-\mu)\frac{b}{a}\xi_r\xi_s\left(1+\frac{1}{3}\eta_r\eta_s\right) \end{Bmatrix}$$

$$r,s=1,2,3,4 \tag{3-60}$$

（1）对于平面应变问题如前文所述，应对 E 和 μ 做相应的变化。有了形函数，利用虚功方程很方便地计算出等效节点力向量，这里不做叙述。有关整体分析，边界条件处理如同前文所述。

（2）由式（3-56）和式（3-58）可知，四节点矩形单元的应变和应力都不是常量，是 ξ、η 的一次函数，且呈线性变化。矩形单元的缺点是不能很好地符合曲线边界，包括与坐标轴不平行的直线边界，因此它的直接应用受到限制。通常解决的方法之一是将矩形单元和三角形单元混合使用，用三角形单元来模拟那些曲线边界。

3.3.3　平面问题的八节点等参数单元

为了更好地反映物体内的应力变化、适应曲线边界，在弹性力学平面问题的分析中经常使用四边形八节点等参单元。如图3-6所示，由于每条边上增加了一个节点，实际单元的边可以是一条二次曲线，能够更好地适应曲线边界。

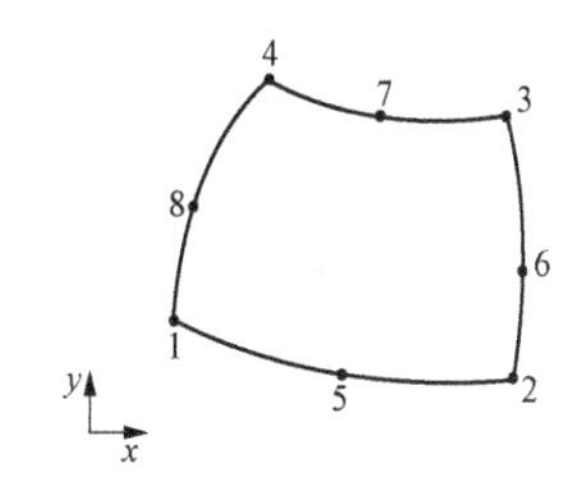

图3-6　四边形八节点单元

对于等参数单元，先在图3-7所示的八节点基本单元上进行分析。八节点单元一共有16个已知的节点位移分量，基本单元中取如下的位移模式

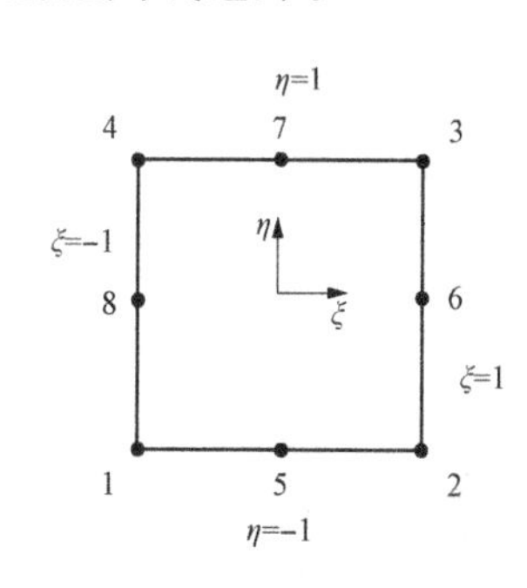

图3-7　八节点基本单元

$$\left.\begin{aligned} u &= a_1+a_2\xi+a_3\eta+a_4\xi^2+a_5\xi\eta+a_6\eta^2+a_7\xi^2\eta+a_8\xi\eta^2 \\ v &= b_1+b_2\xi+b_3\eta+b_4\xi^2+b_5\xi\eta+b_6\eta^2+b_7\xi^2\eta+b_8\xi\eta^2 \end{aligned}\right\} \tag{3-61}$$

该位移模式实际上是一个双二次函数，待定系数由节点位移分量确定。在单元的每条边上，局部坐标 $\xi=\pm1$ 或 $\eta=\pm1$，单元某条边上的位移是局部坐标 ξ 或 η 的二次函数，完全由边上的三个节点的位移值确定，因此这个位移模式满足位移连续性条件。实际单元内的位移用形函数表示为

$$\left.\begin{aligned} u &= \sum_{i=1}^{8} N_i(\xi,\eta)u_i \\ v &= \sum_{i=1}^{8} N_i(\xi,\eta)v_i \end{aligned}\right\} \tag{3-62}$$

对于这样的八节点单元，可以通过画线法来构造单元的形函数。把待构造的形函数表示为

$$N_i = \prod_{j=1}^{3} \frac{f_j^{(i)}(\xi,\eta)}{f_j^{(i)}(\xi_i,\eta_i)} \tag{3-63}$$

式中，$f_j^{(i)}(\xi,\eta)$ 是通过除节点 i 之外所有节点的三条直线方程 $f_j^{(i)}(\xi,\eta)=0$ 的左端项；$f_j^{(i)}(\xi_i,\eta_i)$ 是代入节点 i 坐标之后的多项式值。

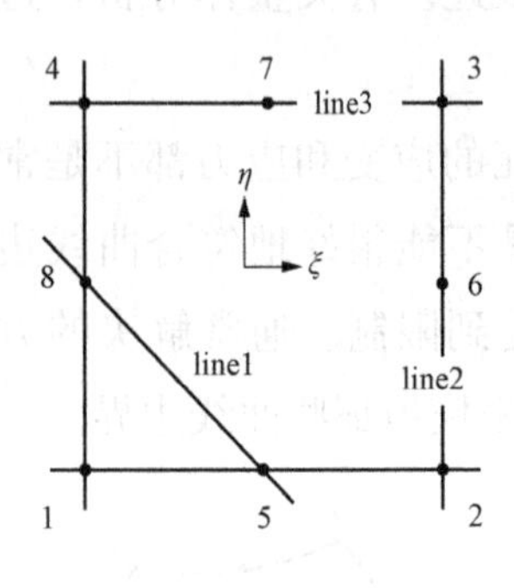

图 3-8 确定节点 1 形函数的画线

当 $i=1$ 时，$f_1^{(1)}$ 为通过节点 5、8 的直线方程（line1）的左端项，$f_2^{(1)}$ 为通过节点 2、3 的直线方程（line2）的左端项，$f_3^{(1)}$ 为通过节点 3、4 的直线方程（line3）的左端项，如图 3-8 所示。

直线方程的左端项为

$$f_1^{(1)}(\xi,\eta) = -\xi-\eta-1$$

$$f_2^{(1)}(\xi,\eta) = \xi-1$$

$$f_3^{(1)}(\xi,\eta) = \eta-1$$

得到形函数，为

$$N_i = \frac{1}{4}(1-\xi)(1-\eta)(-\xi-\eta-1)$$

同样，得到节点 2、3、4 的形函数，为

$$N_2 = \frac{1}{4}(1+\xi)(1-\eta)(\xi-\eta-1)$$

$$N_3 = \frac{1}{4}(1+\xi)(1+\eta)(\xi+\eta-1)$$

$$N_4 = \frac{1}{4}(1-\xi)(1+\eta)(-\xi+\eta-1)$$

当 $i=5$ 时，$f_1^{(5)}$ 为通过节点 1、4 的直线方程（linel）的左端项，$f_2^{(5)}$ 为通过节点 2、3 的直线方程（line2）的左端项，$f_3^{(5)}$ 为通过节点 3、4 的直线方程（line3）的左端项 如图 3-9 所示。上述直线方程的左端项分别为

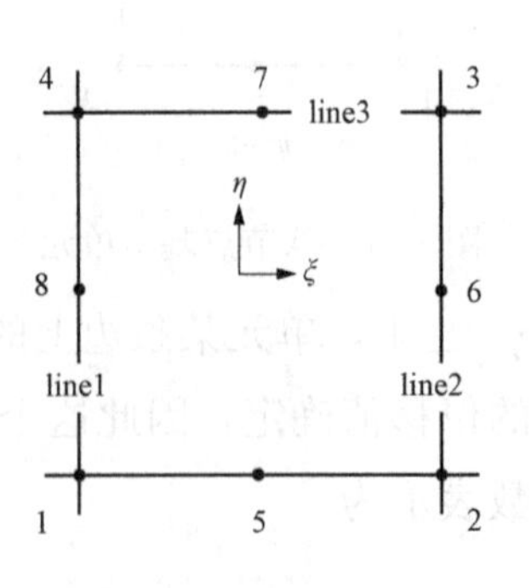

图 3-9 确定节点 5 形函数的画线

$$f_1^{(5)}(\xi,\eta) = -\xi-1, f_2^{(5)}(\xi,\eta) = \xi-1, f_3^{(5)}(\xi,\eta) = \eta-1$$

得到形函数，为

$$N_5 = \frac{1}{2}(1-\xi^2)(1-\eta)$$

同样可以得到节点 6、7、8 的形函数，为

$$N_6=\frac{1}{2}(1-\eta^2)(1+\xi)$$

$$N_7=\frac{1}{2}(1-\xi^2)(1+\eta)$$

$$N_8=\frac{1}{2}(1-\eta^2)(1-\xi)$$

将形函数归纳为

$$N_i(\eta,\xi)=\begin{cases}\frac{1}{4}(1+\xi_i\xi)(1+\eta_i\eta)(\xi_i\xi+\eta_i\eta-1) & i=1,2,3,4\\ \frac{1}{2}(1-\xi^2)(1+\eta_i\eta) & i=5,7\\ \frac{1}{2}(1-\eta^2)(1+\xi_i\xi) & i=6,8\end{cases}\tag{3-64}$$

形函数 $N_i(\xi,\eta)$ 在单元的 i 节点上的值为 1，在其他节点上的值均为 0。坐标变换为

$$x=\sum_{i=1}^{8}N_i(\xi,\eta)x_i$$

$$y=\sum_{i=1}^{8}N_i(\xi,\eta)y_i$$

将 $\xi=1$ 代入式（3 - 62），可以得到单元 263 边在整体坐标下的参数方程

$$\left.\begin{aligned}x=a\eta^2+b\eta+c\\ y=d\eta^2+e\eta+f\end{aligned}\right\}$$

可见，在整体坐标系中，单元的边是一条抛物线或退化为一条直线。

如图 3 - 10 所示，ANSYS 提供的 Plane82 单元是一个四边形八节点等参单元，局部坐标定义为 s 和 t。如 Plane82 单元可以退化为三角形六节点单元。Plane82 单元的基本单元如图 3 - 11 所示，是一个曲边四边形。ANSYS 理论手册中给出的 Plane82 单元的位移模式与式（3 - 62）展开后是一样的。注意，在这里用 s 和 t 来标记局部坐标。

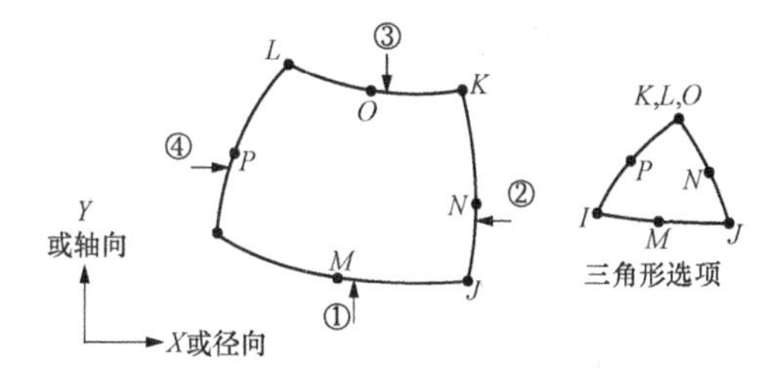

图 3 - 10　ANSYS 提供的 PLAN82 单元

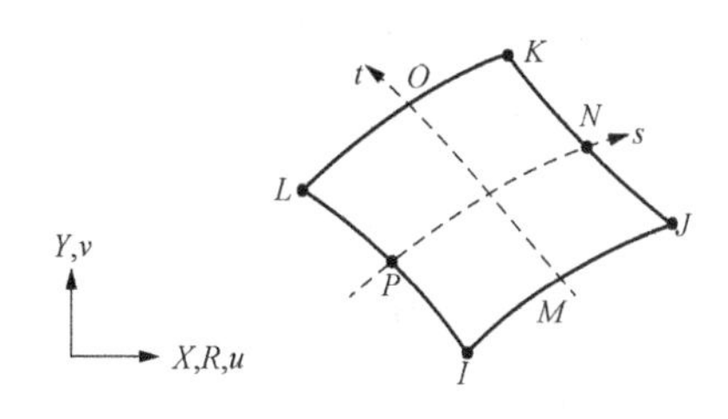

图 3 - 11　PLAN82 的基本单元

PLAN82 单元的位移模式如下：

$$u=\frac{1}{4}[u_{\mathrm{L}}(1-s)(1-t)(-s-t-1)+u_J(1+s)(1-t)(s-t-1)+$$
$$u_K(1+s)(1+t)(s+t-1)+u_L(1-s)(1+t)(-s+t-1)]+$$
$$\frac{1}{2}[u_M(1-s^2)(1-t)+u_N(1+s)(1-t^2)+$$
$$u_{\mathrm{O}}(1-s^2)(1+t)+u_P(1-s)(1-t^2)]$$

$$v=\frac{1}{4}[v_{\mathrm{L}}(1-s)(1-t)(-s-t-1)+v_J(1+s)(1-t)(s-t-1)+$$
$$v_K(1+s)(1+t)(s+t-1)+v_L(1-s)(1+t)(-s+t-1)]+$$
$$\frac{1}{2}[v_M(1-s^2)(1-t)+v_N(1+s)(1-t^2)+$$
$$v_{\mathrm{O}}(1-s^2)(1+t)+v_P(1-s)(1-t^2)]$$

3.4 空间问题有限元分析

3.4.1 空间问题的四节点四面体单元描述

空间问题四节点四面体单元具有几何特征简单、描述能力强的特点，是空间问题有限元分析中最基础的单元，也是最重要的单元之一。

1. 单元的几何和节点

该单元为由 4 个节点组成的四面体单元，每个节点有 3 个位移（3 个自由度），单元的节点及节点位移如图 3-12 所示。

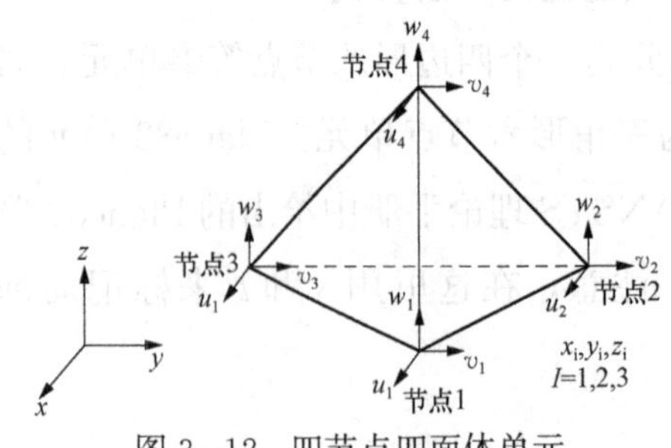

图 3-12　四节点四面体单元

2. 单元的几何和节点描述

如图 3-12 所示的 4 个节点四面体单元，单元的节点位移列阵 $\boldsymbol{q}^e$ 和节点力列阵 $\boldsymbol{F}^e$ 分别为

$$\underset{(12\times1)}{\boldsymbol{q}^e}=(u_1\quad v_1\quad w_1\quad u_2\quad v_2\quad w_2\quad u_3\quad v_3\quad w_3\quad u_4\quad v_4\quad w_4)^{\mathrm{T}}\tag{3-65}$$

$$\underset{(12\times1)}{\boldsymbol{F}^e}=(F_{x1}\quad F_{y1}\quad F_{z1}\quad F_{x2}\quad F_{y2}\quad F_{z2}\quad F_{x3}\quad F_{y3}\quad F_{z3}\quad F_{x4}\quad F_{y4}\quad F_{z4})^{\mathrm{T}}\tag{3-66}$$

3. 单元位移场的表达

该单元有 4 个节点，单元的节点位移有 12 个自由度，因此每个方向的位移场可

以设定4个待定系数，根据节点个数以及确定位移模式的基本原则（从低阶到高阶的完备性、唯一确定性），选取该单元的位移模式。

$$\left.\begin{aligned} u(x,y,z) &= \bar{a}_0+\bar{a}_1x+\bar{a}_2y+\bar{a}_3z \\ v(x,y,z) &= \bar{b}_0+\bar{b}_1x+\bar{b}_2y+\bar{b}_3z \\ w(x,y,z) &= \bar{c}_0+c_1x+\bar{c}_2y+\bar{c}_3z \end{aligned}\right\} \tag{3-67}$$

由节点条件，在 $x=x_i$，$y=y_i$，$z=z_i$处，有

$$\left.\begin{aligned} u(x_i,y_i,z_i) &= u_i \\ v(x_i,y_i,z_i) &= v_i \\ w(x_i,y_i,z_i) &= w_i \end{aligned}\right\} \quad i=1,2,3,4 \tag{3-68}$$

将式（3-67）代入节点条件式（3-68）中，可求取待定系数（$\overline{a_i},\overline{b_i},\overline{c_i}$），$i=0$，1,2,3。

在求得待定系数后，可将式（3-67）重写为

$$\begin{aligned} u(x,y,z) &= \begin{bmatrix} u \\ v \\ w \end{bmatrix} = \begin{bmatrix} N_1 & 0 & 0 & N_2 & 0 & 0 & N_3 & 0 & 0 & N_4 & 0 & 0 \\ 0 & N_1 & 0 & 0 & N_2 & 0 & 0 & N_3 & 0 & 0 & N_4 & 0 \\ 0 & 0 & N_1 & 0 & 0 & N_2 & 0 & 0 & N_3 & 0 & 0 & N_4 \end{bmatrix} \boldsymbol{q}^e \\ &= \underset{(3\times12)}{\boldsymbol{N}} \underset{(12\times1)}{\boldsymbol{q}^e} \end{aligned} \tag{3-69}$$

其中

$$N_i=\frac{1}{6V}(a_i+b_ix+c_iy+d_iz) \quad i=1,2,3,4 \tag{3-70}$$

为四面体的体积，a_i，b_i，c_i，d_i 为与节点几何位置相关的系数。

4. 单元应变场及应力场的表达

由弹性力学空间问题的几何方程，并将单元位移场的表达式（3-69）代入，有

$$\underset{(6\times1)}{\varepsilon}(x,y,z) = \begin{bmatrix} \varepsilon_{xx} \\ \varepsilon_{yy} \\ \varepsilon_{zz} \\ \gamma_{xy} \\ \gamma_{yz} \\ \gamma_{zx} \end{bmatrix} = \begin{bmatrix} \frac{\partial}{\partial x} & 0 & 0 \\ 0 & \frac{\partial}{\partial y} & 0 \\ 0 & 0 & \frac{\partial}{\partial z} \\ \frac{\partial}{\partial y} & \frac{\partial}{\partial x} & 0 \\ 0 & \frac{\partial}{\partial z} & \frac{\partial}{\partial y} \\ \frac{\partial}{\partial z} & 0 & \frac{\partial}{\partial x} \end{bmatrix} \begin{bmatrix} u \\ v \\ w \end{bmatrix} = \underset{(6\times3)}{[\partial]} \underset{(3\times1)}{u}$$

$$=\underset{(6\times3)}{[\partial]}\underset{(3\times12)}{\boldsymbol{N}}\underset{(12\times1)}{\boldsymbol{q}^e}=\underset{(6\times12)}{\boldsymbol{B}}\underset{(12\times1)}{\boldsymbol{q}^e} \tag{3-71}$$

其中，几何矩阵 $\boldsymbol{B}=(x,y,z)$ 为

$$\underset{(6\times12)}{\boldsymbol{B}}=\underset{(6\times3)}{[\partial]}\underset{(3\times12)}{\boldsymbol{N}}=(\underset{(6\times3)}{\boldsymbol{B}_1}\ \underset{(6\times3)}{\boldsymbol{B}_2}\ \underset{(6\times3)}{\boldsymbol{B}_3}\ \underset{(6\times3)}{\boldsymbol{B}_4}) \tag{3-72}$$

式（3-72）中的 $\boldsymbol{B}_i$ 为

$$\underset{(6\times3)}{\boldsymbol{B}_i}=\underset{(6\times3)}{[\partial]}\begin{bmatrix}N_i & 0 & 0\\ 0 & N_i & 0\\ 0 & 0 & N_i\end{bmatrix}=\frac{1}{6V}\begin{bmatrix}b_i & 0 & 0\\ 0 & c_i & 0\\ 0 & 0 & d_i\\ c_i & b_i & 0\\ 0 & d_i & c_i\\ d_i & 0 & b_i\end{bmatrix}\quad(i=1,2,3,4) \tag{3-73}$$

再由弹性力学中空间问题的物理方程可以得到应力场的表达

$$\underset{(6\times1)}{\boldsymbol{\sigma}}=\underset{(6\times6)}{\boldsymbol{D}}\underset{(6\times1)}{\boldsymbol{\varepsilon}}=\underset{(6\times6)}{\boldsymbol{D}}\underset{(6\times12)}{\boldsymbol{B}}\underset{(6\times12)}{\boldsymbol{q}^e}=\underset{(6\times12)}{\boldsymbol{s}}\underset{(12\times1)}{\boldsymbol{q}^e} \tag{3-74}$$

式中，$\boldsymbol{D}$ 为空间问题的弹性系数矩阵。

5. 单元的刚度矩阵及节点等效载荷矩阵

在获得几何矩阵 $\boldsymbol{B}=(x,y,z)$ 后，由刚度矩阵的计算公式，可计算单元的刚度矩阵，为

$$\underset{(12\times12)}{\boldsymbol{K}^e}=\int_{\Omega^e}\underset{(12\times6)}{\boldsymbol{B}^{\mathrm{T}}}\underset{(6\times6)}{\boldsymbol{D}}\underset{(6\times12)}{\boldsymbol{B}}\,\mathrm{d}\Omega \tag{3-75}$$

等效节点载荷矩阵为

$$\underset{(12\times1)}{\boldsymbol{F}^e}=\int_{\Omega^e}\underset{(12\times3)}{N^{\mathrm{T}}}\underset{(3\times1)}{\bar{\boldsymbol{b}}}\,\mathrm{d}\Omega+\int_{S_p^e}\underset{(12\times3)}{\boldsymbol{N}^{\mathrm{T}}}\underset{(3\times1)}{\bar{p}}\,\mathrm{d}A \tag{3-76}$$

6. 单元刚度方程

将单元的势能式（3-41）对节点位移 $\boldsymbol{q}^e$ 取一阶极值，可得到单元的刚度方程

$$\underset{(12\times12)}{\boldsymbol{K}^e}\underset{(12\times1)}{\boldsymbol{q}^e}=\underset{(12\times1)}{\boldsymbol{F}^e} \tag{3-77}$$

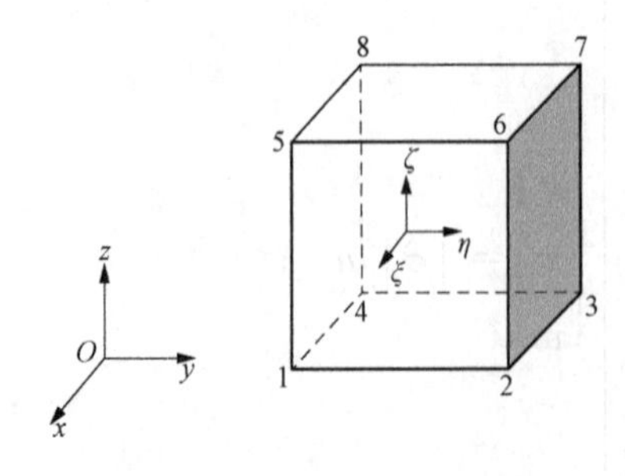

图 3-13　八节点六面体单元

3.4.2　空间问题的八节点正六面体单元描述

1. 位移函数

如图 3-13 为平行六面体单元，边长分别为 $2a$，$2b$ 和 $2c$，节点编号为 1，2，…，8 在六面体单元的形心 O 上取局部坐标 (ξ,η,ζ)，坐标轴分别与边长平行，则单元局部坐标与整体坐标之间的关系为

$$\begin{cases} \xi = \dfrac{1}{a}(x - x_0), x_0 = \dfrac{x_1 + x_4}{2} \\ \eta = \dfrac{1}{b}(y - y_0), y = \dfrac{y_1 + y_2}{2} \\ \zeta = \dfrac{1}{c}(z - z_0), z = \dfrac{z_1 + z_5}{2} \end{cases} \tag{3-78}$$

各节点的局部坐标分别为

$$1(1,-1,-1),2(1,1,-1),3(-1,1,-1),4(-1,-1,-1),$$
$$5(-1,1,1),6(1,1,1),7(-1,1,1),8(-1,-1,1)$$

对局部坐标，利用节点位移分量进行函数插值，可直接构造出单元位移函数

$$\begin{cases} u = \sum_{i=1}^{8} N_i u_i \\ v = \sum_{i=1}^{8} N_i v_i \\ w = \sum_{i=1}^{8} N_i w_i \end{cases} \tag{3-79}$$

或写成矩阵形式

$$\boldsymbol{f} = \boldsymbol{N}\boldsymbol{d}^e \tag{3-80}$$

式中，$\boldsymbol{N}$ 为形函数矩阵

$$\boldsymbol{N} = \left[\begin{array}{ccccc:cccc} N_1 & 0 & 0 & N_2 & 0 & 0 & N_8 & 0 & 0 \\ 0 & N_1 & 0 & 0 & N_2 & 0 \cdots 0 & 0 & N_8 & 0 \\ 0 & 0 & N_1 & 0 & 0 & N_2 & 0 & 0 & N_8 \end{array}\right] \tag{3-81}$$

形函数矩阵 $\boldsymbol{N}$ 中任意一个元素为

$$N_i(\xi,\eta,\zeta) = \frac{1}{8}(1+\xi_i\xi)(1+\eta_i\eta)(1+\zeta_i\zeta) \quad (i=1,2,\cdots,8) \tag{3-82}$$

式中，ξ_i，η_i 和 ξ_i 为节点 i 的局部坐标。

2. 单元刚度矩阵

将位移函数式（3-80）代入几何方程（3-71），得单元应变与单元节点位移之间的关系式

$$\boldsymbol{\varepsilon} = \boldsymbol{B}\boldsymbol{d}^e \tag{3-83}$$

式中，$\boldsymbol{B}$ 为应变矩阵，用与节点对应的分块矩阵表示为

$$\boldsymbol{B} = [\boldsymbol{B}_1 \quad \boldsymbol{B}_2 \quad \cdots \quad \boldsymbol{B}_8] \tag{3-84}$$

其中，分块矩阵为

$$\boldsymbol{B}_i=\begin{bmatrix}\dfrac{\partial N_i}{\partial x} & & & \dfrac{\partial N_i}{\partial y} & & \dfrac{\partial N_i}{\partial z}\\ & \dfrac{\partial N_i}{\partial y} & & \dfrac{\partial N_i}{\partial x} & \dfrac{\partial N_i}{\partial z} & \\ & & \dfrac{\partial N_i}{\partial z} & & \dfrac{\partial N_i}{\partial y} & \dfrac{\partial N_i}{\partial x}\end{bmatrix}^{\mathrm{T}}\quad(i=1,2,\cdots,8)\tag{3-85}$$

因为形函数 N_i 为局部坐标 (ξ,η,ζ) 下定义的，为得到其对 x，y，z 的导数，必须利用式（3-78）和复合函数求导法则

$$\begin{cases}\dfrac{\partial N_i}{\partial\xi}=\dfrac{\partial N_i}{\partial x}\dfrac{\partial x}{\partial\xi}+\dfrac{\partial N_i}{\partial y}\dfrac{\partial y}{\partial\xi}+\dfrac{\partial N_i}{\partial z}\dfrac{\partial z}{\partial\xi}\\ \dfrac{\partial N_i}{\partial\eta}=\dfrac{\partial N_i}{\partial x}\dfrac{\partial x}{\partial\eta}+\dfrac{\partial N_i}{\partial y}\dfrac{\partial y}{\partial\eta}+\dfrac{\partial N_i}{\partial z}\dfrac{\partial z}{\partial\eta}\\ \dfrac{\partial N_i}{\partial\zeta}=\dfrac{\partial N_i}{\partial x}\dfrac{\partial x}{\partial\zeta}+\dfrac{\partial N_i}{\partial y}\dfrac{\partial y}{\partial\zeta}+\dfrac{\partial N_i}{\partial z}\dfrac{\partial z}{\partial\zeta}\end{cases}\tag{3-86}$$

式（3-86）可记为矩阵形式

$$\begin{bmatrix}\dfrac{\partial N_i}{\partial\xi}\\ \dfrac{\partial N_i}{\partial\xi}\\ \dfrac{\partial N_i}{\partial\xi}\end{bmatrix}=\begin{bmatrix}\dfrac{\partial x}{\partial\xi} & \dfrac{\partial y}{\partial\xi} & \dfrac{\partial z}{\partial\xi}\\ \dfrac{\partial x}{\partial\eta} & \dfrac{\partial y}{\partial\eta} & \dfrac{\partial z}{\partial\eta}\\ \dfrac{\partial x}{\partial\zeta} & \dfrac{\partial y}{\partial\zeta} & \dfrac{\partial z}{\partial\zeta}\end{bmatrix}\begin{bmatrix}\dfrac{\partial N_i}{\partial x}\\ \dfrac{\partial N_i}{\partial y}\\ \dfrac{\partial N_i}{\partial z}\end{bmatrix}=\boldsymbol{J}\begin{bmatrix}\dfrac{\partial N_i}{\partial x}\\ \dfrac{\partial N_i}{\partial y}\\ \dfrac{\partial N_i}{\partial z}\end{bmatrix}\tag{3-87}$$

式中，$\boldsymbol{J}$ 称为雅可比矩阵，故

$$\begin{bmatrix}\dfrac{\partial N_i}{\partial x}\\ \dfrac{\partial N_i}{\partial y}\\ \dfrac{\partial N_i}{\partial z}\end{bmatrix}=J^{-1}\begin{bmatrix}\dfrac{\partial N_i}{\partial\xi}\\ \dfrac{\partial N_i}{\partial\eta}\\ \dfrac{\partial N_i}{\partial\zeta}\end{bmatrix}\tag{3-88}$$

式中

$$\begin{cases}\dfrac{\partial N_i}{\partial x}=\dfrac{\xi_i}{8a}(1+\eta_i\eta)(1+\xi_i\xi)\\ \dfrac{\partial N_i}{\partial y}=\dfrac{\eta_i}{8b}(1+\zeta_i\zeta)(1+\xi_i\xi)\\ \dfrac{\partial N_i}{\partial z}=\dfrac{\zeta_i}{8c}(1+\xi_i\xi)(1+\eta_i\eta)\end{cases}\tag{3-89}$$

利用式（3-89）则可求得应变矩阵为式（3-84）。

将应变矩阵式（3-84）和弹性矩阵 $\boldsymbol{D}$ 直接代入单元刚度矩阵公式（3-75），积

分计算可得六面体单元的刚度矩阵

$$
\boldsymbol{K}=\begin{bmatrix}\boldsymbol{K}_{11} & \boldsymbol{K}_{12} & \cdots & \boldsymbol{K}_{18}\\ \boldsymbol{K}_{21} & \boldsymbol{K}_{22} & \cdots & \boldsymbol{K}_{28}\\ \vdots & \vdots & \ddots & \vdots\\ \boldsymbol{K}_{81} & \boldsymbol{K}_{82} & \cdots & \boldsymbol{K}_{88}\end{bmatrix} \tag{3-90}
$$

其中

$$
\boldsymbol{K}_{ij}=\iiint_V \boldsymbol{B}_i^{\mathrm{T}}\boldsymbol{D}\boldsymbol{B}_j\,\mathrm{d}V=\frac{EV}{16(1+\mu)(1-2\mu)}\begin{bmatrix}k_{11} & k_{12} & k_{13}\\ k_{21} & k_{22} & k_{23}\\ k_{31} & k_{32} & k_{33}\end{bmatrix}\quad (i,j=1,2,\cdots,8) \tag{3-91}
$$

式中

$$
\begin{cases}
V=8abc(\text{为单元的体积})\\
k_{11}=(1-\mu)\dfrac{\xi_i\xi_j}{4a^2}\left(1+\dfrac{\eta_i\eta_j}{3}\right)\left(+\dfrac{\zeta_i\zeta_j}{3}\right)+\\
\dfrac{1-2\mu}{2}\left[\dfrac{\eta_i\eta_j}{4b^2}\left(1+\dfrac{\xi_i\xi_j}{3}\right)\left(1+\dfrac{\zeta_i\zeta_j}{3}\right)+\dfrac{\zeta_i\zeta_j}{4c^2}\left(1+\dfrac{\xi_i\xi_j}{3}\right)1+\dfrac{\eta_i\eta_j}{3})\right]\\
k_{12}=\dfrac{1}{4ab}\left(1+\dfrac{\zeta_i\zeta_j}{3}\right)\left(\mu\xi_i\mu_j+\dfrac{1-2\mu}{2}\eta_i\xi_j\right)\\
k_{13}=\dfrac{1}{4ac}\left(1+\dfrac{\eta_i\eta_j}{3}\right)\left(\mu\xi_i\zeta_j+\dfrac{1-2\mu}{2}\zeta_i\xi_j\right)
\end{cases} \tag{3-92}
$$

$$
\begin{cases}
k_{21}=\dfrac{1}{4ab}\left(1+\dfrac{\xi_i\xi_j}{3}\right)\left(\mu\zeta_i\mu_j+\dfrac{1-2\mu}{2}\eta_i\zeta_j\right)\\
k_{22}=(1-\mu)\dfrac{\eta_i\eta_j}{4b^2}\left(1+\dfrac{\xi_i\xi_j}{3}\right)\left(+\dfrac{\zeta_i\zeta_j}{3}\right)+\\
\dfrac{1-2\mu}{2}\left[\dfrac{\xi_i\xi_j}{4a^2}\left(1+\dfrac{\eta_i\eta_j}{3}\right)\left(1+\dfrac{\zeta_i\zeta_j}{3}\right)+\dfrac{\zeta_i\zeta_j}{4c^2}\left(1+\dfrac{\xi_i\xi_j}{3}\right)\left(1+\dfrac{\eta_i\eta_j}{3}\right)\right]\\
k_{23}=\dfrac{1}{4bc}\left(1+\dfrac{\xi_i\xi_j}{3}\right)\left(\mu\eta_i\zeta_j+\dfrac{1-2\mu}{2}\zeta_i\eta_j\right)\\
k_{31}=\dfrac{1}{4ac}\left(1+\dfrac{\eta_i\eta_j}{3}\right)\left(\mu\zeta_i\xi_j+\dfrac{1-2\mu}{2}\xi_i\zeta_j\right)\\
k_{32}=\dfrac{1}{4bc}\left(1+\dfrac{\xi_i\xi_j}{3}\right)\left(\mu\zeta_i\eta_j+\dfrac{1-2\mu}{2}\eta_i\zeta_j\right)\\
k_{33}=(1-\mu)\dfrac{\zeta_i\zeta_j}{4c^2}\left(1+\dfrac{\xi_i\xi_j}{3}\right)\left(+\dfrac{\eta_i\eta_j}{3}\right)+\\
\dfrac{1-2\mu}{2}\left[\dfrac{\xi_i\xi_j}{4a^2}\left(1+\dfrac{\eta_i\eta_j}{3}\right)\left(1+\dfrac{\zeta_i\zeta_j}{3}\right)+\dfrac{\zeta_i\zeta_j}{4b^2}\left(1+\dfrac{\xi_i\xi_j}{3}\right)\left(1+\dfrac{\eta_i\eta_j}{3}\right)\right]
\end{cases}
$$

3. 荷载位移

对于作用在单元上的非节点载荷，必须转化为等效节点载荷，等效节点载荷向量为

$$\boldsymbol{R}^e = [\boldsymbol{R}_1 \quad \boldsymbol{R}_2 \quad \cdots \quad \boldsymbol{R}_8]^{\mathrm{T}}$$

等效节点载荷仍可按式（3-76）、式（3-77）的普遍公式进行计算。

3.4.3 空间问题的20节点正六面体单元描述

20节点立体等参单元的刚度矩阵的推导与上述推导八节点立体等参单元的刚度矩阵之步骤相同，但每一个单元点有20个节点，即除了角点外，立体单元棱边的中间也有一个节点（见图3-14），形函数可取为

$$\left.\begin{aligned}
N_i &= \frac{1}{8}(1+\xi_0)(1+\eta_0)(1+\zeta_0)(\xi+\eta+\zeta-2) \quad (i=1,3,5,7,13,15,17,19) \\
N_i &= \frac{1}{4}(1-\xi^2)(1+\eta_0)(1+\zeta_0) \quad (i=2,6,14,18) \\
N_i &= \frac{1}{4}(1-\eta^2)(1+\zeta_0)(1+\xi_0) \quad (i=4,8,16,20) \\
N_i &= \frac{1}{4}(1-\zeta^2)(1+\xi_0)(1+\eta_0) \quad (i=9,10,11,12)
\end{aligned}\right\} \tag{3-93}$$

式中，$\xi_0=\xi_i\xi, \eta_0=\eta_i\eta, \zeta_0=\zeta_i\zeta, i=1,2,\cdots,20$。其余推导与八节点立体单元类似，这里不再细述。

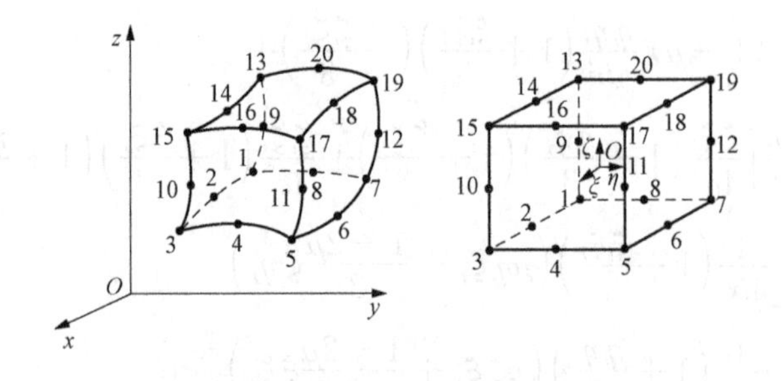

图3-14　20节点立体等参单元

3.5　形状映射参数单元的一般原理和数值积分

对于实际的工程问题，需要使用一些几何形状不规整的单元来逼近原问题，特别是在一些复杂的边界上，有时只能采用不规整单元。但直接研究这些不规整单元

则比较困难，一个更简便的方法是利用几何规整单元（如三角形单元、矩形单元和正六面体单元）的结果来研究（推导）所对应的几何不规整单元［称作参数单元（parametric element）］。这将涉及几何形状映射、坐标系变换（等参变换、非等参变换）等问题。

3.5.1　两个坐标系之间的三个方面的变换

由前面的单元构造过程可以看出，单元推导的关键是计算它的刚度矩阵，以平面问题为例，若有两个坐标系（x，y）和（ξ，η），则分别构建出如下单元刚度矩阵。

（1）在坐标系（x，y）中：

$$\boldsymbol{K}^e_{(xy)}=\int_{A^e}\boldsymbol{B}^{\mathrm{T}}\left(x,y,\frac{\partial}{\partial x},\frac{\partial}{\partial y}\right)\boldsymbol{D}\boldsymbol{B}\left(x,\ y,\frac{\partial}{\partial x},\frac{\partial}{\partial y}\right)\mathrm{d}x\mathrm{d}y\cdot t \tag{3-94}$$

其中，$\boldsymbol{B}\left(x,y,\frac{\partial}{\partial x},\frac{\partial}{\partial y}\right)$ 为（x，y）坐标系中的单元几何矩阵，它是 $\left(x,y,\frac{\partial}{\partial x},\frac{\partial}{\partial y}\right)$ 的函数。

（2）在坐标系（ξ，η）中

$$\boldsymbol{K}^e_{(\xi\eta)}=\int_{A^e}\boldsymbol{B}^{*T}\left(\xi,\eta,\frac{\partial}{\partial \xi},\frac{\partial}{\partial \eta}\right)\boldsymbol{D}\boldsymbol{B}^{*}\left(\xi,\eta,\frac{\partial}{\partial \xi},\frac{\partial}{\partial \eta}\right)\mathrm{d}\xi\mathrm{d}\eta\cdot t \tag{3-95}$$

其中，$\boldsymbol{B}^{*}\left(\xi,\eta,\frac{\partial}{\partial \xi},\frac{\partial}{\partial \eta}\right)$ 为（$\boldsymbol{\xi}$，$\boldsymbol{\eta}$）坐标系中的单元几何矩阵，它是 $\left(\xi,\eta,\frac{\partial}{\partial \xi},\frac{\partial}{\partial \eta}\right)$ 的函数。

由此可以看出，要实现两个坐标系中单元刚度矩阵的变换（transformation）或映射（mapping），必须涉及两个坐标系之间的三种映射关系，即

坐标映射（mapping of coordinate）

$$(x,y)\rightarrow(\xi,\eta) \tag{3-96}$$

偏导数映射（mapping of partial differential）

$$\left(\frac{\partial}{\partial x},\frac{\partial}{\partial y}\right)\quad\left(\frac{\partial}{\partial \xi},\frac{\partial}{\partial \eta}\right) \tag{3-97}$$

面积（体积）映射（mapping of area）

$$\int_{A^e}\mathrm{d}x\mathrm{d}y\Rightarrow\int_{A^e}\mathrm{d}\xi\mathrm{d}\eta \tag{3-98}$$

在获得这三种映射关系后，就可以实现不同坐标系下单元刚度矩阵之间的变换计算。

就图 3-15 所示的平面问题情形，设有两个坐标系：基准坐标系（ξ，η）（refer-

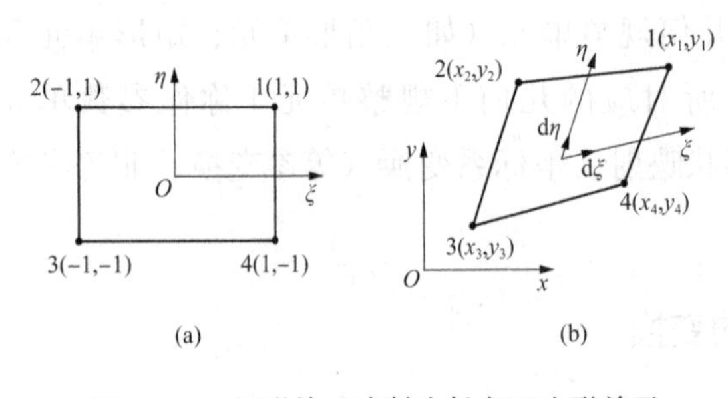

图 3-15　矩形单元映射为任意四边形单元

(a) 基准坐标系（ξ，η）；

(b) 物理坐标系（x，y）中的单元

ence coordinate）和物理坐标系（x，y）(physical coordinate)。其中，基准坐标系（ξ，η）用于描述几何形状非常规整的基准单元（parent element）（如矩形单元、正六面体单元），而工程问题中的曲边单元（curved element）（往往其几何形状不太规整，但可以映射为规整的几何形状）则在物理坐标系（x，y）中。可见，前面所讨论的几种单元都是在基准坐标系（ξ，η）中进行研究的，现在希望利用在基准坐标系（ξ，η）中得到的单元表达来推导在物理坐标系（x，y）中的单元表达，这样可将已有的单元的应用范围大大扩大。

下面就上述两个坐标系之间的这 3 种映射关系进行具体的推导。

1. 两个坐标系之间的函数映射

设如图 3-15 所示的两个坐标系的坐标映射关系为

$$\left.\begin{aligned} x &= x(\xi,\eta) \\ y &= y(\xi,\eta) \end{aligned}\right\} \tag{3-99}$$

下面，针对图 3-15 中所示的 4 节点四边形单元的坐标映射，给出式（3-99）的具体表达式。由于基准坐标系（ξ，η）中的一点对应于物理坐标系（x，y）中的一个相应点来说，就单元形状的 4 个角点来说，有节点对应条件

$$\left.\begin{aligned} x_i &= x(\xi_i,\eta_i) \\ y_i &= y(\xi_i,\eta_i) \end{aligned}\right\} \quad (i=1,2,3,4) \tag{3-100}$$

这表明 x 方向和 y 方向各有 4 个节点条件，用多项式来表达坐标映射关系，则 x 和 y 方向上可以分别写出各包含有 4 个待定系数的多项式，即

$$\left.\begin{aligned} x(\xi,\eta) &= a_0 + a_1\xi + a_2\eta + a_3\xi\eta \\ y(\xi,\eta) &= b_0 + b_1\xi + b_2\eta + b_3\xi\eta \end{aligned}\right\} \tag{3-101}$$

式中，待定系数 a_0，a_1，a_2，a_3 和 b_0，b_1，b_2，b_3 可由节点条件（3-100）唯一确定。

对照前面四节点矩形单元的单元位移函数式（3-49），映射函数式（3-101）具有完全相同的形式。同样，将求出的待定系数再代回式（3-101）中，重写为

$$\left.\begin{aligned} x(\xi,\eta) &= \widetilde{N}_1(\xi,\eta)x_1 + \widetilde{N}_2(\xi,\eta)x_2 + \widetilde{N}_3(\xi,\eta)x_3 + \widetilde{N}_4(\xi,\eta)x_4 \\ y(\xi,\eta) &= \widetilde{N}_1(\xi,\eta)y_1 + \widetilde{N}_2(\xi,\eta)y_2 + \widetilde{N}_3(\xi,\eta)y_3 + \widetilde{N}_4(\xi,\eta)y_4 \end{aligned}\right\} \tag{3-102}$$

其中

$$\tilde{N}_i = \frac{1}{4}(1+\xi_i\xi)(1+\eta_i\eta) \quad (i=1,2,3,4) \tag{3-103}$$

比较后发现式（3 - 103）与式（3 - 53）完全相同。

如果将物理坐标系（x，y）中的每一个节点坐标值进行排列，并写成一个列阵，有

$$\underset{(8\times1)}{\tilde{\boldsymbol{q}}} = (x_1 \quad y_1 \quad x_2 \quad y_2 \quad x_3 \quad y_3 \quad x_4 \quad y_4)^{\mathrm{T}} \tag{3-104}$$

进一步可将式（3 - 102）写成

$$\underset{(2\times1)}{x} = \begin{Bmatrix} x(\xi,\eta) \\ y(\xi,\eta) \end{Bmatrix} = \begin{Bmatrix} \tilde{N}_1 & 0 & \tilde{N}_2 & 0 & \tilde{N}_3 & 0 & \tilde{N}_4 & 0 \\ 0 & \tilde{N}_1 & 0 & \tilde{N}_2 & 0 & \tilde{N}_3 & 0 & \tilde{N}_4 \end{Bmatrix} \tilde{\boldsymbol{q}} = \underset{(2\times8)}{\tilde{\boldsymbol{N}}}(\xi,\eta) \underset{(8\times1)}{\tilde{\boldsymbol{q}}} \tag{3-105}$$

这就可以实现两个坐标系间的映射。

2. 两个坐标系之间的偏导数映射

在物理坐标系（x，y）中，有任意函数 f（x，y），求它的偏导数，有

$$\left.\begin{aligned} \frac{\partial f}{\partial \xi} &= \frac{\partial f}{\partial x}\frac{\partial x}{\partial \xi} + \frac{\partial f}{\partial y}\frac{\partial y}{\partial \xi} \\ \frac{\partial f}{\partial \eta} &= \frac{\partial f}{\partial x}\frac{\partial x}{\partial \eta} + \frac{\partial f}{\partial y}\frac{\partial y}{\partial \eta} \end{aligned}\right\} \tag{3-106}$$

则偏导数的变换关系为

$$\left.\begin{aligned} \frac{\partial}{\partial \xi} &= \frac{\partial x}{\partial \xi}\frac{\partial}{\partial x} + \frac{\partial y}{\partial \xi}\frac{\partial}{\partial y} \\ \frac{\partial}{\partial \eta} &= \frac{\partial x}{\partial \eta}\frac{\partial}{\partial x} + \frac{\partial y}{\partial \eta}\frac{\partial}{\partial y} \end{aligned}\right\} \tag{3-107}$$

写成矩阵形式，有

$$\begin{pmatrix} \dfrac{\partial}{\partial \xi} \\ \dfrac{\partial}{\partial \eta} \end{pmatrix} = J \begin{pmatrix} \dfrac{\partial}{\partial x} \\ \dfrac{\partial}{\partial y} \end{pmatrix} \tag{3-108}$$

式中

$$\boldsymbol{J} = \begin{pmatrix} \dfrac{\partial x}{\partial \xi} & \dfrac{\partial y}{\partial \xi} \\ \dfrac{\partial x}{\partial \eta} & \dfrac{\partial y}{\partial \eta} \end{pmatrix} \tag{3-109}$$

称为雅可比矩阵（Jacobian matrix）。也可将式（3 - 107）写成以下逆形式

$$\begin{pmatrix} \frac{\partial}{\partial x} \\ \frac{\partial}{\partial y} \end{pmatrix} = \boldsymbol{J}^{-1} \begin{pmatrix} \frac{\partial}{\partial \xi} \\ \frac{\partial}{\partial \eta} \end{pmatrix} = \frac{1}{|\boldsymbol{J}|} \begin{pmatrix} \frac{\partial y}{\partial \eta} & -\frac{\partial y}{\partial \xi} \\ -\frac{\partial x}{\partial \eta} & \frac{\partial x}{\partial \xi} \end{pmatrix} \begin{pmatrix} \frac{\partial}{\partial \xi} \\ \frac{\partial}{\partial \eta} \end{pmatrix} \tag{3-110}$$

式中，$|\boldsymbol{J}|$ 是矩阵 $\boldsymbol{J}$ 的行列式（determinant），即

$$|\boldsymbol{J}| = \frac{\partial x}{\partial \xi}\frac{\partial y}{\partial \eta} - \frac{\partial y}{\partial \xi}\frac{\partial x}{\partial \eta} \tag{3-111}$$

将式（3-110）写成显式

$$\left.\begin{aligned} \frac{\partial}{\partial x} &= \frac{1}{|\boldsymbol{J}|}\left(\frac{\partial y}{\partial \eta}\frac{\partial}{\partial \xi} - \frac{\partial y}{\partial \xi}\frac{\partial}{\partial \eta}\right) \\ \frac{\partial}{\partial y} &= \frac{1}{|\boldsymbol{J}|}\left(-\frac{\partial x}{\partial \eta}\frac{\partial}{\partial \xi} + \frac{\partial x}{\partial \xi}\frac{\partial}{\partial \eta}\right) \end{aligned}\right\} \tag{3-112}$$

这就是两个坐标系的偏导数映射关系。

3. 两个坐标系之间的面（体）积微元映射

在物理坐标系（x，y）中，由 $\mathrm{d}\xi$ 和 $\mathrm{d}\eta$ 所围成的微小平行四边形，如图 3-16（b）所示其面积为

$$\mathrm{d}A = |\mathrm{d}\boldsymbol{\xi} \times \mathrm{d}\boldsymbol{\eta}| \tag{3-113}$$

由于 $\mathrm{d}\xi$ 和 $\mathrm{d}\eta$ 在物理坐标系（x，y）中的分量为

$$\left.\begin{aligned} \mathrm{d}\boldsymbol{\xi} &= \frac{\partial x}{\partial \xi}\mathrm{d}\xi \cdot \boldsymbol{i} + \frac{\partial y}{\partial \xi}\mathrm{d}\xi \cdot \boldsymbol{j} \\ \mathrm{d}\boldsymbol{\eta} &= \frac{\partial x}{\partial \eta}\mathrm{d}\eta \cdot \boldsymbol{i} + \frac{\partial y}{\partial \eta}\mathrm{d}\eta \cdot \boldsymbol{j} \end{aligned}\right\} \tag{3-114}$$

式中，$\boldsymbol{i}$ 和 $\boldsymbol{j}$ 分别为物理坐标系（x，y）中的 x 方向和 y 方向的单位向量，由式（3-113），则可将面积微元变换计算为

$$\mathrm{d}A = \begin{vmatrix} \frac{\partial x}{\partial \xi}\mathrm{d}\xi & \frac{\partial y}{\partial \xi}\mathrm{d}\xi \\ \frac{\partial x}{\partial \eta}\mathrm{d}\eta & \frac{\partial y}{\partial \eta}\mathrm{d}\eta \end{vmatrix} = |\boldsymbol{J}|\,\mathrm{d}\xi\mathrm{d}\eta \tag{3-115}$$

这就给出了（x，y）坐标系中面积 $\mathrm{d}A$ 的变换计算公式。同样，就三维问题，在（x，y，z）坐标系中，由 $\mathrm{d}\xi$，$\mathrm{d}\eta$ 和 $\mathrm{d}\zeta$ 所围成的微小六面体的体积为 $\mathrm{d}\Omega = \mathrm{d}\xi\mathrm{d}\eta\mathrm{d}\zeta$，则可将体积微元的变换计算为

$$\mathrm{d}\Omega = \begin{vmatrix} \frac{\partial x}{\partial \xi}\mathrm{d}\xi & \frac{\partial y}{\partial \xi}\mathrm{d}\xi & \frac{\partial z}{\partial \xi}\mathrm{d}\xi \\ \frac{\partial x}{\partial \eta}\mathrm{d}\eta & \frac{\partial y}{\partial \eta}\mathrm{d}\eta & \frac{\partial z}{\partial \eta}\mathrm{d}\eta \\ \frac{\partial x}{\partial \zeta}\mathrm{d}\zeta & \frac{\partial y}{\partial \zeta}\mathrm{d}\zeta & \frac{\partial z}{\partial \zeta}\mathrm{d}\zeta \end{vmatrix} = |\boldsymbol{J}|\,\mathrm{d}\xi\mathrm{d}\eta\mathrm{d}\zeta \tag{3-116}$$

该式给出了（x，y，z）坐标系中体积 $\mathrm{d}\Omega$ 的变换计算。

3.5.2　参数单元的三种类型

对照物理坐标系（x，y）中的任意四边形单元与基准坐标系（ξ，η）中的矩形单元之间的坐标映射式（3-105），可以基于两个形状函数矩阵 $\widetilde{N}(\xi,\eta)$ 和 $N(\xi,\eta)$ 中插值函数的阶次来定义参数单元的类型。

根据几何形状映射函数的阶次与位移函数插值的阶次来定义以下参数单元的类型。

（1）等参元（iso-parametric element）。

几何形状矩阵 $\widetilde{\boldsymbol{N}}$ 中的插值阶次等于位移形状矩阵 $\boldsymbol{N}$ 中的插值阶次。

（2）超参元（super-parametric element）。

几何形状矩阵 $\widetilde{\boldsymbol{N}}$ 中的插值阶次大于位移形状矩阵 $\boldsymbol{N}$ 中的插值阶次。

（3）亚参元（sub-parametric element）。

几何形状矩阵 $\widetilde{\boldsymbol{N}}$ 中的插值阶次小于位移形状矩阵 $\boldsymbol{N}$ 中的插值阶次。

由于插值阶次是由节点数量决定的，所以，可由几何形状变换的节点数和位移插值函数的节点数直接判断参数单元的性质（见图3-16）。

研究表明，对于等参元以及亚参元，位移函数可以满足完备性要求，而对于超参元不满足完备性要求。

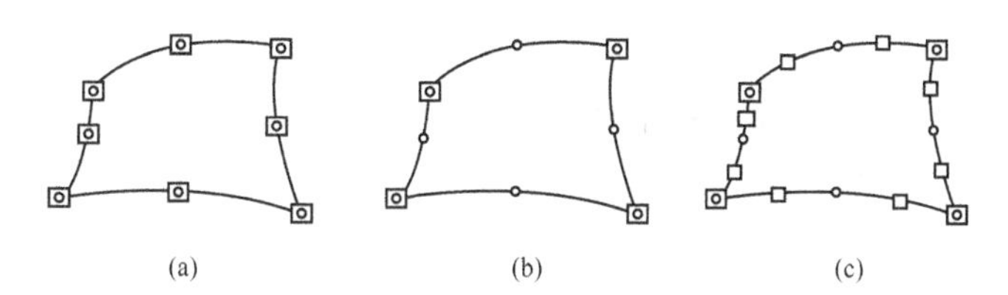

图3-16　等参元、超单元以及亚参元的示意图

（a）等参元；（b）超参元；（c）亚参元

3.5.3　参数单元刚度矩阵计算的数值积分

对于一个实际的单元，可以实现整个单元刚度矩阵在两个坐标系的变换计算，即

$$\begin{aligned}\boldsymbol{K}^e_{(xy)} &= \int_{A^e} \boldsymbol{B}^{\mathrm{T}}\left(x,y,\frac{\partial}{\partial x},\frac{\partial}{\partial y}\right)\boldsymbol{D}\boldsymbol{B}\left(x,y,\frac{\partial}{\partial x},\frac{\partial}{\partial y}\right)\mathrm{d}A\cdot t \\ &= \int_{-1}^{1}\int_{-1}^{1}\boldsymbol{B}^{*\mathrm{T}}\left(\xi,\eta,\frac{\partial}{\partial \xi},\frac{\partial}{\partial \eta}\right)\boldsymbol{D}\boldsymbol{B}^{*}\left(\xi,\eta,\frac{\partial}{\partial \xi},\frac{\partial}{\partial \eta}\right)|\boldsymbol{J}|\,\mathrm{d}\xi\mathrm{d}\eta\cdot t\end{aligned} \tag{3-117}$$

就平面4节点等参元而言，式（3-117）将变换成以下形式的积分，其刚度矩阵的系数为

$$\boldsymbol{K}^{e}_{(xy)ij}=\int_{-1}^{1}\int_{-1}^{1}\frac{1}{A_0+B_0\xi+C_0\eta}[(A_{\alpha i}+B_{\alpha i}\xi+C_{\alpha i}\eta)(A_{\beta j}+B_{\beta j}\xi+C_{\beta j}\eta)]\mathrm{d}\xi\mathrm{d}\eta\cdot t$$

$$(i,j=1,2,\cdots,8) \tag{3-118}$$

式中，A_0，B_0，C_0，$A_{\alpha i}$，$B_{\alpha i}$，$C_{\alpha i}$，$A_{\beta j}$，$B_{\beta j}$，$C_{\beta j}$ 为系数。这个积分很难以解析的形式给出，一般都采用近似的数值积分法，常用的是 Gauss 积分公式，它是一种高精度和高效率的数值积分方法。

下面介绍在有限元分析中广泛使用的数值积分（numerical integration）方法——Gauss 积分法。

一个函数的定积分，可以通过 n 个点的函数值以及它们的加权组合来计算，即

$$\int_{-1}^{1}f(\xi)\mathrm{d}\xi\approx\sum_{k=1}^{n}A_k f(\xi_k) \tag{3-119}$$

式中，$f(\xi)$ 为被积函数，n 为积分点数，A_k 为积分权系数，ξ_i 为积分点位置。当 n 确定时，A_k 和 ξ_i 也为对应的确定值。下面给出式（3-119）的计算原理及确定 A_k 和 ξ_i 的方法。

下面具体给出几种情况的 Gauss 积分点（Gauss integral point）及权系数（weight coefficient）。

（1）1 点 Gauss 积分。

取 $n=1$，这时

$$\boldsymbol{I}=\int_{-1}^{1}f(\xi)\mathrm{d}\xi\approx 2f(0) \tag{3-120}$$

显然，$A_1=2$，$\xi_1=0$，这就是梯形积分公式。

（2）2 点 Gauss 积分。

取 $n=2$，这时

$$\boldsymbol{I}=\int_{-1}^{1}f(\xi)\mathrm{d}\xi\approx A_1 f(\xi_1)+A_2 f(\xi_2) \tag{3-121}$$

这里需要确定 A_1、A_2、ξ_1 和 ξ_2，一般采用构造正交多项式的方法来进行推导和确定，也可以采用直接法来求取。为更好地理解 Gauss 积分的性质，下面给出直接法。

基于如下考虑：要求式（3-121）对于当 $f(\xi)$ 分别取为 ξ^1，ξ^2 和 ξ^3 时能够精确成立，并由此来确定出 A_1、A_2、ξ_1 和 ξ_2 4 个系数。令 $f(\xi)$ 分别为 ξ^1，ξ^2 和 ξ^3，将其代入式（3-121）中，就这 4 种情况可得到以下 4 个方程

$$\left.\begin{aligned}2&=A_1+A_2\\0&=A_1\xi_1+A_2\xi_2\\\frac{2}{3}&=A_1\xi_1^2+A_2\xi_2^2\\0&=A_1\xi_1^3+A_2\xi_2^3\end{aligned}\right\} \tag{3-122}$$

解出

$$\xi_1=-\frac{1}{\sqrt{3}},\xi_2=\frac{1}{\sqrt{3}},A_1=A_2=1 \tag{3-123}$$

则 2 点 Gauss 积分公式为

$$\boldsymbol{I}=\int_{-1}^{1}f(\xi)\mathrm{d}\xi\approx f\left(-\frac{1}{\sqrt{3}}\right)+f\left(\frac{1}{\sqrt{3}}\right) \tag{3-124}$$

（3）高次多点 Gauss 积分。对于 n 点 Gauss 积分

$$\boldsymbol{I}=\int_{-1}^{1}f(\xi)\mathrm{d}\xi\approx A_1f(\xi_1)+A_2f(\xi_2)+\cdots+A_nf(\xi_n) \tag{3-125}$$

如果按照上面的方法来确定 ξ_1，ξ_2，…，ξ_n，A_1，A_2，…，A_n，则要求解多元高次方程组，难度较大，实际中，一般都采用 Legendre 多项式来构造和求取相应的积分点 ξ_i 和积分权系数 A_i。

常用 Gauss 数值积分的有关数据可在手册中查到（表 3-4）。

表 3-4　常用 Gauss 积分点位置及积分权系数

积分点 n	积分点 ξ_i	对应的积分权系数 A_i
1	0.000000000000000	2.000000000000000
2	±0.577350269189626	1.000000000000000
3	±0.774596669241483	0.555555555555555
	0.000000000000000	0.888888888888889
4	±0.861136311594053	0.347854845137454
	±0.339981043584856	0.652145154862546

（4）2D 和 3D 问题的 Gauss 积分。基于一维（1D）Gauss 积分，可以直接推广到 2D 和 3D 情形的 Gauss 积分。

1）2D 情形。

$$\begin{aligned} I&=\int_{-1}^{1}\int_{-1}^{1}f(\xi,\eta)\mathrm{d}\xi\mathrm{d}\eta=\int_{-1}^{1}\sum_{j=1}^{n}A_jf(\xi_j,\eta)\mathrm{d}\eta \\ &=\sum_{i=1}^{n}\left[A_i\sum_{j=1}^{n}(A_jf(\xi_j,\eta_i))\right]=\sum_{i=1}^{n}\sum_{j=1}^{n}A_iA_jf(\xi_j,\eta_i)=\sum_{i,j=1}^{n}A_{ij}f(\xi_j,\eta_i) \end{aligned} \tag{3-126}$$

其中，$A_{ij}=A_iA_j$，且 A_i，A_j，ξ_i 和 η_j 都是一维 Gauss 积分的积分点和权系数。

2）3D 情形。

$$I=\int_{-1}^{1}\int_{-1}^{1}\int_{-1}^{1}f(\xi,\eta,\zeta)\mathrm{d}\xi\mathrm{d}\eta\mathrm{d}\zeta$$
$$=\sum_{i=1}^{n}\sum_{j=1}^{n}\sum_{m=1}^{n}A_iA_jA_mf(\xi_i,\eta_j,\zeta_m)=\sum_{i,j,m=1}^{n}A_{ijm}f(\xi_i,\eta_j,\zeta_m) \tag{3-127}$$

式中，$A_{ijm}=A_iA_jA_m$，且 A_i，A_j，A_m，ξ_i，η_j 和 ζ_m 为一维 Gauss 积分的积分点和权系数。

3.6 有限元分析中的若干问题讨论

有限元方法的一个重要特点就是它的变量和矩阵的各个系数都具有确切的物理含义，这对于读者更好地理解和掌握有限元方法的实质提供了背景，本节将全面讨论这方面的内容。另外，分析复杂问题的目的就是希望获取高精度的结果，由于有限元方法是一种数值方法，获取高精度的结果必然带来计算量的急剧增加，因此必须综合考虑求解精度和计算量这两方面因素，以达到最佳的效率。如何以较合理的计算量来获得满意的精度，会涉及误差控制这一专题。

3.6.1 单元的节点编号与总刚度阵的存储带宽

有限元分析中需将各个单元进行组装，组装的处理过程就是将单元矩阵的各个系数按照相关的节点编号放置到整体矩阵中。由于仅有在同一单元中相关联的节点才会在整体矩阵相应的行及列中出现刚度系数，则在整体矩阵中，必然会有大量的零数据。由此可以看出，单元和节点的编号将直接影响到非零数据在整体刚度矩阵中的位置，非零数据越集中越好。反映非零数据集中程度的一个指标就是带宽（bandwidth）。为节省存储空间，一般只需存储非零数据。下面具体讨论单元节点编号（nodal numbering）与带宽之间的关系。

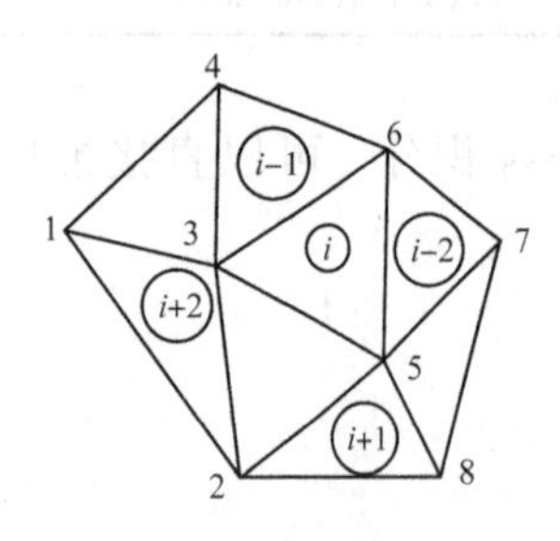

图 3-17 等参元、2D 问题的节点编号

如图 3-17 所示 2D 连续体的单元和节点编号，第 i 个单元的节点位移列阵为

$$\boldsymbol{q}^{(i)}=(u_3\quad v_3\quad u_5\quad v_5\quad u_6\quad v_6)^{\mathrm{T}} \tag{3-128}$$

该单元装配时在整体刚度矩阵中对应于式（3-128）的位置，具体见式（3-129）。

$$
\begin{array}{c}
\quad u_1\ v_1\ u_2\ v_2\ u_3\ v_3\ u_4\ v_4\ u_5\ v_5\ u_6\ v_6\ u_7\ v_7\ u_8\ v_8 \\
\boldsymbol{K}=\left[\begin{array}{cccccccccccccccc}
\cdot &&&&&&&&&&&&&&& \\
& \cdot &&&&&&&&&&&&&& \\
&& \cdot &&&&&&&&&&&&& \\
&&& \cdot &&&&&&&&&&&& \\
&&&& \times &&&&&&&&&&& \\
&&&& \times & \times &&&&&&&&&& \\
&&&&&& \cdot &&&&&&&&& \\
&&&&&&& \cdot &&&&&&&& \\
&&&& \times & \times &&& \times &&&&&&& \\
&&&& \times & \times &&& \times & \times &&&&&& \\
&&&& \times & \times &&& \times & \times & \times &&&&& \\
&&&& \times & \times &&& \times & \times & \times & \times &&&& \\
&&&&&&&&&&&& \cdot &&& \\
&&&&&&&&&&&&& \cdot && \\
&&&&&&&&&&&&&& \cdot & \\
&&&&&&&&&&&&&&& \cdot
\end{array}\right]
\begin{array}{c} u_1 \\ v_1 \\ u_2 \\ v_2 \\ u_3 \\ v_3 \\ u_4 \\ v_4 \\ u_5 \\ v_5 \\ u_6 \\ v_6 \\ u_7 \\ v_7 \\ u_8 \\ v_8 \end{array}
\end{array}
\qquad (3-129)
$$

由于刚度矩阵是对称的，可以看出，若一个节点的自由度数为 η，则每一个单元在整体刚度矩阵的半带宽（semi bandwidth）为

$$d_i = (\text{第 } i \text{ 个单元中节点编号的最大差值} + 1) \times \eta \qquad (3-130)$$

则整体刚度矩阵的最大半带宽为

$$d = \max\{d_i\} \quad (i = 1,2,\cdots,n) \qquad (3-131)$$

式中，n 为整个结构系统的单元数。显然，对于 2D 问题，有 $\eta = 2$；对于 3D 问题，有 $\eta = 3$。

在计算机中，一般都采用二维半带宽存储刚度矩阵的系数，为等带宽存储，也可以采用一维变带宽存储，这虽然更能节省存储空间，但必须定义用于主对角元素定位的数组。

3.6.2 单元形状函数与刚度矩阵系数的性质

1. 形函数的性质

由前文可知，形函数 $N_i^e(x,y)$ 决定了单元内的“位移模式”，反映了 i 节点位移对单元内任意点位移的贡献，形函数具有如下性质。

（1）函数在各单元节点上的值，具有“本点是1、他点为零”的性质，即

$$N(x,y)=\begin{cases}1 & k=i\\ 0 & k\neq i\end{cases}\quad (i,j,m\text{ 轮换})\tag{3-132}$$

在节点 i 上

$$N_i(x_i,y_i)=\frac{1}{2\Delta}(a_i+b_ix_i+c_iy_i)=1$$

在节点 j、m 上

$$N_i(x_j,y_j)=\frac{1}{2\Delta}(a_i+b_ix_j+c_iy_j)=1$$

$$N_i(x_j,y_j)=\frac{1}{2\Delta}(a_i+b_ix_j+c_iy_j)=0$$

$$N_i(x_m,y_m)=\frac{1}{2\Delta}(a_i+b_ix_m+c_iy_m)=0$$

（2）在单元内任意点上，三个形函数之和等于1，即

$$N_i+N_j+N_m=1\tag{3-133}$$

将单元内任意点的坐标代入式（3-133），得

$$N_i(x,y)+N_j(x,y)+N_m(x,y)=\frac{1}{2\Delta}(a_i+b_ix+c_iy+a_j+b_jx+c_jy+a_m+b_mx+c_my)$$

$$=\frac{1}{2\Delta}[(a_i+a_j+a_m)+(b_i+b_j+b_m)x+(c_i+c_j+c_m)y]$$

可以证明 $a_i+a_j+a_m=2\Delta,b_i+b_j+b_m=0,c_i+c_j+c_m=0$，因此容易得到式（3-133）的结论。由此可见，三个形函数中只有两个是独立的。

假设单元各节点的位移均相同并等于 u_0,v_0 则根据式（3-27）、式（3-28）可得单元任意点的位移为

$$u(x,y)=N_iu_i+N_ju_j+N_mu_m=(N_i+N_j+N_m)u_0=u_0$$
$$v(x,y)=N_iv_i+N_jv_j+N_mv_m=(N_i+N_j+N_m)v_0=v_0$$

显然，式（3-133）反映了单元刚体位移，即当单元做刚体运动时，单元内任意点的位移均等于刚体位移。

（3）三角形单元任意一条边上的形函数，仅与该边的两端点坐标有关，例如，在 ij 边上有

$$N_i(x,y)=1-\frac{x-x_i}{x_j-x_i}$$

$$N_j(x,y)=1-\frac{x-x_i}{x_j-x_i}$$

$$N_m(x,y)=0$$

事实上，因为 ij 边的直线方程为

$$y=\frac{y_j-y_i}{x_j-x_i}(x-x_i)+y_i=-\frac{b_m}{c_m}(x-x_i)+y_i$$

代入 $N_m(x,y)$ 及 $N_j(x,y)$，得

$$N_m(x,y)=\frac{1}{2\Delta}\left\{a_m+b_m+c_m\left[-\frac{b_m}{c_m}(x-x_i)+y_i\right]\right\}$$

$$=\frac{1}{2\Delta}(a_m+b_mx_i+c_my_i)=0$$

$$N_j(x,y)=\frac{1}{2\Delta}\left\{a_j+b_j+c_j\left[-\frac{b_m}{c_m}(x-x_i)+y_i\right]\right\}$$

$$=\frac{1}{2\Delta}\left[(a_j+b_jx_i+c_jy_i)+b_j(x-x_i)-\frac{b_mc_j}{c_m}(x-x_i)\right]$$

$$=\frac{1}{2\Delta}\left[\frac{b_jc_m-b_mc_j}{c_m}(x-x_i)\right] \tag{3 - 134}$$

则

$$N_j(x,y)=\frac{x-x_i}{x_j-x_i}$$

另外，由 $N_i+N_j+N_m=1$ 可以求得

$$N_i(x,y)=1-N_j-N_m=1-\frac{x-x_i}{x-x_i}$$

利用形函数的这一性质可以证明，相邻单元的位移分别进行线性插值之后，在其公共边上将是连续的。

例如，图 3 - 18 所示的单元具有 ij 公共边，可知，在 ij 边上有

$$u=N_iu_i+N_iu_i$$

$$v=N_iv_i+N_iv_i$$

由此可见，在公共边上的位移 u、v，将完全由公共边上的两个节点 i、j 的位移所确定，因而相邻单元的位移是连续的。

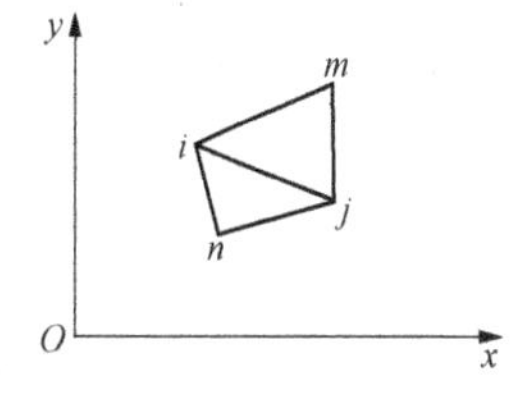

图 3 - 18　相邻单元

2. 单元刚度矩阵系数的性质

单元在节点处受力，单元会发生变形。也就是说，单元在节点处受到的力与单元节点位移之间有必然的联系。单元间正是通过与节点间的相互作用力连接起来成为整体，而一个单元仍是一个弹性体，如果将每个单元的受力—位移关系找到，则整体的受力—位移关系也容易弄清楚。为了推导单元的节点力和节点位移之间的关系，可应用虚位移原理对单元进行分析。单元在节点处受到的力称为单元节点力，

单元在节点力的作用下处于平衡，节点力可以表示为

$$\boldsymbol{F}^e = \{F_{ix} \quad F_{iy} \quad F_{jx} \quad F_{jy} \quad F_{mx} \quad F_{my}\}^{\mathrm{T}} \tag{3-135}$$

式中，F_{ix}为节点i沿x方向的节点力分量；F_{iy}为节点i沿y方向的节点力分量。

单元节点的虚位移为

$$\boldsymbol{\delta}^{*e} = \{u_i^* \quad v_i^* \quad u_j^* \quad v_j^* \quad u_m^* \quad v_m^*\}^{\mathrm{T}} \tag{3-136}$$

相应的单元内的虚位移场为

$$\boldsymbol{u}^{*e} = \boldsymbol{N}^e \boldsymbol{\delta}^{*e} \tag{3-137}$$

单元的虚应变为

$$\boldsymbol{\varepsilon}^{*e} = \boldsymbol{B}^e \boldsymbol{\delta}^{*e} \tag{3-138}$$

设单元仅在节点上受力，则单元节点力在节点虚位移上的虚功为

$$W_1^* = \{\boldsymbol{\delta}^{*e}\}^{\mathrm{T}} \boldsymbol{F}^e \tag{3-139}$$

单元内的应力在虚应变上所做的功为

$$W_2^* = \iiint \{\boldsymbol{\varepsilon}^{*e}\}^{\mathrm{T}} \boldsymbol{\delta}^e \mathrm{d}V = \{\boldsymbol{\delta}^{*e}\}^{\mathrm{T}} \iiint \boldsymbol{B}^{e\mathrm{T}} \boldsymbol{D} \boldsymbol{B}^e \boldsymbol{\delta}^e \mathrm{d}V \tag{3-140}$$

式中，dV为在体积上的积分。

由虚功原理可知，式（3-139）和式（3-140）相等，再由虚位移$\boldsymbol{\delta}^{*e}$的任意性，可得

$$F^e = \iiint \boldsymbol{B}^{e\mathrm{T}} \boldsymbol{D} \boldsymbol{B}^e \mathrm{d}V \boldsymbol{\delta}^e \tag{3-141}$$

令单元刚度矩阵$\boldsymbol{K}^e$为

$$\boldsymbol{K}^e = \iiint \boldsymbol{B}^{e\mathrm{T}} \boldsymbol{D} \boldsymbol{B}^e \mathrm{d}V \tag{3-142}$$

式（3-142）为单元刚度矩阵$\boldsymbol{K}^e$的定义式，其推导过程与形函数的具体表达形式、节点个数均无关，这说明该表达式具有普遍意义，则

$$\boldsymbol{F}^e = \boldsymbol{K}^e \boldsymbol{\delta}^e \tag{3-143}$$

式（3-143）是单元节点力与单元节点位移之间的关系式，即单元节点平衡方程，或称单元刚度方程，具有普遍意义。对于三节点三角形单元，由于$\boldsymbol{B}$、$\boldsymbol{D}$中的元素都是常量，这里假设单元厚度均匀，则

$$\boldsymbol{K}^e = \boldsymbol{B}^{e\mathrm{T}} \boldsymbol{D} \boldsymbol{B}^e t\Delta \tag{3-144}$$

式中，Δ为单元面积；t为单元厚度。

式（3-144）进一步可以表示为

$$\boldsymbol{K} = \begin{bmatrix} B_i^{\mathrm{T}} \\ B_j^{\mathrm{T}} \\ B_m^{\mathrm{T}} \end{bmatrix} \boldsymbol{D} [B_i \quad B_j \quad B_m] t\Delta = \begin{bmatrix} \boldsymbol{K}_{ii}^e & \boldsymbol{K}_{ij}^e & \boldsymbol{K}_{im}^e \\ \boldsymbol{K}_{ji}^e & \boldsymbol{K}_{jj}^e & \boldsymbol{K}_{jm}^e \\ \boldsymbol{K}_{mi}^e & \boldsymbol{K}_{mj}^e & \boldsymbol{K}_{mm}^e \end{bmatrix} \tag{3-145}$$

将几何矩阵式（3 - 37）和弹性矩阵式（3 - 39）代入，可得每个子块的矩阵表达式，则

$$\boldsymbol{K}_{rs}^{e}=\boldsymbol{B}_{r}^{e\mathrm{T}}\boldsymbol{D}\boldsymbol{B}_{s}^{e}t\Delta=\begin{bmatrix}K_{rx,sx} & K_{rx,sy}\\ K_{ry,sx} & K_{ry,sy}\end{bmatrix}$$

$$=\frac{Et}{4(1-\mu^{2})\Delta}\begin{bmatrix}b_{r}b_{s}+\frac{1-\mu}{2}c_{r}c_{s} & \mu b_{r}c_{s}+\frac{1-\mu}{2}c_{r}b_{s}\\ \mu c_{r}b_{s}+\frac{1-\mu}{2}b_{r}c_{s} & c_{r}c_{s}+\frac{1-\mu}{2}b_{r}b_{s}\end{bmatrix}\quad(r,s=i,j,m)\tag{3 - 146}$$

单元刚度矩阵具有如下特点。

（1）$\boldsymbol{K}^{e}$ 中的每一个元素都是一个刚度系数。假设单元的节点位移为 $\boldsymbol{\delta}^{e}=\{1\quad 0\quad 0\quad 0\quad 0\quad 0\}^{\mathrm{T}}$，由 $\boldsymbol{F}^{e}=\boldsymbol{K}^{e}\boldsymbol{\delta}^{e}$，得到节点力为

$$\boldsymbol{F}^{e}=\begin{Bmatrix}F_{ix}\\ F_{iy}\\ F_{jx}\\ F_{jy}\\ F_{mx}\\ F_{my}\end{Bmatrix}=\begin{Bmatrix}K_{ix,ix}\\ K_{iy,ix}\\ K_{jx,ix}\\ K_{jy,ix}\\ K_{mx,ix}\\ K_{my,ix}\end{Bmatrix}$$

由此可得：$K_{ix,ix}$ 表示 i 节点在水平方向产生单位位移时，在节点 i 的水平方向上需要施加的节点力；$K_{iy,ix}$ 表示 i 节点在水平方向产生单位位移时，在节点 i 的垂直方向上需要施加的节点力。选择不同的单元节点位移，可以得到单元刚度矩阵中每个元素的物理含义，即：$K_{rx,sx}$ 表示 s 节点在水平方向产生单位位移时在节点 r 的水平方向上需要施加的节点力；$K_{ry,sx}$ 表示 s 节点在水平方向产生单位位移时，在节点 r 的垂直方向上需要施加的节点力；$K_{rx,sy}$ 表示 s 节点在垂直方向产生单位位移时，在节点 r 的水平方向上需要施加的节点力；$K_{ry,sy}$ 表示 s 节点在垂直方向产生单位位移时，在节点 r 的垂直方向上需要施加的节点力。

因此，$\boldsymbol{K}^{e}$ 中的每一个元素都是一个刚度系数，表示单位节点位移分量所引起的节点力分量，$\boldsymbol{K}^{e}$ 中的每一个子块表示某个节点位移矢量对单元某个节点力矢量的贡献率。

（2）$\boldsymbol{K}^{e}$ 是对称矩阵。由式（3 - 144）可知，$\boldsymbol{K}^{e}$ 是对称矩阵。因为 $\boldsymbol{K}_{rs}^{e}=\boldsymbol{B}_{r}^{e\mathrm{T}}\boldsymbol{D}\boldsymbol{B}_{s}^{e}t\Delta$，$\boldsymbol{K}_{sr}^{e}=\boldsymbol{B}_{s}^{e\mathrm{T}}\boldsymbol{D}\boldsymbol{B}_{r}^{e}t\Delta$，所以 $\boldsymbol{K}_{sr}^{e\mathrm{T}}=[\boldsymbol{B}_{s}^{e\mathrm{T}}\boldsymbol{D}\boldsymbol{B}_{r}^{e}t\Delta]^{\mathrm{T}}=\boldsymbol{B}_{r}^{e\mathrm{T}}\boldsymbol{D}^{\mathrm{T}}\boldsymbol{B}_{s}^{e}t\Delta=\boldsymbol{B}_{r}^{e\mathrm{T}}\boldsymbol{D}\boldsymbol{B}_{s}^{e}t\Delta=\boldsymbol{K}_{rs}^{e}$，即 $\boldsymbol{K}^{e}=\boldsymbol{K}^{e\mathrm{T}}$。可见，根据对称性，可以减少计算量和存储量。

(3) $\boldsymbol{K}^e$ 是奇异矩阵，即 $|\boldsymbol{K}^e|=0$。根据这一性质，当已知单元节点位移时，可以从式（3-143）中求出单元节点力。反之，由于单元刚度矩阵奇异，不存在逆矩阵，因此，当已知单元节点力时不能求出单元上的节点位移。从物体变形的实际情况来说，单元刚度矩阵奇异是必需的，因为单元除了产生变形外，还会产生刚体位移，即仅仅依靠节点力是无法唯一地确定刚体位移的。事实上，当单元的节点力为零时，单元仍可做刚体运动。

例如，假定单元产生了 x 方向的单位刚体位移，即 $\boldsymbol{\delta}^e=\{1\quad 0\quad 1\quad 0\quad 1\quad 0\}^{\mathrm{T}}$，并假设此时对应的单元节点力为零，则由 $\boldsymbol{F}^e=\boldsymbol{K}^e\boldsymbol{\delta}^e$ 得

$$\begin{Bmatrix}0\\0\\0\\0\\0\\0\end{Bmatrix}=\boldsymbol{K}^e\begin{Bmatrix}1\\0\\1\\0\\1\\0\end{Bmatrix}$$

由此可以得到，在单元刚度矩阵中 1、3、5 列中对应行的系数相加为零，由行列式的性质可知，$|\boldsymbol{K}^e|=0$。

同样，如果假定单元产生了 y 方向上的单位刚体位移 $\boldsymbol{\delta}^e=\{0\quad 1\quad 0\quad 1\quad 0\quad 1\}^{\mathrm{T}}$，可以得到，在单元刚度矩阵中 2、4、6 列中对应行的系数相加为零。由行列式的性质可知，$|\boldsymbol{K}^e|=0$。

(4) 单元的刚度不随单元或坐标轴的平行移动而改变。单元的刚度取决于单元的形状、大小、方向和弹性系数，而与单元的位置无关，即不随单元或坐标轴的平行移动而改变。因此，只要单元的形状、大小、方向和弹性系数相同，无论单元出现在任何位置均有相同的单元刚度矩阵，根据对称性，可以减少计算量。

3.6.3 边界条件的处理与支反力的计算

位移边界条件 $BC(u)$ 主要有两种类型。

(1) 零位移边界条件

$$\overline{\boldsymbol{q}_a}=0 \tag{3-147}$$

(2) 给定具体数值的位移边界条件

$$\overline{\boldsymbol{q}}_a=\overline{u} \tag{3-148}$$

设所建立的整体刚度方程（将其进行分块）为

$$\begin{pmatrix} \boldsymbol{K}_{aa} & \boldsymbol{K}_{ab} \\ \boldsymbol{K}_{ba} & \boldsymbol{K}_{bb} \end{pmatrix} \begin{pmatrix} \overline{\boldsymbol{q}}_a \\ \boldsymbol{q}_b \end{pmatrix} = \begin{pmatrix} \boldsymbol{F}_a \\ \overline{\boldsymbol{F}}_b \end{pmatrix} = \begin{pmatrix} \overline{\boldsymbol{F}}_{Pa} + \boldsymbol{F}_{Ra} \\ \overline{\boldsymbol{F}}_{Pb} \end{pmatrix} \tag{3-149}$$

其中，$\boldsymbol{K}_{ij}$，$\overline{\boldsymbol{q}}_a$ 为已知，施加的外力 $\overline{\boldsymbol{F}}_P = (\overline{\boldsymbol{F}}_{Pa}^{\mathrm{T}} \quad \overline{\boldsymbol{F}}_{Pb}^{\mathrm{T}})^{\mathrm{T}}$ 为已知，$\boldsymbol{q}_b$（未知节点位移）和支反力为未知(待求量)，即$\boldsymbol{F}_a$ 为未知量。

下面就上述两类边界条件，讨论直接法、置“1”法、乘大数法、拉格朗日乘子法以及罚函数法这几种处理方法。

1. 处理边界条件的直接法

（1）对于 $\overline{\boldsymbol{q}}_a = 0$ 的边界条件。由于 $\overline{\boldsymbol{q}}_a = 0$，则去掉式（3-149）中对应于该变量的行和列后，得到

$$\boldsymbol{K}_{bb}\,\boldsymbol{q}_b = \overline{\boldsymbol{F}}_b \tag{3-150}$$

可求出未知节点位移 $\boldsymbol{q}_b$，为

$$\boldsymbol{q}_b = \boldsymbol{K}_{bb}^{-1}\overline{\boldsymbol{F}}_b \boldsymbol{K}_{bb}^{-1}\overline{\boldsymbol{F}}_{Pb} \tag{3-151}$$

（2）对于 $\overline{\boldsymbol{q}}_a = \overline{\boldsymbol{u}}$ 的边界条件。将式（3-149）写成两组方程

$$\boldsymbol{K}_{aa}\,\overline{\boldsymbol{q}}_a + \boldsymbol{K}_{ab}\,\overline{\boldsymbol{q}}_b = \overline{\boldsymbol{F}}_a \tag{3-152}$$

$$\boldsymbol{K}_{ba}\,\overline{\boldsymbol{q}}_a + \boldsymbol{K}_{bb}\,\overline{\boldsymbol{q}}_b = \overline{\boldsymbol{F}}_b \tag{3-153}$$

将 $\overline{\boldsymbol{q}}_a = \overline{\boldsymbol{u}}$ 代入式（3-153）中，可得到

$$\boldsymbol{K}_{bb}\,\boldsymbol{q}_b = \overline{\boldsymbol{F}}_b - \boldsymbol{K}_{ba}\,\overline{\boldsymbol{u}} \tag{3-154}$$

则可求出未知节点位移 $\boldsymbol{q}_b$ 为

$$\boldsymbol{q}_b = \boldsymbol{K}_{bb}^{-1}(\overline{\boldsymbol{F}}_b - \boldsymbol{K}_{ba}\,\overline{\boldsymbol{u}}) = \boldsymbol{K}_{ab}^{-1}(\overline{\boldsymbol{F}}_a - \boldsymbol{K}_{aa}\,\overline{\boldsymbol{u}}) \tag{3-155}$$

“直接法”的特点如下：

（1）既可处理 $\boldsymbol{q}_a = 0$ 的情形，又可处理 $\boldsymbol{q}_a = \boldsymbol{u}$ 的情形；

（2）处理过程直观；

（3）待求解矩阵的规模变小（维数变小），适合于手工处理。

2. 处理边界条件的置“1”法

设边界条件为第 r 个自由度的位移为零，即 $\overline{\boldsymbol{q}}_r = 0$，可置整体刚度矩阵中所对应对角元素位置的 $k_{rr} = 1$，而该行和该列的其他元素为零，即 $k_{rs} = k_{sr} = 0(r \neq s)$，同时也置对应的载荷元素 $F_r = 0$，则

$$
\begin{matrix} & 1 & 2 & \cdots & \cdots & r & \cdots & \cdots & \cdots & \cdots \end{matrix}
$$

$$
\begin{matrix}1\\2\\\vdots\\\vdots\\r\\\vdots\\\vdots\\\vdots\\\vdots\end{matrix}
\begin{bmatrix}
 & & & & 0 & & & & & \\
 & & & & 0 & & & & & \\
 & & & & \vdots & & & & & \\
 & & & & 0 & & & & & \\
0 & 0 & \cdots & 0 & k_{rr}=1 & 0 & 0 & \cdots & 0 \\
 & & & & 0 & & & & & \\
 & & & & \vdots & & & & & \\
 & & & & 0 & & & & & \\
 & & & & 0 & & & & &
\end{bmatrix}
\begin{bmatrix} q_1 \\ q_2 \\ \vdots \\ \vdots \\ \bar{q}_r \\ \vdots \\ \vdots \\ \vdots \\ \vdots \end{bmatrix}
=
\begin{bmatrix} F_1 \\ F_2 \\ \vdots \\ \vdots \\ F \\ \\ \\ \\ \\ \end{bmatrix}
\tag{3 - 156}
$$

进行以上设置后，这时式（3 - 156）应等价于原方程加上边界条件 $\bar{\boldsymbol{q}}_r = 0$ 。下面考察这种等价性，就式（3 - 156）中的第 r 行，有

$$
k_{rr}\bar{\boldsymbol{q}}_r = F_r \tag{3 - 157}
$$

由于置 $k_{rr} = 1, F_r = 0$ ，则有

$$
\bar{\boldsymbol{q}}_r = 0 \tag{3 - 158}
$$

即为所要求的位移边界条件。而式（3 - 156）中除第 r 行外，其他各行在对应于 r 列的位置上都置了“0”，这相当于考虑了 $\bar{\boldsymbol{q}}_r = 0$ 的影响，除此之外其余各项的影响不变。这恰好就是原方程加上了边界条件 $\bar{\boldsymbol{q}}_r = 0$ 的影响。

对角元素置“1”法的特点如下：

（1）只能处理 $\bar{\boldsymbol{q}}_r = 0$ 的情形；

（2）保持待求解矩阵的规模不变，不需重新排序；

（3）保持整体刚度矩阵的对称性，利于计算机的规范化处理。

3. 处理边界条件的乘大数法

设边界条件为第 r 个自由度的位移为指定位移，即对应于边界条件 $\bar{\boldsymbol{q}}_r = \bar{\boldsymbol{u}}_r$ 的情形，可将整体刚度矩阵中所对应对角元素位置的 k_{rr} 乘一个大数 α ，将对应的载荷元素 F_r 置为 $\alpha k_{rr}\bar{\boldsymbol{u}}$ ，即

$$
\begin{matrix} & 1 & 2 & \cdots & r & \cdots \end{matrix}
$$

$$
\begin{matrix}1\\2\\\vdots\\r\\\vdots\end{matrix}
\begin{bmatrix}
 & & & & \cdots \\
 & & \cdots & & \cdots \\
 & & & & \\
k_{r1} & k_{r2} & \cdots & \alpha k_{rr} & \cdots \\
 & & \cdots & & \cdots
\end{bmatrix}
\begin{bmatrix} q_1 \\ q_2 \\ \vdots \\ \bar{q}_r \\ \vdots \end{bmatrix}
=
\begin{bmatrix} F_1 \\ F_2 \\ \vdots \\ \alpha k_{rr}\bar{\boldsymbol{u}} \\ \vdots \end{bmatrix}
\tag{3 - 159}
$$

进行以上设置后，这时式（3-159）应等价于原方程加上边界条件 $\bar{\boldsymbol{q}}_r = \bar{u}$，考察这种等价性。由式（3-159）中的第 r 行，有

$$k_{r1}q_1 + k_{r2}q_2 + \cdots + \alpha k_{rr}\bar{\boldsymbol{q}}_r + \cdots + k_{rn}q_n = \alpha k_{rr}\bar{\boldsymbol{u}} \tag{3-160}$$

由于 αk_{rr} 远大于 $k_{ri}(i = 1,2,\cdots,r-1,r+1,\cdots,n)$，则式（3-160）变为

$$\alpha k_{rr}\bar{\boldsymbol{q}}_r \approx \alpha k_{rr}\bar{\boldsymbol{u}} \tag{3-161}$$

则

$$\bar{\boldsymbol{q}}_r \approx \bar{\boldsymbol{u}} \tag{3-162}$$

即为所要求的位移边界条件。而式（3-159）中除第 r 行外，其他各行都考虑了 $\bar{\boldsymbol{q}}_r \approx \bar{\boldsymbol{u}}$ 的影响，除此之外其余各项的影响不变，这恰好就是原方程加上边界条件 $\bar{\boldsymbol{q}}_r \approx \bar{\boldsymbol{u}}$ 的影响。

对角元素乘大数法的特点如下：

（1）既可处理 $\bar{\boldsymbol{q}}_r = 0$ 的情形，又可处理 $\bar{\boldsymbol{q}}_r = \bar{\boldsymbol{u}}$ 的情形；

（2）待求解矩阵的规模不变，不需要重新排序；

（3）保持整体刚度矩阵的对称性，但有一定的误差，取决于 α 的选取。

4. 支反力的计算

在以上处理位移边界条件的方法中，都需要再求支反力。将式（3-149）写成两组方程，见式（3-152）和式（3-153），在求得未知节点位移 $\boldsymbol{q}_b$ 之后，可由式（3-152）求出支反力 $\boldsymbol{F}_{Ra}$，即

$$\boldsymbol{F}_{Ra} = \boldsymbol{F}_a - \overline{\boldsymbol{F}}_{Pa} = (\boldsymbol{K}_{aa}\bar{q}_a + \boldsymbol{K}_{ab}\boldsymbol{q}_b) - \overline{\boldsymbol{F}}_{Pa} \tag{3-163}$$

5. 处理耦合边界条件的拉格朗日（Lagrange）乘子法

当存在多点之间的约束耦合关系时（如斜支座），就会出现带约束方程的表达式，其一般数学表达式可以写成

$$\left.\begin{aligned} C_{11}u_1 + C_{12}u_2 + \cdots &= d_1 \\ C_{21}u_1 + C_{22}u_2 + \cdots &= d_2 \\ &\vdots \end{aligned}\right\} \tag{3-164}$$

或写成矩阵形式

$$\boldsymbol{Cq} = \boldsymbol{d} \tag{3-165}$$

其中，$\boldsymbol{C}$ 和 $\boldsymbol{d}$ 是由约束的具体情况来确定的系数矩阵，$\boldsymbol{q} = (u_1 \quad u_2 \quad \cdots)^{\mathrm{T}}$ 为节点位移列阵。

原问题的势能泛函 Π 为

$$\Pi = \frac{1}{2}\boldsymbol{q}^{\mathrm{T}}\boldsymbol{Kq} - \boldsymbol{F}^{\mathrm{T}}\boldsymbol{q} \tag{3-166}$$

其中，$\boldsymbol{K}$ 为系统的总刚度矩阵，$\boldsymbol{F}$ 为节点载荷列阵。考虑到约束条件式（3-164），这是一个带有约束的泛函极值问题，可以通过拉格朗日乘子法（Lagrangian multiplier algorithm），转化为无条件定义问题。定义新的泛函 Π^* 为

$$\Pi^* = \Pi + \boldsymbol{\Lambda}^{\mathrm{T}}(\boldsymbol{C}\boldsymbol{q} - \boldsymbol{d}) = \frac{1}{2}\boldsymbol{q}^{\mathrm{T}}\boldsymbol{K}\boldsymbol{q} - \boldsymbol{F}^{\mathrm{T}}\boldsymbol{q} + \boldsymbol{\Lambda}^{\mathrm{T}}(\boldsymbol{C}\boldsymbol{q} - \boldsymbol{d}) \tag{3-167}$$

其中，Λ 是列阵，它的元素就是全部拉格朗日乘子。将式（3-167）取极值，有

$$\delta\Pi^* = \frac{\partial\Pi^*}{\partial\boldsymbol{q}}\delta\boldsymbol{q} + \frac{\partial\Pi^*}{\partial\boldsymbol{\Lambda}}\delta\boldsymbol{\Lambda} = 0 \tag{3-168}$$

由于 $\delta\boldsymbol{q}$ 和 $\delta\boldsymbol{\Lambda}$ 的独立性，则有

$$\left.\begin{aligned}\frac{\partial\Pi^*}{\partial\boldsymbol{q}} = 0\\ \frac{\partial\Pi^*}{\partial\boldsymbol{\Lambda}} = 0\end{aligned}\right\} \tag{3-169}$$

将式（3-167）代入式（3-169）中，有

$$\left.\begin{aligned}\boldsymbol{K}\boldsymbol{q} + \boldsymbol{C}^{\mathrm{T}}\boldsymbol{\Lambda} = \boldsymbol{F}\\ \boldsymbol{C}\boldsymbol{q} = \boldsymbol{d}\end{aligned}\right\} \tag{3-170}$$

写成矩阵形式，则为

$$\begin{pmatrix}\boldsymbol{K} & \boldsymbol{C}^{\mathrm{T}}\\ \boldsymbol{C} & 0\end{pmatrix}\begin{pmatrix}\boldsymbol{q}\\ \boldsymbol{\Lambda}\end{pmatrix} = \begin{pmatrix}\boldsymbol{F}\\ \boldsymbol{d}\end{pmatrix} \tag{3-171}$$

求解该方程组将给出节点位移，同时也可算出拉格朗日乘子 $\boldsymbol{\Lambda}$ 。

该方程有两种解法：首先，可由式（3-170）中的第1式将 $\boldsymbol{q}$ 用 $\boldsymbol{\Lambda}$ 来表示，然后代入到式（3-170）中的第2式，有

$$-\boldsymbol{C}\boldsymbol{K}^{-1}\boldsymbol{C}^{\mathrm{T}}\boldsymbol{\Lambda} = \boldsymbol{d} - \boldsymbol{C}\boldsymbol{K}^{-1}\boldsymbol{F} \tag{3-172}$$

可求得 $\boldsymbol{\Lambda}$，然后再代入式（3-171）中的第1式，则可求得 $\boldsymbol{F}$。

由此可以看出，由于式（3-172）中的方阵求逆以及有关的矩阵运算会破坏方程组系数矩阵的稀疏带状特性，计算时需要很大的计算机存储量，对于大规模计算，该方法有许多不足。为克服这一缺点，可以直接求解式（3-171）。虽然系数矩阵的带状特性常被矩阵 $\boldsymbol{C}$ 破坏，但若采用波前法来进行处理，仍然是可行的，此时节点位移 u_i 同拉格朗日乘子 Λ_j 的消去交错进行。在消去时，应考虑到与它对应的那一行中，一切有关的 u_i（矩阵 $\boldsymbol{C}$ 中 $C_{ji} \neq 0$ 的元素）均已消去后，才消去 Λ_j 。

6. 处理耦合边界条件的罚函数法

该方法将引入一个较大的系数来形成**罚函数**（penalty function），对于由式（3-165）表达的耦合边界条件，定义一个考虑带罚函数修正后的势能函数（泛函）为

$$\Pi^* = \frac{1}{2}\boldsymbol{q}^{\mathrm{T}}\boldsymbol{K}\boldsymbol{q} - \boldsymbol{F}^{\mathrm{T}}\boldsymbol{q} + \frac{1}{2}S(\boldsymbol{C}\boldsymbol{q} - \boldsymbol{d})^2 \tag{3-173}$$

其中，S 为引入的大数，因为当 $\boldsymbol{S}$ 值很大时，才有 $(\boldsymbol{C}\boldsymbol{q} - \boldsymbol{d}) \approx 0$。对 Π^* 求取极小值，即 $\partial\Pi^*/\partial\boldsymbol{q} = 0$，有

$$\boldsymbol{K}\boldsymbol{q} - \boldsymbol{F} + S\boldsymbol{C}^{\mathrm{T}}(\boldsymbol{C}\boldsymbol{q} - \boldsymbol{d}) = 0 \tag{3-174}$$

进一步整理后，有

$$(\boldsymbol{K} + S\boldsymbol{C}^{\mathrm{T}}\boldsymbol{C})\boldsymbol{q} = \boldsymbol{F} + S\boldsymbol{C}^{\mathrm{T}}\boldsymbol{d} \tag{3-175}$$

$$\boldsymbol{K}^*\boldsymbol{q} = \boldsymbol{F}^* \tag{3-176}$$

其中，$\boldsymbol{K}^* = \boldsymbol{K} + S\boldsymbol{C}^{\mathrm{T}}\boldsymbol{C}, \boldsymbol{F}^* = \boldsymbol{F} + S\boldsymbol{C}^{\mathrm{T}}\boldsymbol{d}$。由此可以看出，这时 $\boldsymbol{K}^*$ 与 $\boldsymbol{F}^*$ 是在原矩阵的基础上增加了由耦合方程系数及罚函数系数产生的影响项，变化后的 $\boldsymbol{K}^*$ 是对称矩阵，并且它的维数与 $\boldsymbol{K}$ 矩阵相同。这给方程的求解带来很大的好处，只要设定一个较大的数，就可以采用原来的算法进行处理，当然，还要分析罚函数系数的选取所产生的误差，并能够控制它在允许的范围内。

3.6.4 单元位移函数构造与收敛性要求

1. 选择单元位移函数的一般原则

单元中的位移模式（displacement model）一般采用设有待定系数的多项式作为近似函数，多项式选取的原则应考虑以下几点。

（1）待定系数是由节点位移条件确定的，因此它的个数应与节点位移自由度数相等。如平面三节点三角形单元共有 6 个节点位移自由度，待定系数的总个数应取 6 个，则两个方向的位移 u 和 v 应各取三项多项式。对于平面四节点的矩形单元，待定系数 8 个，各个位移函数可取四项多项式作为位移模式。

（2）在选取多项式时，必须选择常数项和完备的一次项。位移模式中的常数项和一次项可以反映单元刚体位移和常应变的特性。这是因为当划分的单元数趋于无穷时，即单元缩小趋于一点，此时单元应变应趋于常数，作为最简单的三节点三角形单元的位移模式正好满足这个基本要求。

（3）选择多项式应由低阶到高阶，尽量选取完全多项式以提高单元的精度。一般情况下对于每边具有 2 个端节点的单元应选取一次完全多项式的位移模式，每边有 3 个节点时应取二次完全多项式。若由于项数限制不能选取完全多项式时，选择的多项式应具有坐标的对称性，并且一个坐标方向的次数不应超过完全多项式的次数。

在构造单元的位移函数时，应参考由多项式函数构成的帕斯卡三角形（Pascal triangle）（见图 3-19 和图 3-20）和上述原则进行函数项次的选取与构造。

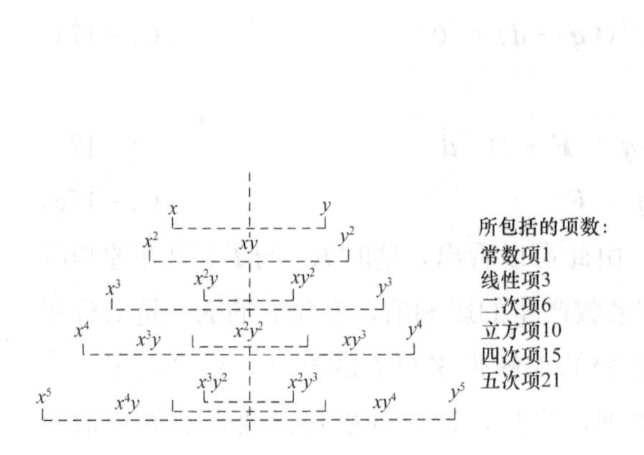

图 3-19　二维问题多项式函数构成的帕斯卡三角形

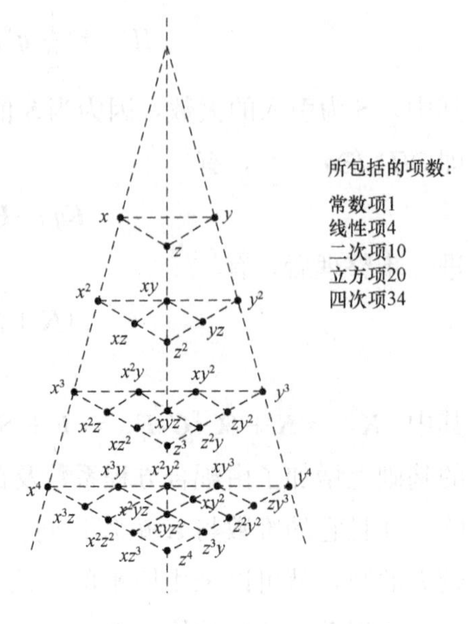

图 3-20　三维问题多项式函数构成的帕斯卡四面体

常用的二维单元和三维单元见图 3-21。

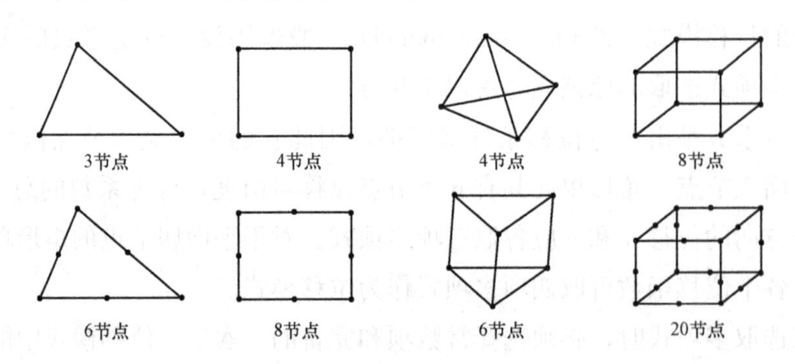

图 3-21　常用的二维和三维单元

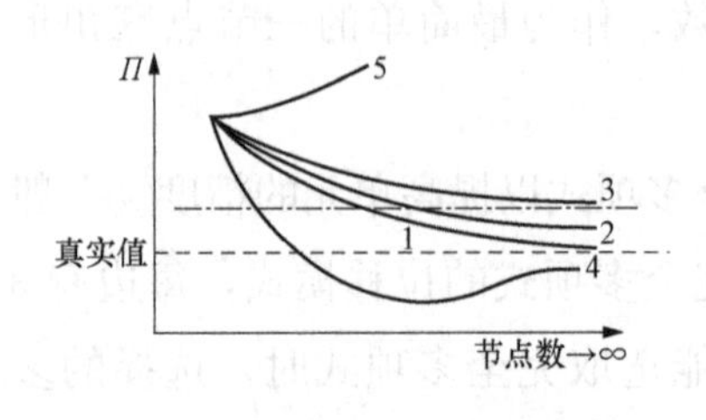

图 3-22　几种可能的收敛情况

2. 关于收敛性问题

在有限元分析中，当节点数目趋于无穷大时（当单元尺寸趋近于零时）或单元插值位移的项数趋于无穷大时，最后的解答如果能够无限地逼近准确解，那么这样的位移函数（或形状函数）是逼近于真解的，这称为收敛（convergence）。图 3-22 表示出几种可能的收敛情况。其中，曲线 1 和 2 都是收敛的，但曲线 1 比曲线 2 收敛更快；曲线 3 虽然趋向于某一确定值，但该值不是问题的准确解真实值（correct solution)，因此也不是收敛的；曲线4虽然收敛，但不是单调收敛（monotonic convergence)，所以也不能算是收敛的，它不能构成准确解的上界（upper bound）或下界(lower bound)，即近似解并不总是大于或小于准确解；至于曲线5，它是发散（divergence）的，因此完全不符合要求。

为使有限元分析的解答收敛，位移函数必须满足一些收敛准则（convergence criterion）。关于这些准则的严密论证，可以参阅更多的文献。也就是说，当单元尺寸趋于零时，其位移函数及其应变总是趋向于某一常数，否则，单元的势能将不存在。由此可见，对位移函数的基本要求应当是：函数本身应在单元上连续，还包括使得位移函数及对应于应变的导数都为常数的项，即常位移项和常应变项。

对于常用单元，能够保证常位移项和常应变项的多项式为

轴力杆单元：$1,x$；

平面单元：$1,x,y$；

空间单元：$1,x,y,z$；

平面梁单元：$1,x,x^2$；

平板弯曲单元：$1,x,y,x^2,xy,y^2$。

要保证单元的收敛性，还要考虑单元之间的位移协调。不仅节点处的位移应协调，沿整个单元边界上的位移都应当是协调的（或相容的)，这也是最小势能原理所要求的基本前提。

由于每一个单元的真实位移通常总可以分解成刚体位移和变形位移两部分，在单元位移函数中包含了刚体位移，使之能更好地反映实际情况，因而收敛较快。当然，结构整体的刚体位移自由度必须完全约束，否则会出现刚度矩阵奇异。

3. 位移函数构造的收敛性准则

如上所知，收敛性的含义为，当单元尺寸趋于零时，有限元的解趋近于真实解。以下两个有关单元内部以及单元之间的函数构造准则可以保证单元的收敛性。

(1) 收敛性准则1：完备性要求（针对单元内部）。若在（势能）泛函中所出现位移函数的最高阶导数是 m 阶，则有限元解答收敛的条件之一是选取单元内的位移场函数至少是 m 阶完全多项式。

二维问题和三维问题的完全多项式参见图3-19和图3-20。可以看出所要求的 m 阶完全多项式已包含了刚体位移和常应变项。

(2) 收敛性准则2：连续性要求（针对单元之间）。若在（势能）泛函中位移函数出现的最高阶导数是 m 阶，则位移函数在单元交界面上必须具有直至 $(m-1)$ 阶的连续导数，即 C_{m-1} 连续性。

3.7 应　　用

下面是三角形单元、四边形单元弹性力学计算的精度比较

如图 3-23 所示的平面矩形结构，设 $E=1$，$t=1$，$\mu=0.25$，考虑以下约束和外载：

$$\left.\begin{array}{ll}\text{位移边界条件 } BC(u) & uA=0, vA=0, uD=0 \\ \text{力边界条件 } BC(p) & FB_x=-1, FB_y=0, FC_x=1, FC_y=0, FD_y=0\end{array}\right\} \tag{3-177}$$

试在以下两种建模情形下求该系统的位移场、应变场、应力场、各个节点上的支反力，并比较这种建模方案的计算精度。

建模方案①：使用两个三角形单元。

建模方案②：使用一个 4 节点矩形单元。

解答：建模方案①和建模方案②的单元划分及节点情况如图 3-24 所示。

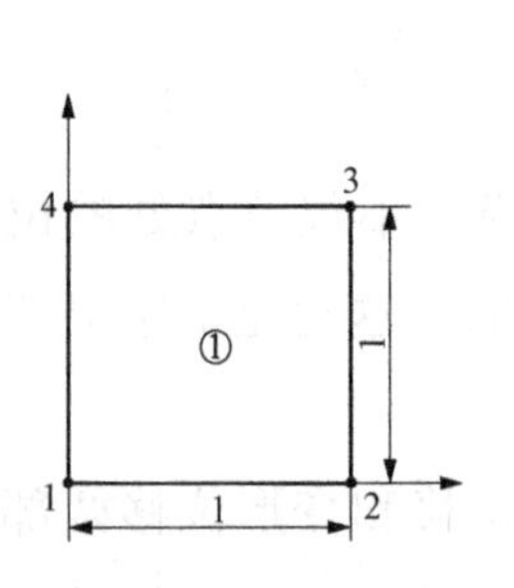

图 3-23　平面矩形结构的有限元分析

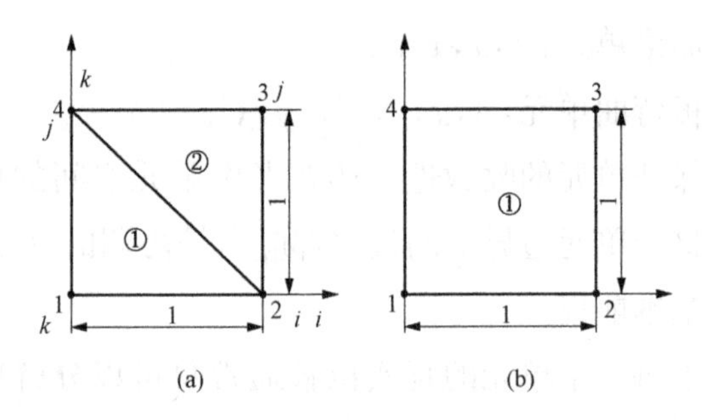

图 3-24　平面矩形结构的单元划分及节点编号

(a) 建模方案①；(b) 建模方案②

整体的节点位移列阵为

$$\boldsymbol{q}=(u_1 \quad v_1 \quad u_2 \quad v_2 \quad u_3 \quad v_3 \quad u_4 \quad v_4)^{\mathrm{T}} \tag{3-178}$$

(1) 使用两个三角形单元，单元编号与单元节点局部编号、整体编号的关系，见表 3-5。

表 3-5　单元编号与单元节点局部编号、整体编号的关系

单元编号	单元节点局部编号	单元节点整体编号
①	i	2
	j	4
	k	1

续表

单元编号	单元节点局部编号	单元节点整体编号
②	i	2
	j	3
	k	4

1）单元①的节点编号见表 3-6。

表 3-6　单元①的节点编号　（K^1）

整体编号 / 局部编号		1 k	2 i	3 0	4 j
1	k	k_{kk}^1	k_{ki}^1	0	k_{kj}^1
2	i	k_{ik}^1	k_{ii}^1	0	k_{ij}^1
3	0	0	0	0	0
4	j	k_{jk}^1	k_{ji}^1	0	k_{jj}^1

2）单元②的节点编号见表 3-7。

表 3-7　单元②的节点编号　（K^2）

整体编号 / 局部编号		1 0	2 i	3 j	4 k
1	0	0	0	0	0
2	i	0	k_{ii}^2	k_{ij}^2	k_{ik}^2
3	j	0	k_{ji}^2	k_{jj}^2	k_{jk}^2
4	k	0	k_{ki}^2	k_{kj}^2	k_{kk}^2

3）整体刚度矩阵编号见表 3-8。

表 3-8　整体刚度矩阵编号　（K^1+K^2）

整体编号	1	2	3	4
1	k_{kk}^1	k_{ki}^1	0	k_{kj}^1
2	k_{ik}^1	$k_{ii}^1+k_{ii}^2$	k_{ij}^2	$k_{ij}^1+k_{ik}^2$
3	0	k_{ji}^2	k_{jj}^2	k_{jk}^2
4	k_{jk}^1	$k_{ji}^1+k_{ki}^2$	k_{kj}^2	$k_{jj}^1+k_{kk}^2$

$$\boldsymbol{k}_{rs}=\frac{Et}{4(1-\mu^2)\Delta}\begin{bmatrix} b_rb_s+\frac{1-\mu}{2}c_rc_s & \mu b_rc_s+c_rb_s \\ \mu c_rb_s+\frac{1-\mu}{2}b_rc_s & c_rc_s+\frac{1-\mu}{2}b_rb_s \end{bmatrix} \quad (r,s=i,j,k)$$

a_i,b_i,c_i 表达为

$$\begin{vmatrix} a_i & a_j & a_k \\ b_i & b_j & b_k \\ c_i & c_j & c_k \end{vmatrix} \xrightarrow{\text{代数余子式}} \begin{vmatrix} 1 & 1 & 1 \\ x_i & x_j & x_k \\ y_i & y_j & y_k \end{vmatrix}$$

其中

$$a_i=\begin{vmatrix} x_i & y_i \\ x_k & y_k \end{vmatrix},b_i=-\begin{vmatrix} 1 & y_i \\ 1 & y_k \end{vmatrix},c_i=\begin{vmatrix} 1 & x_j \\ 1 & x_k \end{vmatrix}$$

Δ 为三角形面积，则

$$2\Delta=\begin{vmatrix} 1 & x_i & y_i \\ 1 & x_j & y_j \\ 1 & x_k & y_k \end{vmatrix}=1$$

单元①中 $(x_i,y_i)=(1,0),(x_j,y_j)=(0,1),(x_k,y_k)=(0,0)$，则

$$b_i=-\begin{vmatrix} 1 & 1 \\ 1 & 0 \end{vmatrix}=1,b_j=\begin{vmatrix} 1 & 0 \\ 1 & 0 \end{vmatrix}=0,b_k=-\begin{vmatrix} 1 & 0 \\ 1 & 1 \end{vmatrix}=-1$$

$$c_i=\begin{vmatrix} 1 & 0 \\ 1 & 0 \end{vmatrix}=0,c_j=-\begin{vmatrix} 1 & 1 \\ 1 & 0 \end{vmatrix}=1,c_k=\begin{vmatrix} 1 & 1 \\ 1 & 0 \end{vmatrix}=-1$$

故

$$\boldsymbol{k}_{ii}=\frac{Et}{2(1-\mu^2)}\begin{bmatrix} 1 & 0 \\ 0 & \frac{1-\mu}{2} \end{bmatrix}\boldsymbol{k}_{ij}=\frac{Et}{2(1-\mu^2)}\begin{bmatrix} 0 & \mu \\ \frac{1-\mu}{2} & 0 \end{bmatrix}$$

$$\boldsymbol{k}_{ik}=\frac{Et}{2(1-\mu^2)}\begin{bmatrix} -1 & -\mu \\ -\frac{1-\mu}{2} & -\frac{1-\mu}{2} \end{bmatrix}\boldsymbol{k}_{ji}=\frac{Et}{2(1-\mu^2)}\begin{bmatrix} 1 & \frac{1-\mu}{2} \\ \mu & 0 \end{bmatrix}$$

$$\boldsymbol{k}_{jj}=\frac{Et}{2(1-\mu^2)}\begin{bmatrix} \frac{1-\mu}{2} & 0 \\ 0 & 1 \end{bmatrix}\boldsymbol{k}_{jk}=\frac{Et}{2(1-\mu^2)}\begin{bmatrix} -\frac{1-\mu}{2} & -\frac{1-\mu}{2} \\ -\mu & -1 \end{bmatrix}$$

$$\boldsymbol{k}_{ki}=\frac{Et}{2(1-\mu^2)}\begin{bmatrix} -1 & -\frac{1-\mu}{2} \\ -\mu & -\frac{1-\mu}{2} \end{bmatrix}\boldsymbol{k}_{kj}=\frac{Et}{2(1-\mu^2)}\begin{bmatrix} -\frac{1-\mu}{2} & -\mu \\ -\frac{1-\mu}{2} & -1 \end{bmatrix}$$

$$\boldsymbol{k}_{kk}=\frac{Et}{2(1-\mu^2)}\begin{bmatrix}1+\frac{1-\mu}{2} & \mu+\frac{1-\mu}{2}\\ \mu+\frac{1-\mu}{2} & 1+\frac{1-\mu}{2}\end{bmatrix}$$

单元②中 $(x_i,y_i)=(1,0),(x_j,y_j)=(1,1),(x_k,y_k)=(0,1)$，则

$$b_i=-\begin{vmatrix}1 & 1\\ 1 & 1\end{vmatrix}=0,b_j=-\begin{vmatrix}1 & 0\\ 1 & 1\end{vmatrix}=-1,b_k=-\begin{vmatrix}1 & 0\\ 1 & 1\end{vmatrix}=-1$$

$$c_i=\begin{vmatrix}1 & 1\\ 1 & 0\end{vmatrix}=-1,c_j=-\begin{vmatrix}1 & 1\\ 1 & 0\end{vmatrix}=1,c_i=\begin{vmatrix}1 & 1\\ 1 & 1\end{vmatrix}=0$$

故

$$\boldsymbol{k}_{ii}=\frac{Et}{2(1-\mu^2)}\begin{bmatrix}\frac{1-\mu}{2} & 0\\ 0 & 1\end{bmatrix}\boldsymbol{k}_{ij}=\frac{Et}{2(1-\mu^2)}\begin{bmatrix}-\frac{1-\mu}{2} & -\frac{1-\mu}{2}\\ -\mu & -1\end{bmatrix}$$

$$\boldsymbol{k}_{ik}=\frac{Et}{2(1-\mu^2)}\begin{bmatrix}0 & \frac{1-\mu}{2}\\ \mu & 0\end{bmatrix}\boldsymbol{k}_{ji}=\frac{Et}{2(1-\mu^2)}\begin{bmatrix}\frac{1-\mu}{2} & -\mu\\ -\frac{1-\mu}{2} & -1\end{bmatrix}$$

$$\boldsymbol{k}_{jj}=\frac{Et}{2(1-\mu^2)}\begin{bmatrix}1+\frac{1-\mu}{2} & \mu+\frac{1-\mu}{2}\\ \mu+\frac{1-\mu}{2} & 1+\frac{1-\mu}{2}\end{bmatrix}\boldsymbol{k}_{jk}=\frac{Et}{2(1-\mu^2)}\begin{bmatrix}-1 & -\frac{1-\mu}{2}\\ -\mu & -\frac{1-\mu}{2}\end{bmatrix}$$

$$\boldsymbol{k}_{ki}=\frac{Et}{2(1-\mu^2)}\begin{bmatrix}0 & \mu\\ \frac{1-\mu}{2} & 0\end{bmatrix}\boldsymbol{k}_{kj}=\frac{Et}{2(1-\mu^2)}\begin{bmatrix}-1 & -\mu\\ -\frac{1-\mu}{2} & -\frac{1-\mu}{2}\end{bmatrix}$$

$$\boldsymbol{k}_{kk}=\frac{Et}{2(1-\mu^2)}\begin{bmatrix}1 & 0\\ 0 & \frac{1-\mu}{2}\end{bmatrix}$$

得到整体刚度矩阵 $\boldsymbol{K}=\boldsymbol{K}^1+\boldsymbol{K}^2$，其中

$$[\boldsymbol{K}]=\begin{bmatrix}\boldsymbol{k}_{kk}^1 & \boldsymbol{k}_{ki}^1 & 0 & \boldsymbol{k}_{kj}^1\\ \boldsymbol{k}_{ik}^1 & \boldsymbol{k}_{ii}^1+\boldsymbol{k}_{ii}^2 & \boldsymbol{k}_{ij}^2 & \boldsymbol{k}_{ij}^1+\boldsymbol{k}_{ik}^2\\ 0 & \boldsymbol{k}_{ji}^2 & \boldsymbol{k}_{jj}^2 & \boldsymbol{k}_{jk}^2\\ \boldsymbol{k}_{jk}^1 & \boldsymbol{k}_{ji}^1+\boldsymbol{k}_{ki}^2 & \boldsymbol{k}_{kj}^2 & \boldsymbol{k}_{jj}^1+\boldsymbol{k}_{kk}^2\end{bmatrix}$$

根据 $[\boldsymbol{K}]^e=[\boldsymbol{K}][\boldsymbol{\delta}]^e$，分别计算出单元①和单元②的刚度矩阵。将两个单元按节点位移所对应的位置进行组装，得到整体刚度矩阵，为

$$
\boldsymbol{K}=\boldsymbol{K}^1+\boldsymbol{K}^2=\begin{pmatrix}
0.7333 & 0.3333 & -0.5333 & -0.2 & 0 & 0 & -0.2 & -0.1333 \\
0.3333 & 0.7333 & -0.1333 & -0.2 & 0 & 0 & -0.2 & -0.5333 \\
-0.5333 & -0.1333 & 0.7333 & 0 & -0.2 & -0.2 & 0 & 0.3333 \\
-0.2 & -0.2 & 0 & 0.7333 & -0.1333 & -0.5333 & 0.3333 & 0 \\
0 & 0 & -0.2 & -0.1333 & 0.7333 & -0.5333 & 0.3333 & -0.2 \\
0 & 0 & -0.2 & -0.5333 & 0.3333 & 0.3333 & -0.5333 & -0.2 \\
-0.2 & -0.2 & 0 & 0.3333 & -0.5333 & -0.1333 & -0.1333 & 0 \\
-0.1333 & -0.5333 & 0.3333 & 0 & -0.2 & -0.2 & -0.2 & 0.7333
\end{pmatrix}
$$

该系统的刚度方程为

$$
\underset{(8\times8)}{\boldsymbol{K}}\ \underset{(8\times1)}{\boldsymbol{q}}=\underset{(8\times1)}{\boldsymbol{F}}
$$

其中

节点位移 $\boldsymbol{q}=(u_1\quad v_1\quad u_2\quad v_2\quad u_3\quad v_3\quad u_4\quad v_4)^{\mathrm{T}}$

节点力 $\mathrm{F}=(F_{Rx1}\quad F_{Ry1}\quad F_{Rx2}\quad F_{Ry2}\quad F_{Rx3}\quad F_{Ry3}\quad F_{Rx4}\quad F_{Ry4})^{T}$

式中，F_{Rx1}，F_{Ry1}，F_{Rx4}分别为节点 1 和节点 4 处的支反力。

由式（3-29）、式（3-34）以及式（3-38）计算各个单元的位移场、应变场和应力场：

$$
\boldsymbol{u}^{(1)}=\begin{pmatrix}u^{(1)}\\ v^{(1)}\end{pmatrix}=\begin{pmatrix}-1.71875x\\ -0.9375x+0.78125y\end{pmatrix}
$$

$$
\boldsymbol{u}^{(2)}=\begin{pmatrix}u^{(2)}\\ v^{(2)}\end{pmatrix}=\begin{pmatrix}1.71875(x+2y-2)\\ 1.56425-2.5x-0.783y\end{pmatrix}
$$

$$
\boldsymbol{\varepsilon}^{(1)}=(\varepsilon_x\quad \varepsilon_y\quad \gamma_{xy})^{\mathrm{T}}=(-1.71875\quad 0.78125\quad -0.9375)^{\mathrm{T}}
$$

$$
\boldsymbol{\varepsilon}^{(2)}=(\varepsilon_x\quad \varepsilon_y\quad \gamma_{xy})^{\mathrm{T}}=(1.71875\quad -0.783\quad 0.9375)^{\mathrm{T}}
$$

$$
\boldsymbol{\sigma}^{(1)}=(\sigma_x\quad \sigma_y\quad \tau_{xy})^{\mathrm{T}}=(1.6922\quad 0.3582\quad 0.375)^{\mathrm{T}}
$$

$$
\boldsymbol{\sigma}^{(2)}=(\sigma_x\quad \sigma_y\quad \tau_{xy})^{\mathrm{T}}=(1.62453\quad -0.37687\quad 0.375)^{\mathrm{T}}
$$

（2）建模方案②有限元分析列式。根据单元刚度矩阵计算式，计算出该单元的刚度矩阵，为

$$
\boldsymbol{K}=\begin{bmatrix}
0.4889 & 0.1667 & -0.2889 & -0.03333 & -0.2444 & -0.1667 & 0.04444 & 0.03333 \\
0.1667 & 0.4889 & 0.03333 & 0.04444 & -0.1667 & -0.2444 & -0.03333 & -0.2889 \\
-0.2889 & 0.03333 & 0.4889 & -0.1667 & 0.04444 & -0.03333 & -0.2444 & 0.1667 \\
-0.03333 & 0.04444 & -0.1667 & 0.4889 & 0.03333 & -0.2889 & 0.1667 & -0.2444 \\
-0.2444 & -0.1667 & 0.04444 & 0.03333 & 0.4889 & 0.1667 & -0.2889 & -0.03333 \\
-0.1667 & -0.2444 & -0.03333 & -0.2889 & 0.1667 & 0.4889 & 0.03333 & 0.04444 \\
0.04444 & -0.03333 & -0.2444 & 0.1667 & -0.2889 & 0.03333 & 0.4889 & -0.1667 \\
0.03333 & -0.2889 & 0.1667 & -0.2444 & -0.03333 & 0.04444 & -0.1667 & 0.4889
\end{bmatrix}
$$

该结构只有一个单元，因此，总的刚度矩阵就是该矩阵，该系统的刚度方程为

$$\underset{(8\times8)}{\boldsymbol{K}}\ \underset{(8\times1)}{\boldsymbol{q}}=\underset{(8\times1)}{\boldsymbol{F}}$$

单元的位移场、应变场和应力场同样可由式（3-29）、式（3-32）以及式（3-35）计算。可求出节点位移和支反力，为

$$u_2=-4.09091, v_2=-4.09091, u_3=4.09091, v_3=-4.09091, v_4=0$$

$$F_{Rx1}=1, F_{Ry2}=0, F_{Rx4}=-1$$

那么，系统的节点位移列阵为

$$\begin{aligned} q &= (u_1\quad v_1\quad u_2\quad v_2\quad u_3\quad v_3\quad u_4\quad v_4)^{\mathrm{T}} \\ &= (0\quad 0\quad -4.09091\quad -4.09091\quad -4.09091\quad -4.09091\quad 0\quad 0)^{\mathrm{T}} \end{aligned}$$

单元位移场为

$$\boldsymbol{u}=\begin{pmatrix}u\\v\end{pmatrix}=\begin{pmatrix}-4.09091(x-2xy)\\-4.09091x\end{pmatrix}$$

应变场为

$$\boldsymbol{\varepsilon}=\begin{bmatrix}\varepsilon_x\\\varepsilon_y\\\gamma_{xy}\end{bmatrix}=\begin{bmatrix}-4.09091(1-2y)\\0\\-4.09091(1-2x)\end{bmatrix}$$

应力场为

$$\boldsymbol{\sigma}=\begin{bmatrix}\sigma_x\\\sigma_y\\\tau_{xy}\end{bmatrix}=\begin{bmatrix}-4.3636(1-2y)\\-1.09091(1-2y)\\-1.63636(1-2x)\end{bmatrix}$$

思考题

3.1　有限元方法出现之前，专家学者们都致力于研究力学分析的简化方法，随着计算机出现和软硬件技术发展，有限元方法应运而生，成为结构分析领域的中流砥柱。各个技术领域之间往往具有联动性，因此我们需要以动态的关联的眼光看问题，不可只局限于狭窄的领域而看不清事物发展的真正走向。请大家结合自己的认识，开动脑筋，谈一谈有限元方法和有限元软件技术的下一次技术革命有可能是什么？在这次技术革命中，我们新时代国人又能承担哪些任务？

3.2　同样使用木工工具，鲁班就能做出精妙复杂的结构，而常人则不能；同样的有限元分析软件，高手能用其解决复杂的结构分析问题，而一般人即使勉强建模计算也对计算结果是否正确没有把握。请大家想一想这是为什么？我们如何能成为“鲁班”？

习 题

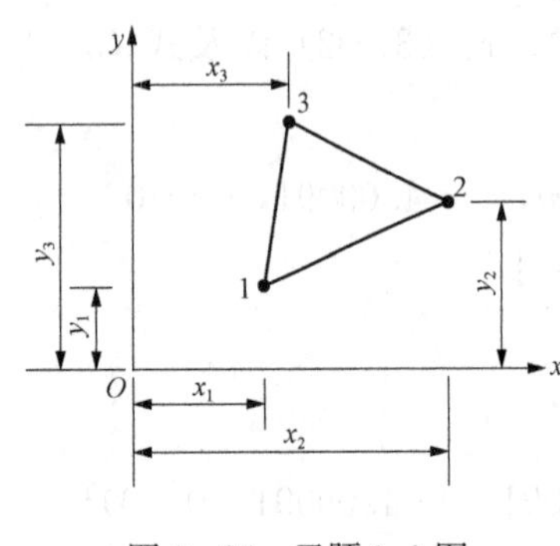

图 3-25　习题 3.1 图

3.1　在图 3-25 中定义了 x，y 坐标系中的一个二节点的三角单元，三节点为 1、2 和 3，分别坐落在全局系统的（x_1，y_1），（x_2，y_2）和（x_3，y_3）上。根据全局坐标推导形状函数。

3.2　图 3-26 显示一个 x，y 坐标系中的四边单元。节点坐落在如图所示的坐标点上，并且在每个坐标点上的温度分布是已知的，为 $T_1=100°$，$T_2=60°$，$T_3=50°$和 $T_4=90°$。使用在题 3.1 中导出的形状函数计算在 $x=2.5$ 和 $y=2.5$ 处的温度。

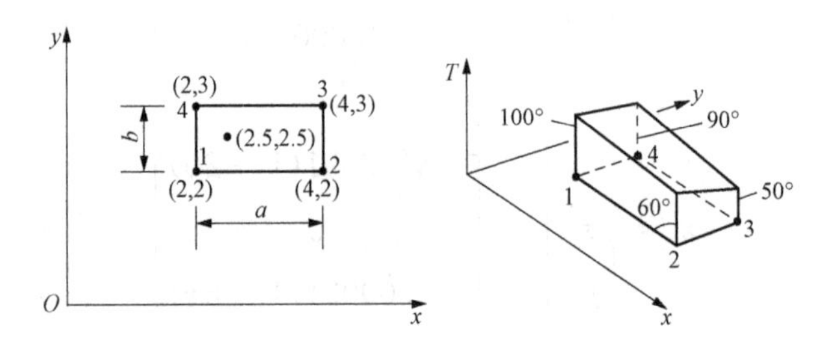

图 3-26　习题 3.2 图

3.3　假设在图 3-27 中的三角单元的节点 1 和 2 之间有一均匀变化的压强负载 p_x，使用积分公式计算在节点 1 和 2 的负载分布。

3.4　推导在图 3-28 所示的九节点矩形单元的形状函数。

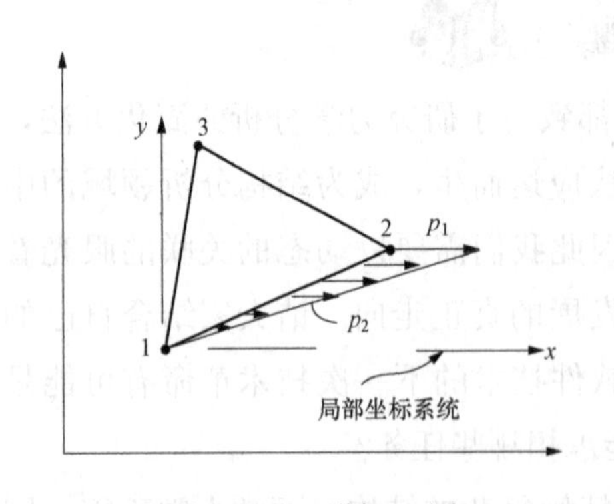

图 3-27　习题 3.3 图

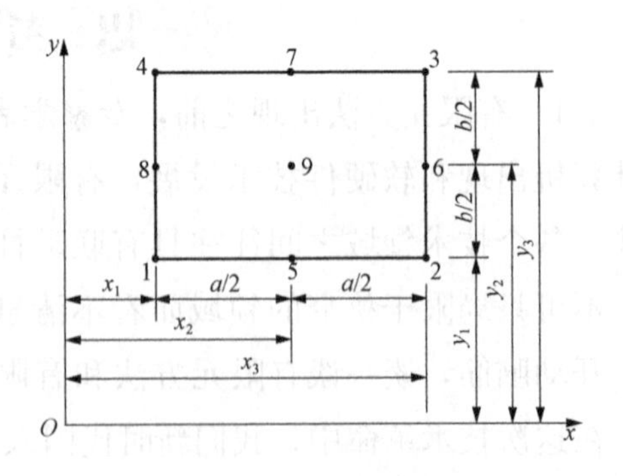

图 3-28　习题 3.4 图

3.5　图 3-29 中的矩形单元在节点 2 处被一个斜面支撑，以至于平行于斜面的位移为零，$U_{2\xi}=0$。构造变换矩阵和变换后并能考虑此种边界条件类型的局部刚度矩阵。

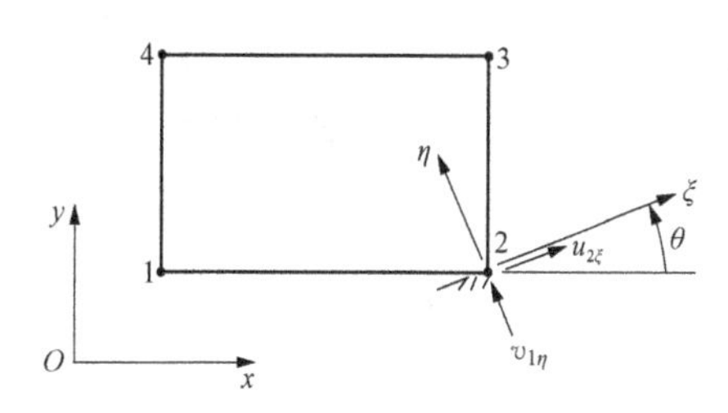

图 3-29　习题 3.5 图

3.6　使用三节点三角单元讨论用 r，z 坐标表示的二维轴对称弹性问题局部刚度矩阵的公式。

3.7　当对 z 坐标的依赖性可以忽略不计时，一个平面弹性问题可用极坐标表示。假设在极坐标系 r，θ 中有一个四节点单元，其中 θ 用弧度表示，推导形状函数和相应的 $[B]$ 矩阵。

3.8　一三角单元有位于（$x_1=1$，$y_1=1$），（$x_2=6$，$y_2=1$）和（$x_3=3$，$y_3=4$）的节点。已计算出一函数在节点处的函数值为 $\phi_1=900$，$\phi_2=600$ 和 $\phi_3=1200$。使用一三节点三角单元的插值函数计算 ϕ 在（$x=3$，$y=4$）处的值。

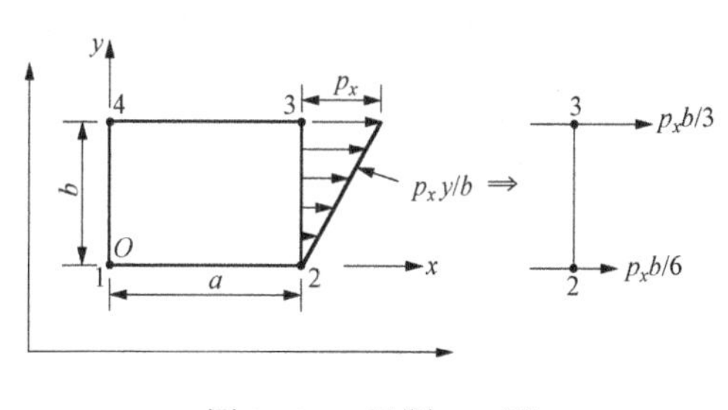

图 3-30　习题 3.9 图

3.9　在矩形单元上有一个均匀变化的压强负载，如图 3-30 所示，并在单元坐标系统中可描述为 $T_x=p_x y/b$ 和 $T_y=0$，确定加载到节点 2 和 3 的压强分布。

3.10　推导一平面弹性三节点三角形有限单元的局部刚度矩阵。

3.11　一定常均匀压强 p_x 分布于一个三角形有限单元介于在 x 坐标方向上节点 1 与 2 的一条边上。确定在每个节点上力的分布。

3.12　假设一均匀的体力作用于一个三角形单元模拟的平面弹性问题。假定 $\int_V [N]^{\mathrm{T}} f \mathrm{d}V = \int_V \begin{Bmatrix} N_1 \\ N_2 \\ N_3 \end{Bmatrix} t \mathrm{d}A$，计算体力在每个节点上的分布。

3.13　已经导出一个弹性问题的三节点三角单元，并把位移的全部 x 分量都放在解向量的前面，使得 $\{u\}^{\mathrm{T}}=\{u_1 \quad u_2 \quad u_3 \quad v_1 \quad v_2 \quad v_3\}^{\mathrm{T}}$。推导一个对位移重新排序的变换矩阵，使得位移符合更传统的编号顺序，$\{u\}^{\mathrm{T}}=\{u_1 \quad u_2 \quad u_3 \quad v_1 \quad v_2 \quad v_3\}^{\mathrm{T}}$。

3.14　推导四节点四边形参数单元的插值函数。

3.15　如图 3-31 所示的平面四边形单元模型。利用由题 3.15 给出的四边形插值函数证明坐标点（$x=7.0$，$y=6.0$）对应于广义空间中的点（1，1）。另外，对 $\xi=0.5$ 和 $\eta=-0.5$，确定其在整体坐标系中的坐标。

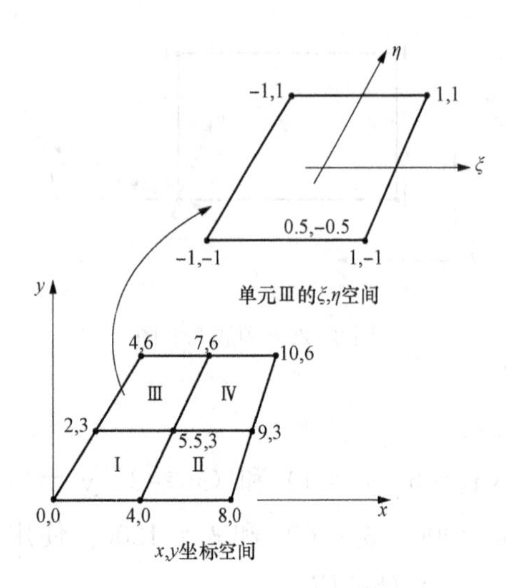

图 3-31　习题 3.15 图

3.16　试由等参数母单元和相应的等参数变形单元，求出关于初始坐标 x、y 的偏导数与关于广义坐标 ξ、η 的偏导数之间的变换关系。

3.17　计算四节点等参数有限元的 Jacobi 矩阵。

3.18　设图 3-32 中所示的八节点四边形等参数单元受到均匀压力荷载的作用，即在由节点 1，8，4 确定的边界上受到的压力荷载的分布情况。

3.19　如图 3-33 所示结构，各杆完全相同，弹性模量 $E=210\text{GPa}$，横截面积 $A=1.5\times10^{-4}\text{m}^2$，长度 $l=5\text{m}$。求该结构的各单元刚度矩阵和总体刚度矩阵。

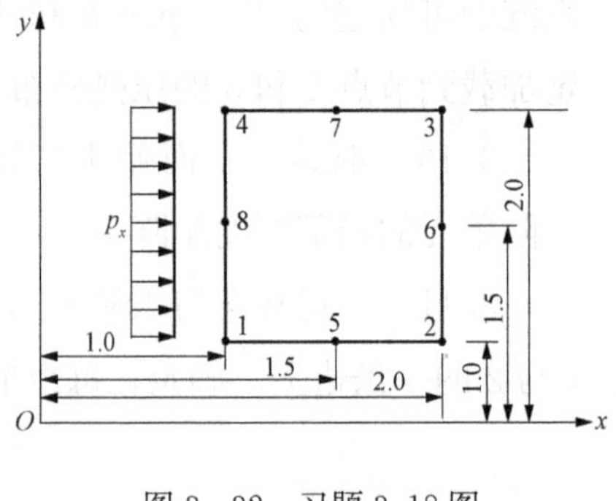

图 3-32　习题 3.18 图

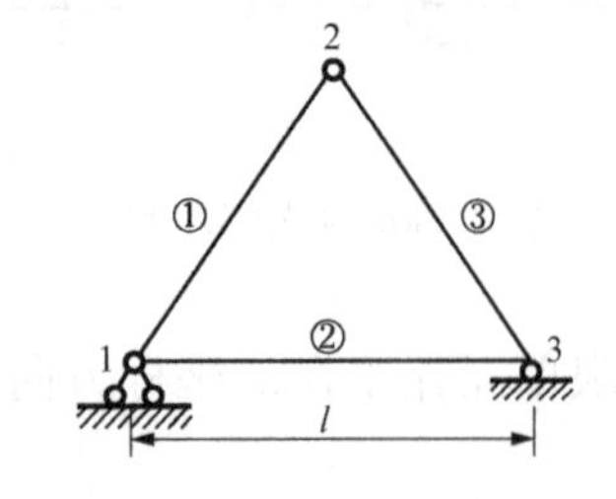

图 3-33　习题 3.19 图

3.20　如图 3-34，两跨桁架各杆完全相同，弹性模量 $E=210\text{GPa}$，横截面积 $A=1.5\times10^{-4}\text{m}^2$，长度为 5m。载荷 F 竖直向下，大小为 20kN。求：

（1）该桁架的总体刚度矩阵；

（2）各节点的节点位移；

（3）各杆的应力。

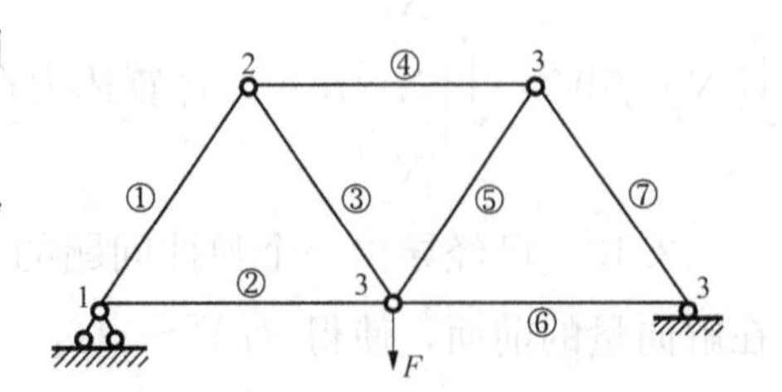

图 3-34　习题 3.20 图

3.21　如图 3-35 所示钢架结构，假定 $E=210\text{GPa}$，$I=5\times10^{-5}\text{m}^4$，$L=5\text{m}$，$A=0.04\text{m}^2$，求该钢架结构单元①和单元②的刚度矩阵。

3.22　如图 3-36 所示的梁结构。假定 $E=210\text{GPa}$，$I=5\times10^{-5}\text{m}^4$，$F=15\text{kN}$，

$L=3\text{m}$。求：

（1）该结构的总体刚度矩阵；

（2）节点2的垂直位移；

（3）节点1和节点2的转角；

（4）节点1和节点3的支反力；

（5）每个单元的力（剪力和弯矩）。

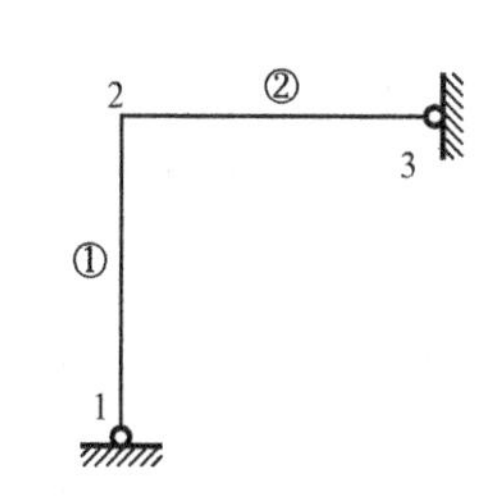

图3-35　习题3.21图

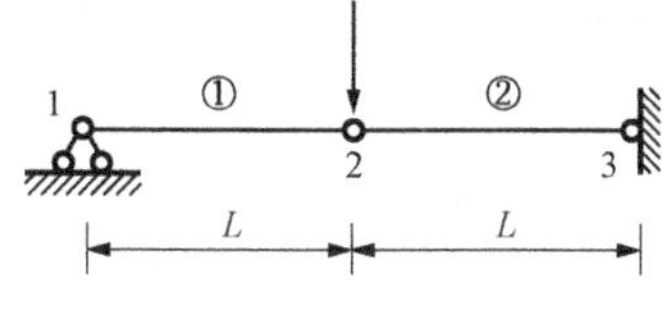

图3-36　习题3.22图

3.23　如图3-37所示的某单元，已知节点编号为 i、j、m。其坐标分别为（2，2）、（6，3）、（5，6）。试根据三角形单元的性质，写出其形状函数 N_i、N_j、N_m 及单元的应变矩阵［B］。

3.24　如图3-38所示的三角形单元，已知其厚度为 t，弹性模量为 E，设泊松比 $\mu=0$。试求：

（1）形状函数矩阵［N］；

（2）应变矩阵［B］；

（3）应力矩阵［S］；

（4）单元应力矩阵［K］。

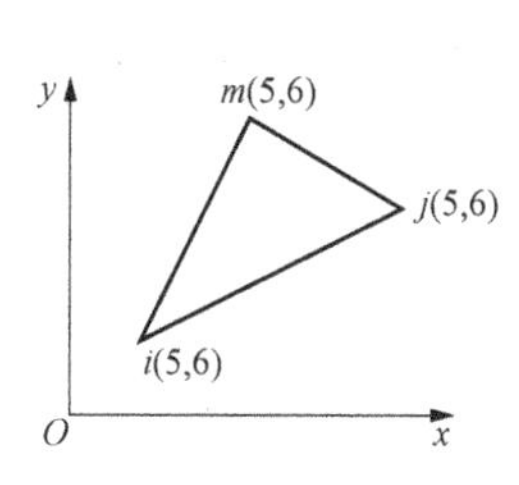

图3-37　习题3.23图

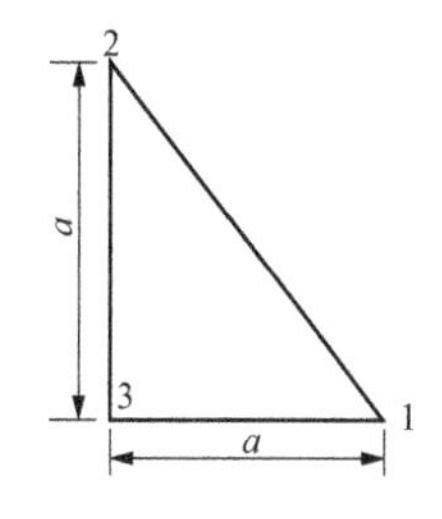

图3-38　习题3.24图

3.25　如图3-39所示的矩形单元，已知边长分别为 $2a$ 和 $2b$，坐标原点取在单元的中心。设位移函数为

$$\begin{cases} U=\alpha_1+\alpha_2 x+\alpha_3 y+\alpha_4 xy \\ V=\alpha_5+\alpha_6 x+\alpha_7 y+\alpha_8 xy \end{cases}$$

试推导单元内部任一点的位移 u、v 与4个点位移之间的关系式。

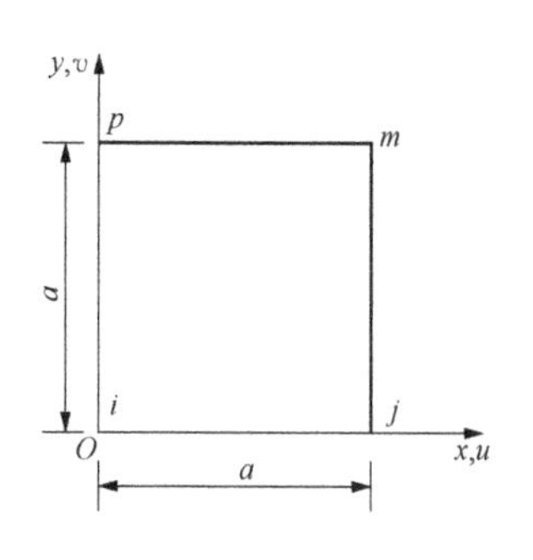

图3-39　习题3.25图

3.26　如图3-40所示的正方形单元，已知边长为 α，该单元的厚度为1个单位，设泊松比 $\mu=0.2$. 设位移函数为

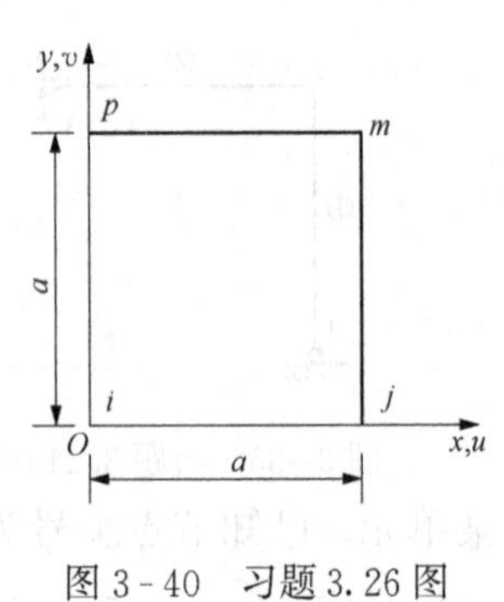

图 3-40　习题 3.26 图

$$\begin{cases} U=\alpha_1+\alpha_2 x+\alpha_3 y+\alpha_4 xy \\ V=\alpha_5+\alpha_6 x+\alpha_7 y+\alpha_8 xy \end{cases}$$

试具体计算出此正方形单元在平面应变时的单元刚度矩阵。

3.27　如图 3-41（a）所示的悬臂深梁，已知在右端作用着均匀分布的剪力，其合力为 P，采用如果 3-41（b）所示的简单网格，设 $\mu=\frac{1}{3}$，厚度为 t，试求节点位移。

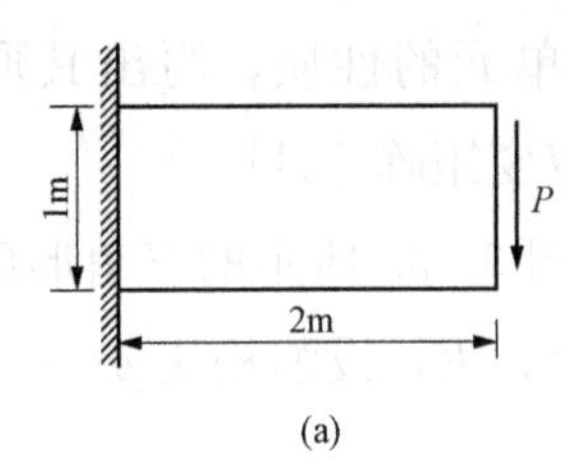

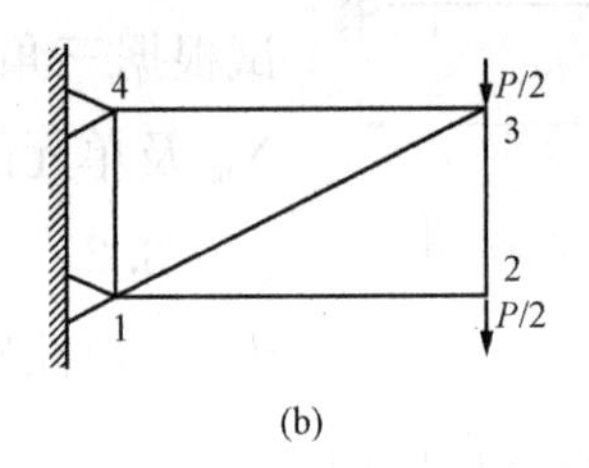

图 3-41　习题 3.27 图

（a）悬壁深深；（b）简单网格

3.28　分别用一点和两点阶高斯积分计算以下积分，并与精确值进行比较。

$$I=\int_{-1}^{1}(2x^3+x^2-x)\mathrm{d}x$$

第4章 非线性有限元

4.1 材料非线性有限元法

严格地说，工程中所有的问题都是非线性的，为适应工程问题的需要，在解决某些具体问题时，往往忽略次要因素，将它们近似地作为线性问题处理，这也是完全合理的，在很多情况下，也是满足工程要求的。但是不能因此认为一切问题均可以简化为线性问题，还必须注意到有许多工程问题，应用非线性理论才能得到符合实际的结果。为适应工程应用的需要，非线性有限元是目前进行非线性问题数值计算中最有效的方法之一。

前几章所讨论的有限元问题，具有线性弹性力学基本方程的特点，即：

（1）表征材料应力应变关系的本构方程是线性的。

（2）描述应变和位移之间关系的几何方程是线性的。

（3）建立于变形前状态的有限元法平衡方程仍然适用于变形后的体系，即变形对平衡条件的影响是高阶微量，可以忽略。

（4）结构的边值条件是线性的。

工程实际问题中，上述四条往往不能同时满足，人们习惯把不满足上述条件（1）的称为材料非线性，条件（2）、（3）不能满足时称为几何非线性，条件（4）不满足时称为边界非线性。

4.1.1 材料非线性

材料非线性问题是由材料的非线性应力应变关系（本构关系）引起的。这类问题表现为非线性弹性与弹塑性。

非线性弹性与弹塑性材料中的塑性阶段均呈现非线性物理性质，如果按加载过程考察，这两类问题的非线性性质是类似的，只要能给出它们的非线性本构关系，其计算方法是完全一样的。但是，它们有明显的不同点：一是弹塑性材料有一个从弹性进入塑性的转折点；二是考察卸载过程就会出现不同的物理现象。非线性弹性问题是可逆的，即卸载过程的载荷应变曲线与加载过程的曲线吻合，卸载后结构应变会恢复到加载前的水平。而弹塑性材料的变形是部分不可逆的（出现不可逆应变），即弹性部分是可逆的，塑性部分是不可逆的，且卸载时的载荷—应变曲线呈现线性关系。再加载时会出现残余应变和大于初始弹性极限的弹性区域，从而导致应力-应变关系的不唯一性，且与加载历史有关。这是有限元分析中必须注意的一个问题。

另外，有些材料是非线性的，在常应力条件下，变形与时间有关，即产生徐变，徐变随着载荷作用期的延长而增大。

上述材料的应变随时间变化的特性称为黏性，黏性材料的本构关系与时间有关。在结构分析中常会遇到各种本构关系的材料，如弹塑性材料，黏弹性材料，弹性、塑性、黏性材料等。

4.1.2 几何非线性

几何非线性是由结构变形的大位移所造成的。前面几章在讨论线性弹性力学问题时，均隐含一个假设：结构在外载荷作用下产生的位移及应变都是很小的，在建立结构或微元体的平衡条件时，可以不考虑物体位置和形态的变化，也就是用变形前的状态建立平衡条件。同时，还认为应变与变形之间存在线性关系。因此，在线性有限元计算中，仍假定结构加载过程中单元的几何形态基本不变。这实质上是一种线性近似，它的近似包含了两个方面：一是应变与位移之间做了线性化处理，而忽略高阶应变的小量，即 $\varepsilon = \boldsymbol{B}u$ ，其中 $\boldsymbol{B}$ 为线性应变矩阵；二是把平衡方程的坐标系建立在平衡前初始坐标系上，即将结构变形后平衡状态用变形前初始结构平衡状态不做任何修正地加以描述。

在线性问题中，物体的变形是由位移的一阶微分求得的，当变形很大而不能忽略高阶微分量时，必须考虑几何非线性问题。如果变形后的位置对平衡方程产生不可忽略的影响，也必须考虑几何非线性问题。如两端固定、水平放置的悬索的内力分析，悬索与水平线的夹角对索的内力起关键作用，因而在铅垂荷载作用下，其夹角的变化不能忽略，必须按几何非线性问题求解。

4.1.3 边界非线性问题

若材料是弹性的，变形又是小变形，但由于边界条件的变化也会产生非线性问题。边界非线性问题最多的是接触问题。如图 4-1 所示，梁下边有一柱子，开始柱顶与梁底有一微小的间隙 Δ。当梁的挠度 $\omega \leqslant \Delta$ 时，梁单独受力，处于弹性状态时，$F_P-\omega$ 关系为直线。当 $\omega_i>\Delta$ 时，梁与柱子共同受力，若系统仍处于弹性状态，则 $F_P-\omega$ 关系为两段直线，但斜率不同。尽管在两段均是分段线性的，但从整个加载过程来看，仍然是非线性关系。

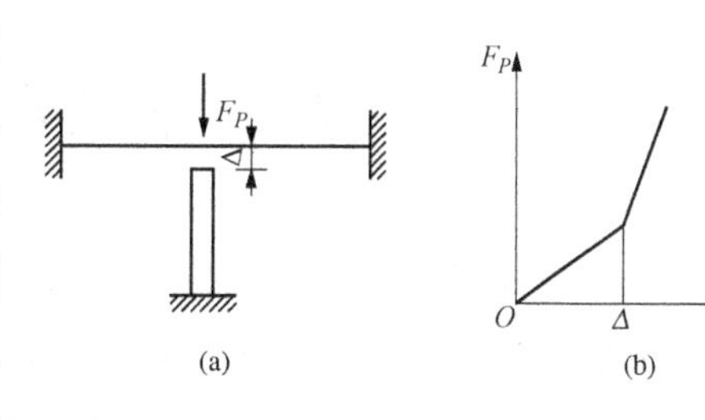

图 4-1　边界非线性

(a) 结构图；(b) $F_P-\omega$ 关系图

另外，如建筑物基础与地基之间，基础桩与周围土壤之间，钢筋与混凝土之间，压路机与路面的轮轨之间均有接触问题。在受力过程中接触面除了几何形态发生变化以外，接触面的本构关系也有非线性关系，分析这类问题就更加困难，故常采用数值解。

在土木工程中，材料非线性问题及几何非线性问题更为普遍。

用位移有限元法分析结构时，最后归结为组代数方程组，即

$$[K][\omega]=[F_P] \tag{4-1}$$

式中，$[K]$ 为总刚度矩阵；$[\omega]$ 为节点位移列阵；$[F_P]$ 为节点荷载列阵。

在线弹性结构中，$[K]$ 是常量。在非线性问题中，$[K]$ 是变量，随结构的内力（应力）变化而变化。但无论如何，总体刚度矩阵可由单元刚度矩阵按标准方法集合而成，即

$$[K]=\sum_n [K_e]=\sum_n \int [B]^{\mathrm{T}}[D_e][B]\mathrm{d}V$$

式中，$[K_e]$ 为单元刚度矩阵；$\sum\limits_n$ 为表示将单元刚度矩阵集合为总刚度矩阵；$[B]$ 为几何矩阵建立节点位移与单元应变之间的关系，即

$$[\varepsilon]=[B][\omega]$$

$[D_e]$ 为材料本构矩阵，即

$$[\sigma]=[D_e][\varepsilon]$$

在线弹性材料中，$[D_e]$ 是常量，通常称为弹性矩阵。在材料的非线性问题中，$[D_e]$ 为应力状态的函数，即

$$[D_e]=f\{[\sigma]\}$$

在几何非线性问题中 $[\omega]$ 与 $\{\varepsilon\}$ 不呈线性关系，$[B]$ 是 $[\omega]$ 的函数。

对于材料的非线性问题求解，重要的是本构矩阵的变化规律和非线性方程的求解。

4.2 材料本构关系简述

理论上，已有的本构模型主要有弹性理论，非线性弹性理论，弹塑性理论，黏弹性、黏塑性理论，断裂力学理论，损伤力学理论和内时理论等。为了对比在建立本构关系中应用的各种理论模型的特点，以一维问题为例，对已有理论模型作简单的回顾。

4.2.1 线弹性本构关系

应力应变在加载或卸载时呈线性关系，即服从胡克定律，如图 4-2（a）所示，其表达式为

$$\sigma = E\varepsilon \tag{4-2}$$

弹性关系中应力状态与应变状态呈一一对应关系，并且呈线性关系，称为线弹性。在实际结构设计中，线弹性仍然是应用很广泛的本构模式。早期混凝土有限元分析中在混凝土受压时也近似采用这一关系。

4.2.2 非线性弹性关系

如图 4-2（b）所示，应力和应变不成正比，但有一一对应关系。卸载后没有残余变形，应力状态完全由应变状态决定，而与加载历史无关，表示为

$$\left.\begin{aligned} \sigma &= E(\sigma)\varepsilon \\ \mathrm{d}\sigma &= E(\sigma)\mathrm{d}\varepsilon = E_t\mathrm{d}\varepsilon \end{aligned}\right\} \tag{4-3}$$

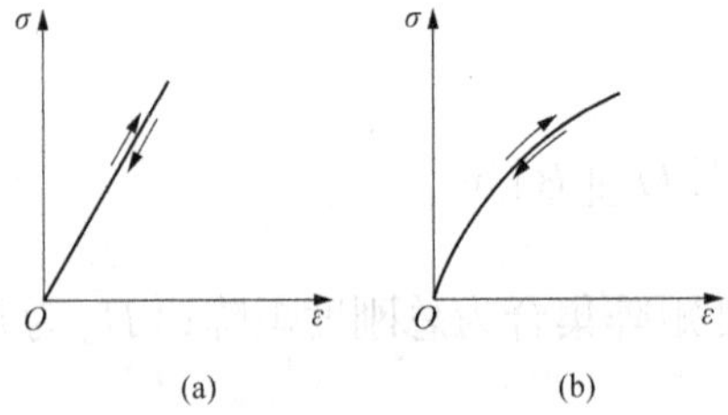

式中，弹性模量 E 是应力水平（或应变大小）的函数。如果找到了 $E(\sigma)$ 的合适表达式，则它可以较好地描述材料在单调加载条件下的应力应变关系。

图 4-2 弹性本构关系

（a）线弹性本构关系；（b）非线弹性关系

4.2.3 弹塑性关系

在变形体材料加载后卸载时产生不可恢复的变形称为塑性变形，基于这一现象，建立了塑性理论。图 4-3（a）为典型的钢材单向拉伸时的 σ-ε 曲线。当 $\sigma < \sigma_y$ 时，σ 与 ε 呈弹性关系，即 $\sigma = E\sigma$；当 $\sigma > \sigma_y$ 时，则产生塑性变形，即 $\sigma = \Phi(\varepsilon)$，$\varepsilon = \varepsilon^e + \varepsilon^p$，其中 ε^e 在卸载时可以恢复，称为弹性变形部分，ε^p 不可恢复，称为塑性变形。全过程可以分为若干阶段，OA 称为弹性阶段，AB 称为流动阶段，BC 称为硬化阶段。在一般情况下，根据材料的不同条件做不同的简化。常用的简化模型如下：

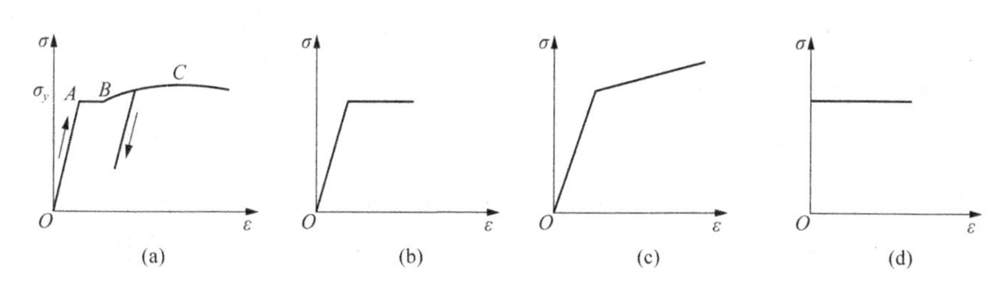

图 4-3　非线性 σ-ε 曲线

(a) 钢材的 σ-ε 曲线；(b) 理想弹塑性模型；(c) 线性强化弹塑性模型；(d) 刚塑性模型

(1) 理想弹塑性模型［见图 4-3 (b)］。当材料流动阶段较长而结构应变又不太大时，强化阶段可以忽略，而简化为理想弹塑性材料。其应力应变关系为

$$\left.\begin{aligned}&|\sigma|<\sigma_y,\varepsilon=\sigma/E\\&|\sigma|=\sigma_y\begin{cases}\varepsilon=\dfrac{\sigma}{E}+\lambda\mathrm{sign}\sigma & \sigma\mathrm{d}\sigma\geqslant 0(\text{加载})\\ \mathrm{d}\varepsilon=\dfrac{\mathrm{d}\sigma}{E} & \sigma\mathrm{d}\sigma<0(\text{卸载})\end{cases}\end{aligned}\right\}\tag{4-4}$$

式中，$\lambda\geqslant 0$ 为参数；sign 为数学符号，它表示

$$\mathrm{sign}\sigma=\begin{cases}1 & \sigma>0\\0 & \sigma=0\\-1 & \sigma<0\end{cases}\tag{4-5}$$

(2) 线性强化弹塑性模型［见图 4-3 (c)］。当材料有明显的强化作用时，为计算简单，将弹性阶段与强化阶段用两条直线表示，即

$$\left.\begin{aligned}&|\sigma|\leqslant\sigma_y,\ \varepsilon=\frac{\sigma}{E}\\&|\sigma|>\sigma_y,\ \varepsilon=\frac{\sigma}{E}+(|\sigma|-\sigma_y)\left[\frac{1}{E'}-\frac{1}{E}\right]\mathrm{sign}\sigma(\text{加载})\\&\mathrm{d}\varepsilon=\mathrm{d}\sigma/E \qquad\qquad (\text{卸载})\end{aligned}\right\}\tag{4-6}$$

(3) 一般加载规律（见图 4-4）在塑性及强化段，应力-应变为一般的曲线关系，即

$$\sigma=\Phi(\varepsilon)\tag{4-7}$$

依留辛建议表达式为

$$\sigma=E\varepsilon[1-\omega(\varepsilon)]\tag{4-8}$$

其中
$$\begin{cases}\omega(\varepsilon)=0 & |\varepsilon|\leqslant\varepsilon_y\\ \omega(\varepsilon)=\dfrac{E\varepsilon-\Phi(\varepsilon)}{E\varepsilon} & |\varepsilon|>\varepsilon_y\end{cases}$$

由图 4 - 4 可知，$\omega(\varepsilon)=\overline{AC}/\overline{AB}$ 。它表示了应力 - 应变关系偏离线性关系的程度。在非线性方程用迭代法求解时也很方便。

(4) 刚塑性模型［见图 4 - 3 (d)］。在总的变形中，若可恢复的弹性变形所占比例很小，即 $\varepsilon^e << \varepsilon^p$ 时，为简化计算常忽略弹性变形部分，即认为 $\sigma < \sigma_y$ 时 $\varepsilon \approx 0$ 。这种关系称为刚塑性模型，这在计算结构所能承担的极限荷载时常应用。

(5) 强化模型。在应力改变符号并产生反方向的屈服时，根据其屈服极限变化的不同，此时常采用以下两种简化模型。

1) 等强强化模型。即拉伸和压缩时的强化屈服极限是相等的，即

$$\sigma_y^+ = \sigma_y^- = \varphi\left(\int d\varepsilon^p\right) \tag{4-9}$$

其屈服极限值取决于历史上达到的绝对最高应力值，它与塑性变形的总和有关，如图 4 - 5 中的 $BO'B''$ 曲线。

2) 随动强化模型。该模型认为弹性的范围不变，如图 4 - 5 中的卸载并反向加载的应力 - 应变曲线之原点从 O 移到 O'，如图 4 - 5 中的 BOB' 曲线。因而有

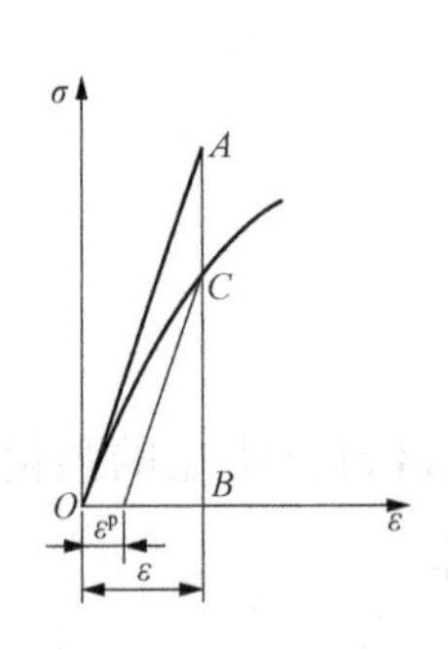

图 4 - 4　塑性及强化模型

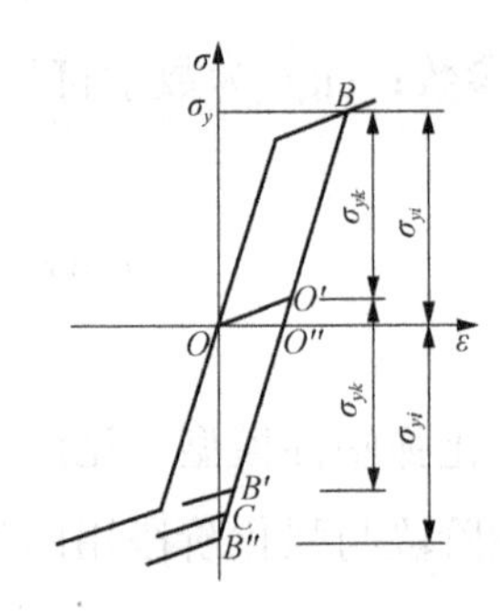

图 4 - 5　强化模型

$$\sigma_y = |\sigma - H(\varepsilon^p)| \tag{4-10}$$

在线性强化阶段可写为

$$\sigma_y = |\sigma - C\varepsilon^p|$$

对比金属实验的数据，实际上的屈服极限值介于上述两种假设之间，因而有的学者又提出混合强化的模型，如图 4 - 5 中的 BC 曲线。

由于塑性理论中应力状态与加载历史和加载路径有关，可以较好地描述结构在各种复杂加载过程中的应力 - 应变状态。因而得到了广泛的应用。

4.2.4　流变学模型

弹性变形仅与应力状态有关，塑性变形不仅与应力状态有关，而且与加载历史

和加载路径有关，但这两种变形都与时间无关。对混凝土材料来讲，其变形是与时间有关的，它存在着徐变和应力松弛现象。所谓徐变，是指在应力不变的情况下，其变形随时间而增加。与徐变现象相对应的效应是松弛，即当变形体的变形固定时，其应力会随时间而逐渐衰减。针对这一特性，有些学者提出了应用黏弹性或黏塑性理论模型的建议。

黏弹性与黏塑性理论采用了三种基本的、具有理想力学特性的力学元件，并用这三种力学元件串联、并联（可重复应用）组合成具有各种复杂力学性能的模型，有些学者称这种组合模型为流变学模型。

由于流变学模型可在广义范围内研究材料的流动和变形，因而不少学者应用流变学模型来描述混凝土材料的本构关系。下面介绍流变学中常用的几种基本元件。

（1）理想弹性元件。如图 4-6（a）所示，通常又称为胡克（Hooke）体或弹簧元件。它可以想象成一个弹簧。以 σ 表示应力，以 ε 表示应变，两者呈正比关系，即

$$\sigma = E\varepsilon \tag{4-11}$$

式中，E 为弹性常数。如果 σ 为正应力，ε 为相应的正应变，则 E 即为弹性模量。如果 σ 为切应力，ε 为切应变，则 E 为切变模量。

（2）黏性元件。如图 4-6（b）所示，通常又称牛顿（Newton）体或阻尼器。它可以想象为一个活塞在充满了黏性液体的圆筒中运动。以 σ 表示应力，ε 表示应变，$\dot{\varepsilon}$ 表示应变速率，则有

$$\sigma = \eta\dot{\varepsilon} \tag{4-12}$$

式中，η 为黏性系数；$\dot{\varepsilon}$ 为应变速率，$\dot{\varepsilon} = \mathrm{d}\varepsilon/\mathrm{d}t$ 。

（3）理想塑性元件。如图 4-6（c）所示，通常又称圣维南体或滑块元件。它可以想象成有摩擦阻力 f 的两个滑块，即有如下关系：

$$\left.\begin{array}{ll} \sigma < f & \varepsilon = 0 \\ \sigma = f & \varepsilon = \text{任意值(取决于其他条件)} \end{array}\right\} \tag{4-13}$$

注意，滑块滑动时，不论应变多大，均有

$$\sigma = f \tag{4-14}$$

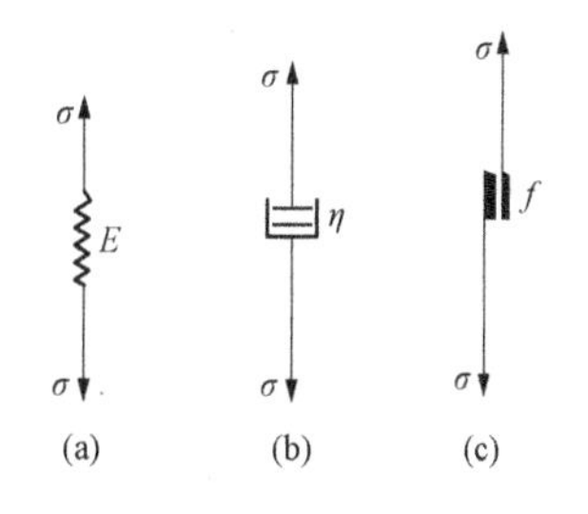

图 4-6　流变学模型

（a）理想弹性元件；（b）黏性元件；（c）理想塑性元件

上述三种元件，都是高理想化的结果。实际材料的本构方程要复杂得多，但在一定条件下可用以上元件进行组合去表示各种复杂的本构关系，例如麦克斯韦（Maxwell）模型。

麦克斯韦模型由弹性元件和黏性元件组成。它可以表示黏弹性体。设所受应力为 σ ，弹性元件的应变为 ε_1 ，黏性元件的应变为 ε_2 ，则系统总应变 ε 为两者之和，即

$$\varepsilon = \varepsilon_1 + \varepsilon_2 \tag{4-15}$$

其中

$$\varepsilon_1 = E\sigma(\text{弹性})$$

$$\varepsilon_2 = \eta\sigma(\text{黏性})$$

用更多的不同的元件可以组成更复杂的结构模型。

4.3 非线性弹性本构关系

4.3.1 概述

线弹性应力-应变关系可用广义胡克定律表示为

$$\sigma_{ij} = C_{ijkl}\varepsilon_{kl} \tag{4-16}$$

式中：σ_{ij} 为应力张量，是二阶对称张量；ε_{kl} 为应变张量，也是二阶对称张量；C_{ijkl} 为材料弹性常数，三维空间中的四阶张量。

用矩阵表示应力、应变为

$$[\sigma] = \{\sigma_x \quad \sigma_y \quad \sigma_z \quad \tau_{xy} \quad \tau_{yz} \quad \tau_{zx}\}^{\mathrm{T}} \tag{4-17}$$

$$[\varepsilon] = \{\varepsilon_x \quad \varepsilon_y \quad \varepsilon_z \quad \gamma_{xy} \quad \gamma_{yz} \quad \gamma_{zx}\}^{\mathrm{T}} \tag{4-18}$$

则线弹性关系可用矩阵表示为

$$[\sigma] = [D][\varepsilon] \tag{4-19}$$

式中，$[D]$ 为材料本构关系矩阵。

$[D]$ 有 6×6（=36）个元素，在弹性力学中已经证明它是对称的，因而只有 21 个独立常数。对于正交各向同性体，则独立的材料弹性常数只有两个。

这两个常数常用弹性模量 E 和泊松比 ν，或者用体积模量 K 和切变模量 G 表示。用 E、ν 表示时，有

$$[D] = \frac{E}{(1+\nu)(1-2\nu)}\begin{bmatrix} 1-\nu & \nu & & & & \\ \nu & 1-\nu & & & & \\ \nu & \nu & 1-\nu & & & \\ & & & \frac{1-2\nu}{2} & & \\ & 0 & & 0 & \frac{1-2\nu}{2} & \\ & & & 0 & 0 & \frac{1-2\nu}{2} \end{bmatrix} \tag{4-20}$$

用 K、G 表示时，有

$$D=\begin{pmatrix} K+\frac{4}{3}G & & & & & \\ K-\frac{2}{3}G & K+\frac{4}{3}G & & & & \\ K-\frac{2}{3}G & K-\frac{2}{3}G & K+\frac{4}{3}G & & & \\ & & & G & & \\ & 0 & & 0 & G & \\ & & & 0 & 0 & G \end{pmatrix} \tag{4-21}$$

因为只有两个常数是独立的，所以这四个常数间的关系为

$$\left.\begin{aligned} K=\frac{E}{3(1-2\nu)} \qquad G=\frac{E}{2(1+\nu)} \\ E=\frac{9KG}{2K+G} \qquad \nu=\frac{3K-2G}{2(3K+G)} \end{aligned}\right\} \tag{4-22}$$

在力学分析中，有时将应力张量分解为球张量与偏张量，设

$$\sigma_m=\frac{1}{3}(\sigma_x+\sigma_y+\sigma_z)=\frac{1}{3}\sigma_{kk}=\frac{I_1}{3} \tag{4-23}$$

为平均应力，取应力偏量

$$S_{ij}=\sigma_{ij}-\sigma_m\delta_{ij} \tag{4-24}$$

则应力张量可分解为两部分

$$\sigma_{ij}=\sigma_m\delta_{ij}+S_{ij} \tag{4-25}$$

同样，将应变张量分解为

$$e_{ij}=\varepsilon_{ij}-\frac{1}{3}\varepsilon_\nu\delta_{ij} \tag{4-26}$$

其中 $\varepsilon_\nu=\varepsilon_x+\varepsilon_y+\varepsilon_z$ 表示体积变形。则对球张量，体积变形与平均应力成正比，即有

$$\varepsilon_m=K\varepsilon_\nu=K(\varepsilon_x+\varepsilon_y+\varepsilon_z) \tag{4-27}$$

对偏张量，有

$$S_{ij}=\frac{E}{1+\nu}e_{ij}=2Ge_{ij} \tag{4-28}$$

式（4-26）中，δ 为 Kronnecker 算子，若 $i=j$，$\delta_{ij}=1$；$i\neq j$，$\delta_{ij}=0$。使用张量符号，弹性关系又可表示为

$$\varepsilon_{ij}=\frac{\sigma_{kk}}{9K}\delta_{ij}+\frac{1}{2G}S_{ij} \tag{4-29}$$

或

$$\sigma_{ij} = K\varepsilon_V\delta_{ij} + 2Ge_{ij} \quad (4-30)$$

由于线弹性关系简洁，并且应用很广，如果将材料常数 E、ν 或 K、G 不取为常数，而是确定为随应力状态而变化的参数，则这种关系便变为非线弹性关系了。基于这一想法，许多学者提出了许多非线性关系式。这里仅介绍一种比较简单而应用又比较广的欧托生（Ottosen）模型。

4.3.2 Ottosen 非线性弹性模型

该模型由丹麦学者 Ottosen 针对混凝土材料提出的建议，采用的是变化的割性模量 E 和 ν 。

在该本构关系中，关键是要确定材料常数随应力状态变化的规律。由于混凝土材料的变异性很大，要做大量三轴应力下的强度实验，实用上是不方便的，甚至是不大可能的。但是，在单轴受压实验中记录 σ-ε 关系是很方便的。这方面实验资料很多，而且其数学表达式也已提出了很多形式，可以参考应用。于是，就有学者设想，将一维的 σ-ε 关系推广到复杂的应力状态中去。Ottosen 提出了一个建议，将这一设想变成切实可行的计算模型。该模型既能描述 σ-ε 关系的上升段，也能描述 σ-ε 关系的下降段，计算也不复杂，因而应用较广。

Ottosen 建议的本构模型，要点是要明确以下三个条件。

（1）破坏准则。处于什么应力状态下，材料达到破坏。

（2）非线性指标。在某一应力状态下，这一指标要能定量地表示它与破坏时应力状态相距多远，这相当于在一维应力状态下表示其应力水平有多高。

（3）等效的单轴应力 - 应变关系表达式，有了非线性指标，便可以在相应的单轴应力应变曲线上确定相当的应力水平，从而由单轴应力、应变关系表达式求得相应的材料参数。

关于材料的破坏准则，可以采用经典的破坏准则或由试验确定的破坏准则。

1. 非线性指标

所谓非线性指标，是指描述实际应力状态与破坏时的应力状态相互关系的一个定量指标。它表明了应力状态的相对水平，从而可以据此确定混凝土变形的非线性程度，故称非线性指标。

在单向应力状态下，常说在应力小于 $0.3f_c$ 时，应力、应变基本上呈线性关系。这个系数 0.3 就是一种非线性指标，在单向应力状态下，非线性指标可用单向应力 σ 唯一地确定，非线性指标定义为

$$\beta = \frac{\sigma}{|f_c|}$$

其中，f_c 为单轴抗压强度。$\beta=0$ 时处于未加载状态，$\beta=1$ 时处于破坏状态，因此必有 $0\leqslant\beta\leqslant1$，可以从 β 的大小确定混凝土的非线性变形程度。

在双向应力状态下，不能仅由某一单向应力决定非线性指标，它必与两个方向的应力水平有关。由于双轴抗压强度比单轴抗压强度有所提高，如果仍用 $\beta=\sigma_1/|f_c|$ 或 $\beta=\sigma_2/|f_c|$ 来确定非线性指标，则会出现 $\beta=1$ 时混凝土还未达破坏的情况。这是不合理的。在这种情况下，首先得定义破坏准则，即破坏包络曲线，如图 4-7 所示。

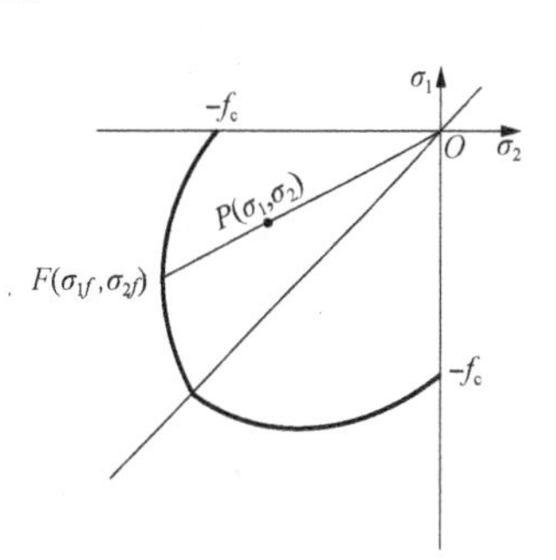

图 4-7　破坏包络曲线

若有某一应力状态为 (σ_1,σ_2)，可以保持 $\alpha=\sigma_1/\sigma_2$ 不变，按比例增加应力 (σ_1,σ_2)，使其达到破坏状态 $(\sigma_{1f},\sigma_{2f})$，如图 4-6 所示。实际应力状态为点 $P(\sigma_1,\sigma_2)$，连接 OP 并延长与破坏包络线相交于点 $F(\sigma_{1f},\sigma_{2f})$，取非线性指标为

$$\beta=\frac{\sigma_2}{\sigma_{2f}}=\frac{\sigma_1}{\sigma_{1f}}=\frac{OP}{OF} \tag{4-31}$$

在三向应力状态下，问题比较复杂。当然首先要定义破坏曲面，如图 4-8 所示。若有一应力状态在主应力空间用 P 点表示，点 $P(\sigma_1,\sigma_2,\sigma_3)$ 与破坏曲面关系如何，距破坏曲面有多远？在单轴应力-应变曲线上，破坏曲面相当于与 f_c 对应的点，这是没有问题的。但 P 点应相当于什么水平，这显然是一个复杂的问题。现在有三种方法来确定非线性指标。

（1）Ottosen 法。设某点应力状态已知，$\sigma_1\geqslant\sigma_2\geqslant\sigma_3$，若保持 σ_1、σ_2 不变，减少 σ_3（绝对值增大）到 σ_{3f} 使 $(\sigma_1,\sigma_2,\sigma_{3f})$ 达破坏曲线，于是定义非线性指标为

$$\beta=\frac{\sigma_3}{\sigma_{3f}} \tag{4-32}$$

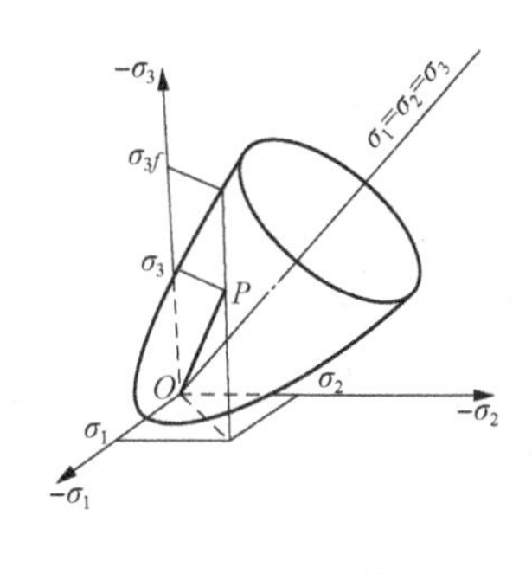

图 4-8　破坏曲面

这一方法是从莫尔强度理论受启发得到的，如图 4-8 所示。实际应力状态的莫尔圆与破坏包络线不相交。当 σ_3 减小（绝对值增大）到 σ_{3f} 时，莫尔圆与破坏包络线相切，达到破坏状态，显然 $\beta<1,\beta=1,\beta>1$ 分别表示实际应力状态的莫尔圆在破坏曲面以内，在破坏面上和在破坏面以外三种情况。因而可用 β 作为非线性指标，这里也满足 $0\leqslant\beta\leqslant1$。在三维空间中，这方法相当于过 P 点作 σ_3 轴的平行线，使之交于破坏曲面，得 σ_{3f}，如图 4-9 所示。

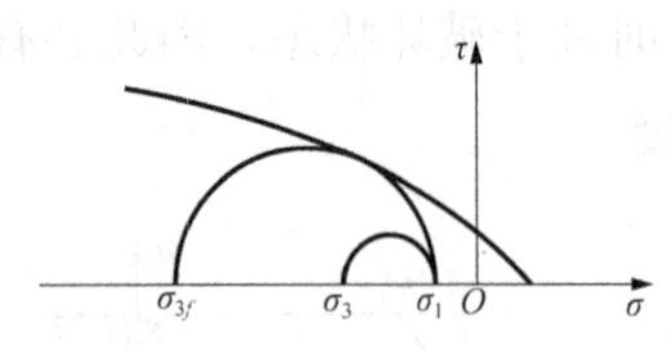

图 4 - 9 莫尔圆与破坏面的关系

由于混凝土受拉时的应力 - 应变关系更接近直线，当实际应力状态中有主拉应力出现时，如 $\sigma_1 > 0$ ，可取 $\sigma'_1 = 0, \sigma'_2 = \sigma_2 - \sigma_1, \sigma'_3 = \sigma_3 - \sigma_1$ 的应力状态（$\sigma'_1, \sigma'_2, \sigma'_3$）来替代（$\sigma_1, \sigma_2, \sigma_3$）去求得非线性指标，即由 σ'_3 去求 σ_{3f} ，使（$\sigma'_1, \sigma'_2, \sigma_{3f}$）达到破坏状态，这时非线性指标为

$$\beta = \sigma'_3 / \sigma_{3f} \tag{4-33}$$

显然，求 β 值要用到破坏曲面方程，在一般情况下需要经过多次迭代方能求出 σ_{3f} 。

（2）$\sqrt{J_2}$ 法。为了避免求 β 值时的迭代过程，清华大学江见鲸提出了一种算法。设某一应力状态（$\sigma_1, \sigma_2, \sigma_3$），其相应的三个不变量参数为（$I_1, J_2, \theta$），若保持 I_1 与 θ 不变，增大 J_2 ，使其达到破坏状态。若达到破坏状态时的不变量为（I_1, J_{2f}, θ），则非线性指标可取为

$$\beta = \sqrt{J_2} / \sqrt{J_{2f}} \tag{4-34}$$

从图 4 - 10 中可以看出，某点应力状态在下 π 平面上投影为 P 点，OP 与 $\sqrt{J_2}$ 成比例。保持 I_1 及 θ 不变，相当于连接 OP 并延长与破坏面相交于点 F，OF 与 $\sqrt{J_{2f}}$ 成比例，可见

$$\beta = \frac{\sqrt{J_2}}{\sqrt{J_{2f}}} = \frac{OP}{OF}$$

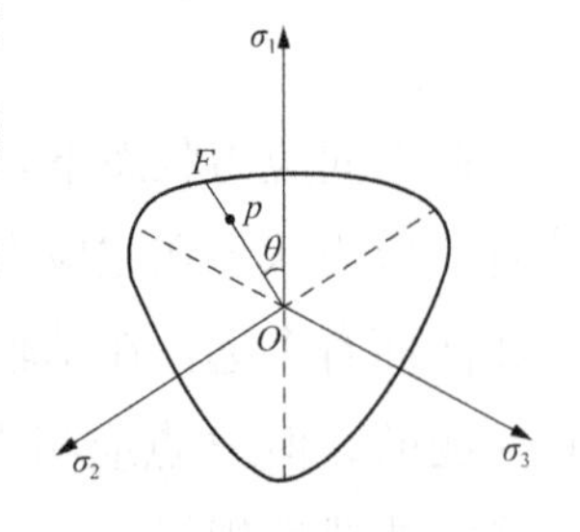

图 4 - 10 应力状态在下 π 平面上投影的情况

从另一方面看，$\sqrt{J_2}$ 与 τ_{oct} 成比例。这一方法也可看作保持 σ_{oct} 不变，而增大 τ_{oct} 达到破坏状态 $(\tau_{oct})_f$ ，取 $\beta = \tau_{oct} / (\tau_{oct})_f$ 。

这一方法的物理意义明确，几何上表达直观，对大多数破坏曲线方程来讲，可以从破坏准则直接求出 $\sqrt{\tau_{2f}}$ 而不用迭代求解。这要比用 Ottosen 的方法求 σ_{3f} 方便得多，并可节省计算机运行时间。数值计算表明，这两种方法的计算精度相仿。

（3）比例增大法。在清华大学王传志教授指导下，几位研究生经过研究分析，对 Ottosen 模型中的非线性指标提出了一种算法，这个方法对 Ottosen 法的修改有两点：一是不单一地增大 $|\sigma_3|$ ，而是按比例增大（$\sigma_1, \sigma_2, \sigma_3$）使其达到破坏状态（$\sigma_{1f}, \sigma_{2f}, \sigma_{3f}$）；二是在求非线性指标时又引入一个调整系数 k，将非线性指标表达为

$$\beta = \left(\frac{\sigma_3}{\sigma_{3f}}\right)^k \quad 0 \leqslant k \leqslant 1 \tag{4-35}$$

调整 k 值，可以更好地适应各种不同的加载情况。

2. 等效一维应力应变关系表达式

通过实验，可以求得单轴应力状态下的应力 - 应变关系。为了便于在分析中应用这一应力 - 应变关系曲线，要用一个数学分析式来表示。许多学者在文献中提出过各种各样的解析式子，有抛物线的、双曲线的、指数曲线的或多折线组合等。在 Ottosen 建议的本构模型中，他基本上采用 Sargin 于 1971 年提出的表达式（不考虑侧压系数 k_3）：

$$\frac{\sigma}{f_c}=\frac{A\dfrac{\varepsilon}{\varepsilon_c}+(D-1)\left(\dfrac{\varepsilon}{\varepsilon_c}\right)^2}{1+(A-2)\dfrac{\varepsilon}{\varepsilon_c}+D\left(\dfrac{\varepsilon}{\varepsilon_c}\right)^2} \tag{4-36}$$

式中，σ 与 ε 均以受压为正值；f_c 为混凝土单轴抗压强度；$A=E_0/E_c$；E_0 为混凝土初始弹性模量；E_c 为混凝土应力达 f_c 时的割线模量；ε_c 为应力达峰值时的应变；D 为系数，对 σ-ε 曲线上升段影响不大，而对下降段影响很大，如图 4 - 11 所示。限制 $0\leqslant D\leqslant 1.0$，$D$ 愈大，则曲线下降愈平缓。这一曲线基本上可以反映混凝土应力 - 应变关系全曲线的主要特征，因而在混凝土有限元分析中应用很广。

在单轴应力 - 应变关系（图 4 - 12）中非线性指标为

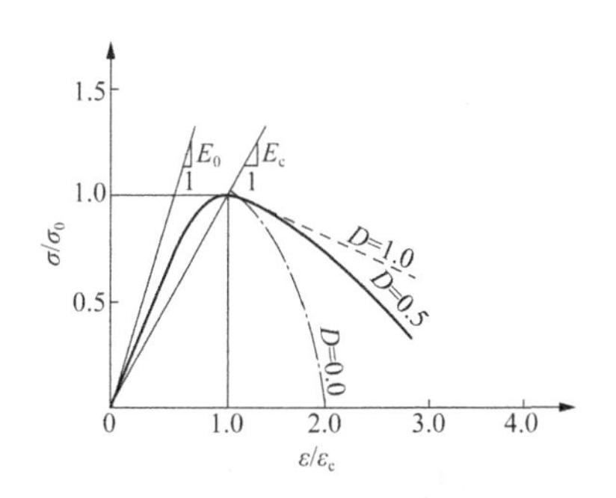

图 4 - 11　— ε̇ 曲线

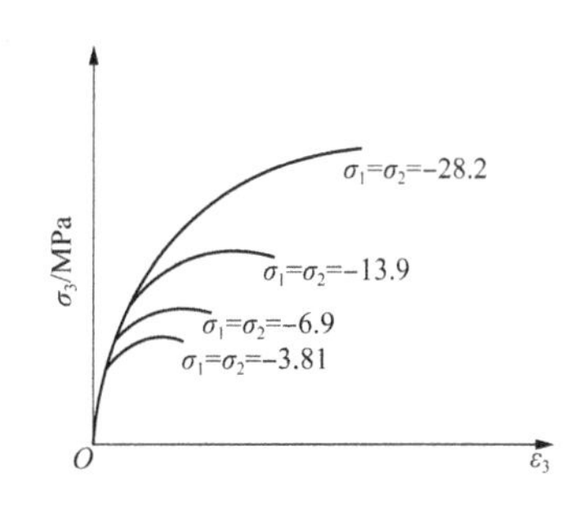

图 4 - 12　单轴应力 - 应变关系

$$\beta=\frac{\sigma}{f_c}$$

对任一应力 σ，其应变为 ε，则割线模量 $E_s=\sigma/\varepsilon$。将 $\beta=\sigma/f_c$ 及 $E_s=\sigma/\varepsilon$ 代入式（4 - 36）得

$$\beta+\beta(A-2)\left(\frac{\varepsilon}{\varepsilon_c}\right)+\beta D\left(\frac{\varepsilon}{\varepsilon_c}\right)^2=A\left(\frac{\varepsilon}{\varepsilon_c}\right)+(D-1)\left(\frac{\varepsilon}{\varepsilon_c}\right)^2 \tag{4-37}$$

又

$$\frac{\varepsilon}{\varepsilon_c}=\frac{\sigma}{E_s}\Big/\frac{f_c}{E_c}=\beta\frac{E_c}{E_s}$$

代入式（4-37），整理后可得即时割线模量，为

$$E_s=\frac{1}{2}E_0-\beta\left(\frac{1}{2}E_0-E_c\right)\pm\sqrt{\left[\frac{1}{2}E_0-\beta\left(\frac{1}{2}E_0-E_c\right)\right]^2+\beta E_c^2[D(1-\beta)-1]} \tag{4-38}$$

其中，根号前的正号适用于上升段，负号适用于下降段。对于任一应力水平，当 $\beta=\sigma/f_c$ 已知时，即可从中求得相应于这一应力水平的割线弹性模量。

3. 割线泊松比的计算

普通混凝土的初始泊松比一般为 0.15～0.22。在单轴应力状态下，当应力小于 $0.8f_c$ 时泊松比几乎保持不变，当应力大于 $0.8f_c$ 时泊松比增加得很快，甚至可以大于 0.5，如图 4-13 所示。根据实验可取下列计算式。

（1）Ottosen 公式：

$$\nu_s=\begin{cases}\nu_0 & \beta=\beta_a=0.8\\ \nu_f-(\nu_f-\nu_0)\sqrt{1-\left(\dfrac{\beta-\beta_a}{1-\beta_a}\right)^2} & \beta>\beta_a\end{cases} \tag{4-39}$$

式中，ν_0，ν_f 分别为初始及破坏时的泊松比。

（2）江见鲸建议公式：

$$\begin{matrix}\beta\leqslant 0.8\\ \beta>0.8\end{matrix}\quad\left\{\begin{matrix}\nu=\nu_0\\ \nu=\nu_0+(0.5-\nu_0)\left(\dfrac{\beta-0.8}{0.2}\right)^2\end{matrix}\right\} \tag{4-40}$$

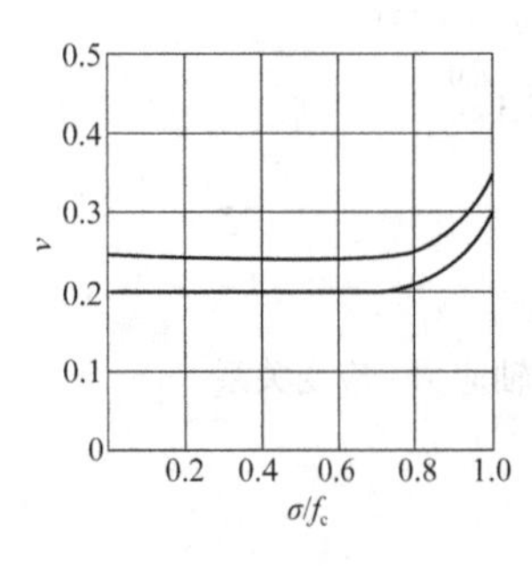

图 4-13　应力与泊松比的关系

4. 本构矩阵的计算步骤

综上所述，混凝土非线性本构矩阵可按下列步骤计算。

（1）已知单轴抗压强度 f_c，初始弹性模量 E_0，初始泊松比 ν_0，单轴应力状态下的 σ-ε 表达式，给定破坏准则表达式 $F(\sigma_{ij})=0$，输入 $[\sigma_x,\sigma_y,\sigma_z,\sigma_{xy},\sigma_{yz},\sigma_{xz}]$。

（2）求主应力 σ_1、σ_2、σ_3，并计算出相应的不变量 I_1、J_2、J_3、θ。

（3）计算非线性指标 β。

（4）计算即时割线模量 E_s。

（5）计算割线泊松比 ν_s。

（6）计算并形成非线性本构矩阵。

例 4.1　已知混凝土材料强度为 $f_c=20.0\text{N/mm}^2$，$f_t=1.6\text{N/mm}^2$，初始弹性

模量 $E_0 = 30.0\text{kN/mm}^2$，泊松比 $\nu = 0.18$。若已知某点应力状态为 $[\sigma] = [-6, -6, -12, 2, 2, 1]^{\mathrm{T}}$（应力单位为 N/mm^2）。试求：在该应力状态下的 E_s 和 ν_s。

解　选用混凝土材料的破坏准则为四参数破坏准则，即

$$a\frac{J_2}{f_c^2} + (b + c\cos\theta)\frac{\sqrt{J_2}}{f_c} + d\frac{I_1}{f_c} - 1 = 0$$

结合本例 $f_t/f_c = 1.6/20 = 0.08$，可以标定得

$$a = 1.8184, b = 1.1807, c = 13.2556, d = 4.1145$$

等效一维 σ- ε 关系采用 Rüsch 曲线：

上升段：
$$\sigma = \sigma_0\left[2\frac{\varepsilon}{\varepsilon_0} - \left(\frac{\varepsilon}{\varepsilon_0}\right)^2\right] \quad 0 < \varepsilon \leqslant \varepsilon_0$$

水平段：
$$\sigma = \sigma_0 \quad \varepsilon_0 < \varepsilon < \varepsilon_a$$

取：
$$\varepsilon_0 = 0.002, \varepsilon_a = 0.0033$$

（1）求主应力：

$I_1 = (-6 - 6 - 12)\text{N/mm}^2 = -24\text{N/mm}^2$

$\sigma_m = \frac{-24}{3}\text{N/mm}^2 = -8\text{N/mm}^2$

$s_x = 2$，$s_y = 2$，$s_z = -4$

$J_2 = 21\text{N}^2/\text{mm}^4$，$\sqrt{J_2} = 4.583\text{N/mm}^2$

$J_3 = -2\text{N}^2/\text{mm}^4$，$r = \frac{\sqrt{4\times 31}}{3} = 5.292$

$\cos 3\theta = -0.05399, \theta = 31.03°$

$\sigma_1 = 6.429\cos\theta\text{N/mm}^2 + \sigma_m = -3.466\text{N/mm}^2$

$\sigma_2 = 6.429\cos(28.80 - 1200)\text{N/mm}^2 + \sigma_m = -7.905\text{N/mm}^2$

$\sigma_3 = 6.429\cos(28.80 + 1200)\text{N/mm}^2 + \sigma_m = -12.630\text{N/mm}^2$

（2）求 $\sqrt{J_{2f}}$ 及 β。当 $f_t/f_c = 0.1$ 时，破坏准则为

$$1.8148\frac{J_2}{f_c^2} + (1.180 + 13.2566\cos\theta)\frac{\sqrt{J_2}}{f_c} + 4.1145\frac{I_1}{f_c} - 1 = 0$$

将 $\theta = 31.03°$ 及 $I_1 = -24\text{N/mm}^2$ 代入式（4 - 39）可得

$$0.004537\,(\sqrt{J_{2f}})^2 + 0.6270\sqrt{J_{2f}} - 5.9374\text{N/mm}^2 = 0$$

从而求得
$$\sqrt{J_{2f}} = 8.897\text{N/mm}^2$$

故
$$\beta = \frac{\sqrt{J_2}}{\sqrt{J_{2f}}} = \frac{4.583}{8.897} = 0.5151$$

(3) 求材料参数。由等效一维 σ-ε 曲线表达式

$$\frac{\sigma}{f_c}=2\left(\frac{\varepsilon}{\varepsilon_c}\right)-\left(\frac{\varepsilon}{\varepsilon_c}\right)^2$$

所以 $\beta=\frac{\sigma}{f_c},E=\frac{\sigma}{\varepsilon},E_0=2\left(\frac{f_c}{\varepsilon_0}\right)$，代入可求得

割线模量 $$E_s=\frac{E_0}{2}(1+\sqrt{1-\beta})=(1+\sqrt{1-\beta})E_f$$

切线模量 $$E_t=\sqrt{1-\beta}E_0$$

在该应力状态下有

$$E_s=\frac{30.0}{2}(1+\sqrt{1-0.5151})\text{kN/mm}^2=25.45\text{kN/mm}^2$$

$\beta<\beta_\alpha=0.8$，故可取

$$\nu_s=\nu_0=0.18$$

用即时的 E_s 及 ν_s 便可求出材料本构关系矩阵。

4.4 弹塑性本构关系

弹塑性增量理论要对以下三个方面做出基本假定。

(1) 屈服准则。即应力状态满足什么条件时进入屈服状态。

(2) 流动法则。它确定了材料处于屈服状态时塑性变形增量的方向。

(3) 硬化法则。关于材料达到初始屈服面以后，屈服条件变化的法则，相当于一维应力状态下，材料达到初始屈服条件后，其屈服极限是不变（理想弹塑性）、提高（硬化弹塑性）或降低（软化）的法则，下面分别说明。

4.4.1 屈服准则与屈服面

屈服准则是一个数学表达式，是应力状态 σ 的函数，在应力空间这一函数可形象地表示为一个曲面，即屈服面。

屈服面函数与应力状态有关，可用应力或应力状态不变量表示。在应力空间，屈服面函数可用直角坐标（$\sigma_1,\sigma_2,\sigma_3$）表示，也可用柱坐标或称为 Haigh - Westergaard 坐标（ξ、ρ、θ）表示。因此，破坏曲面的函数方程式可表达为

$$f(\sigma_1,\sigma_2,\sigma_3)=0$$

$$f(I_1,J_2,J_3)=0$$

$$f(\xi,\rho,\theta)=0$$

在一般的弹性力学或弹塑性力学的教程中可以找到应力，应力不变量与 ξ、ρ、θ 的关系。

若已知 σ_{ij} ，则可求得应力状态不变量与应力偏量不变量为

$$I_1 = \sigma_{11} + \sigma_{22} + \sigma_{33}$$

$$\sigma_m = \frac{1}{3}(\sigma_{11} + \sigma_{22} + \sigma_{33}) = \frac{I_1}{3}$$

$$I_2 = \sigma_{11}\sigma_{22} + \sigma_{22}\sigma_{33} + \sigma_{33}\sigma_{11} - \sigma_{12}^2 - \sigma_{23}^2 - \sigma_{31}^2$$

$$I_3 = \sigma_{11}\sigma_{22}\sigma_{33} + 2\sigma_{12}\sigma_{23}\sigma_{31} - \sigma_{11}\sigma_{23}^2 - \sigma_{22}\sigma_{13}^2 - \sigma_{33}\sigma_{12}^2$$

$$J_2 = \frac{1}{6}[(\sigma_{11} - \sigma_{22})^2 + (\sigma_{22} - \sigma_{33})^2 + (\sigma_{33} - \sigma_{11})^2] + \sigma_{12}^2 + \sigma_{23}^2 + \sigma_{31}^2 = I_1^2/3 - I_2$$

$$J_3 = \frac{3I_1^2}{27} - \frac{I_1 I_2}{3} + I_3$$

$$\left.\begin{aligned} &\xi = I_1/\sqrt{3} = \sqrt{3}\sigma_m \\ &\rho = \sqrt{2J_2} \\ &\cos 3\theta = \frac{3\sqrt{3}J_3}{2J_2^{3/2}} \end{aligned}\right\}$$

1. 屈雷斯加（Tresca）屈服准则

1864 年，Tresca 根据实验提出，材料中某一点应力到达最大切应力的临界值 k 时，材料即达到屈服强度，可写为

$$\max\left(\frac{1}{2}|\sigma_1 - \sigma_2|, \frac{1}{2}|\sigma_2 - \sigma_3|, \frac{1}{2}|\sigma_3 - \sigma_1|\right) = k \tag{4-41}$$

取 $\sigma_1 \geqslant \sigma_2 \geqslant \sigma_3$ 时，最大切应力为 $\frac{1}{2}(\sigma_1 - \sigma_3)$ ，于是式（4 - 41）可表达为

$$\frac{\sigma_1 - \sigma_3}{2} = \frac{1}{\sqrt{3}}\sqrt{J_2}\left[\cos\theta - \cos\left(\theta + \frac{2}{3}\pi\right)\right] = k \quad 0° \leqslant \theta \leqslant 60° \tag{4-42}$$

应力不变量表示为

$$f(J_2, \theta) = \sqrt{J_2}\sin(\theta + \pi/3) - k = 0 \tag{4-43}$$

也可用 ρ、ξ、θ 坐标表示，则为

$$f(\rho, \theta) = \rho\sin(\theta + \pi/3) - \sqrt{2}k = 0 \tag{4-44}$$

由此可得

$$\rho = \frac{\sqrt{2}k}{\sin(\theta + \pi/3)} \tag{4-45}$$

则 $\theta = 0°, \rho = 2\sqrt{6}k/3; \theta = 30°, \rho = 2\sqrt{2}k$ 。

由式（4-41）～式（4-45）可以看到，破坏面与静水压力 I_1，ξ 大小无关，子午线是与轴 ξ 平行的平行线，在偏平面上为一正六边形，如图 4-14 所示。破坏面在空间上是与静水压力轴平行的正六边形棱柱体。

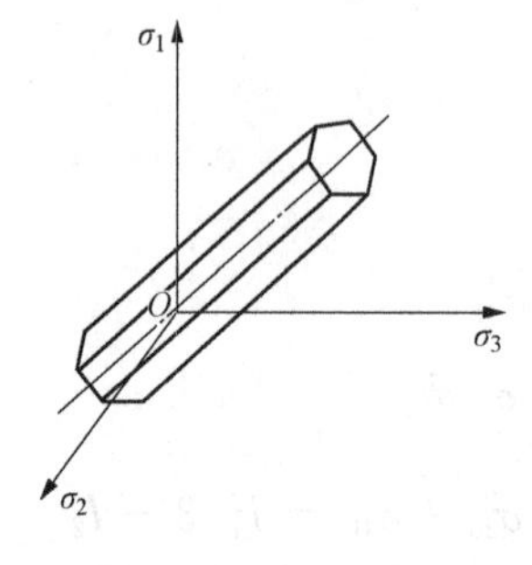

图 4-14　正六边形棱柱体破坏面

2. 密赛斯（Von Mises）屈服准则

由图 4-15 发现，屈雷斯加屈服条件虽有一定试验证明，但所得屈服轨迹有角点而不是光滑曲线，在数学上解决具体问题有困难，而且也没有考虑到中间应力（σ_2）对屈服的影响。

$$\sqrt{\left(\frac{\sigma_1-\sigma_2}{2}\right)^2+\left(\frac{\sigma_2-\sigma_3}{2}\right)^2+\left(\frac{\sigma_3-\sigma_1}{2}\right)^2}=k$$

Tresca 强度理论只考虑了最大切应力，Von Mises 提出的强度准则与三个切应力均有关，取用应力不变量可表示为

$$f(J_2)=\sqrt{3J_2}-k=0$$

Mises 强度准则的破坏面为与静水压力轴平行的圆柱体，在 π 平面上投影为一个圆，如图 4-15（a）所示。

Von Mises 强度准则在偏平面上为圆形，较 Tresca 强度准则的正六边形在有限元计算中处理起来较为简便，从这点上说它是一种改进，故应用很广。但因其强度与 ξ 无关，拉压破坏强度相等，与这些土木工程材料性能不符。

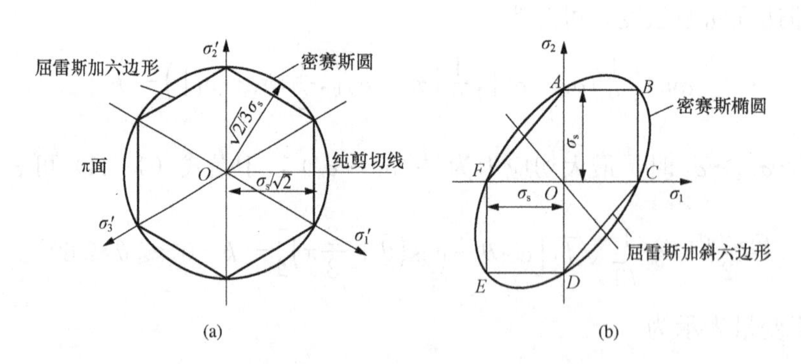

图 4-15　密赛斯（Von Mises）屈服准则的破坏面

（a）π 平面投影；（b）屈服轨迹

3. 莫尔-库仑强度理论

该理论考虑了材料抗拉、抗压强度的不同，适用于脆性材料，现在仍然广泛用于岩石、混凝土和一些土木工程材料中。这一理论的破坏条件表达为

$$|\tau|=c-\sigma\tan\varphi \tag{4-46}$$

式中，c 为内聚力；φ 为内摩擦角。

取破坏包络线为直线，当莫尔圆（由 σ、τ 画出）与破坏线相切时［图 4 - 16（a)］，式（4 - 46）可表达为

$$\frac{\sigma_1-\sigma_3}{2}=\left(c\cot\varphi+\frac{\sigma_1+\sigma_3}{2}\right)\sin\varphi$$

将主应力的计算公式代入可得

$$\begin{aligned}&\frac{\sqrt{J_2}}{\sqrt{3}}\left[\cos\theta-\cos\left(\theta+\frac{2}{3}\pi\right)\right]+\frac{I_1}{3}-\frac{I_1}{3}\\&=c\,\frac{\cos\varphi}{\sin\varphi}\sin\varphi+\frac{\sqrt{J_2}}{\sqrt{3}}\left[\cos\theta+\cos\left(\theta+\frac{2}{3}\pi\right)\right]\sin\varphi+\frac{I_1}{3}\sin\varphi\end{aligned}$$

整理后可得

$$f(I_1,J_2,\theta)=\frac{1}{3}I_1\sin\varphi+\sqrt{J_2}\sin\left(\theta+\frac{\pi}{3}\right)+\frac{\sqrt{J_2}}{\sqrt{3}}\cos\left(\theta+\frac{\pi}{3}\right)\sin\varphi-c\cos\varphi=0$$

或$f(\xi,r,\theta)=\sqrt{2}\xi\sin\varphi+\sqrt{3}\rho\sin\left(\theta+\frac{\pi}{3}\right)+\rho\cos\left(\theta+\frac{\pi}{3}\right)\sin\varphi-\sqrt{6}c\cos\varphi=0\left(0\leqslant\theta\leqslant\frac{\pi}{3}\right)$

莫尔 - 库仑破坏曲面为非正六边形锥形，其子午线为直线，如图 4 - 16（b）所示，其中

$$\left.\begin{aligned}\tan\varphi_t&=\frac{2\sqrt{2}\sin\varphi}{3+\sin\varphi}\\\tan\varphi_c&=\frac{2\sqrt{2}\sin\varphi}{3-\sin\varphi}\end{aligned}\right\}$$

在 π 平面上为非正六边形，如图 4 - 16（c）所示。

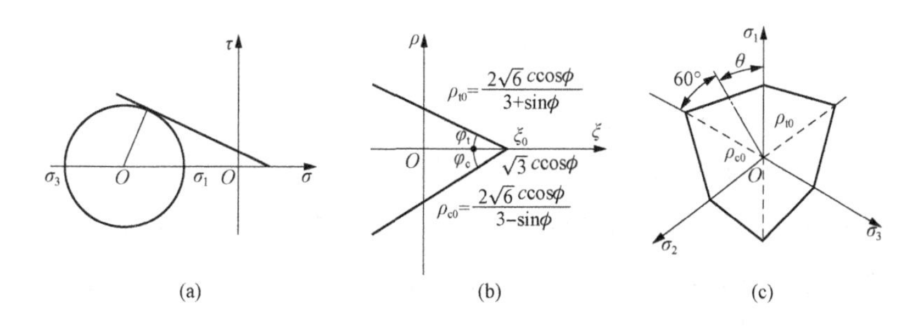

图 4 - 16　莫尔 - 库仑破坏准则

（a）莫尔应力圆；（b）子午面 $\theta=0°$；（c）π 平面

当 $\xi=0,\theta=0°$ 时，$\rho_{t0}=\dfrac{2\sqrt{6}c\cos\varphi}{3+\sin\varphi}=\dfrac{\sqrt{6}f_c(1-\sin\varphi)}{3+\sin\varphi}$。

当 $\xi=0,\theta=60°$ 时，$\rho_{c0}=\dfrac{2\sqrt{6}c\cos\varphi}{3-\sin\varphi}=\dfrac{\sqrt{6}f_c(1-\sin\varphi)}{3-\sin\varphi}$。

故有
$$\frac{\rho_{t0}}{\rho_{c0}}=\frac{3-\sin\varphi}{3+\sin\varphi}$$

当 $\sigma_3=0$ 时，平面的二轴强度包络线为一不规则六边形。若假定拉压相等，$\varphi=0$，则莫尔 - 库仑强度准则相当于 Tresca 强度准则。

4. 特拉克 - 普拉克（Drucker - Prager）强度准则

莫尔 - 库仑强度准则为不正规六角形，转角尖点处用计算机数值计算较繁杂、困难，Drucker - Prager 提出了修正莫尔 - 库仑准则，并克服了 Von Mises 准则与静水压力无关的缺点，如图 4 - 17 所示，在应力空间上屈服面为一圆锥形。

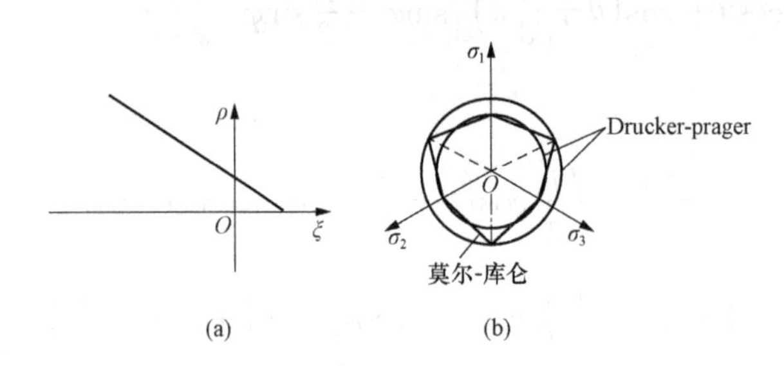

图 4 - 17　Drucker - Prager 破坏曲面

（a）拉压子午线；（b）π 平面

该强度准则表达为
$$f(I_1,I_2)=\alpha I_1+\sqrt{J_2}-k=0$$
$$f(\xi,\rho)=\sqrt{6}\alpha\xi+\rho-\sqrt{2}k=0$$

式中，α、k 为待定材料参数。该强度准则的破坏曲面为圆锥体，圆锥体的大小（锥度）可通过 α、k 两个参数来调整。若锥面与莫尔受压子午线（$\theta=60°$ 时）相外接，则
$$\alpha=\frac{2\sin\varphi}{\sqrt{3}(3-\sin\varphi)},\ k=\frac{6c\ \cos\varphi}{\sqrt{3}(3-\sin\varphi)}$$

若圆锥面与莫尔受拉子午线相吻合，则
$$\alpha=\frac{2\sin\varphi}{\sqrt{3}(3+\sin\varphi)}\quad k=\frac{6c\ \cos\varphi}{\sqrt{3}(3+\sin\varphi)}\tag{4 - 47}$$

Drucker - Prager 与莫尔 - 库仑强度准则的关系如图 4 - 17（b）所示。

5. Zienkiewicz - Pande 屈服条件

Drucker - Prager 的屈服面为圆锥面，克服了莫尔 - 库仑屈服面不光滑的缺点，但在 π 平面上的投影是一个圆，这不符合岩石、混凝土材料的特性，而莫尔 - 库仑准则是比较合理的。基于此，Zienkiwicz - Pande 提出了一个准则，既保留了莫尔 - 库仑中拉压子午线不同的特征，又使棱角光滑化。以莫尔 - 库仑屈服准则分析，将 I_1（或 σ_m）＝常数代入，则得出在 π 平面上 $\sqrt{J_2}$ 与 θ 的关系；将 θ＝常数代入，则可得 I_1 与 $\sqrt{J_2}$ 的关系。从这个关系可以看出，在 π 平面上的屈服曲线在几何上是相似的，而在子午面上，曲线与 θ 的不同在尺寸上有所变化，如能符合这种特性的普通的数学式为
$$F=\alpha\sigma_m^2+\beta\sigma_m+\nu+\sigma_0^2=0\tag{4 - 48}$$

式中，$\sigma_0=\dfrac{\sqrt{J_2}}{g(\theta_\sigma)}$；$\sigma_m=\dfrac{I_1}{3}$ 为平均正应力；$\theta_\sigma=\dfrac{1}{3}\arcsin\left(-\dfrac{3\sqrt{3}}{2}\times\dfrac{J_3}{J_2^{3/2}}\right)$ 为罗德角；$g(\theta_\sigma)$ 为 π 平面上屈服曲线随罗德角变化的规律。

由式（4-48）可知，在子午面上的屈服线是二次曲线。关于 $g(\theta_\sigma)$ 函数，Gudehus 和 Arygris 建议

$$g(\theta_\sigma)=\frac{2K}{(1+K)-(1-K)\sin3\theta_\sigma} \tag{4-49}$$

它可满足在 $\theta_\sigma=\pm30°$ 时 $\mathrm{d}g(\theta_\sigma)/\mathrm{d}(\theta_\sigma)=0$ 的条件，因此在 $\theta_\sigma=\pm30°$ 处的曲线是连续的、光滑的，没有尖点。K 用内摩擦角表示为

$$K=\frac{3-\sin\varphi}{3+\sin\varphi}$$

α、β 的取值涉及子午面上二次曲线的形式，一般有如下三种形式，如图 4-16 所示。

（1）双曲线［见图 4-18（a）］：

$$F=\left(\frac{\sigma_m-d}{a}\right)^2-\frac{\sigma_0^2}{b^2}-1=0$$

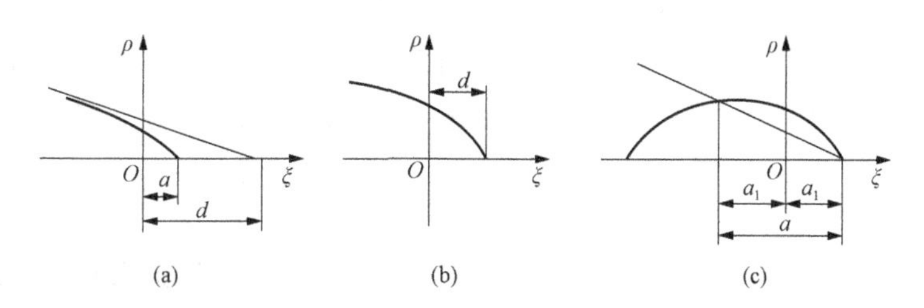

图 4-18　α、β 的取值对子午面上二次曲线的影响

（a）双曲线；（b）抛物线；（c）椭圆

图 4-18（a）所示曲线以莫尔-库仑包络线为渐近线，这在式（4-47）中相当于取

$$\alpha=-\frac{b^2}{a^2},\ \beta=2\frac{b^2d}{a^2},\ \nu=b^2-\frac{b^2d^2}{a^2} \tag{4-50}$$

（2）抛物线［见图 4-18（b）］：

$$F=(\sigma_m-d)+a\sigma_0^2=0$$

这相当于在式（4-47）中取

$$\alpha=0,\ \beta=\frac{1}{a},\ \nu=-\frac{b}{a} \tag{4-51}$$

（3）椭圆［见图 4-18（c）］：

$$F=\left(\frac{\sigma_m-d}{a}\right)^2+\frac{\sigma_1^2}{b^2}=1 \tag{4-52}$$

这在子午面上是“封闭型”曲线，相当于在式（4-47）中取

$$\alpha=\frac{b^2}{a^2},\ \beta=-2\frac{b^2d}{a^2},\ \nu=-b^2+\frac{b^2}{a^2}d^2 \tag{4-53}$$

若采用不变量来表示统一的屈服函数，则可写成

$$F=AI_1^2+BI_1+C+\left(\frac{\sqrt{J_2}}{g(\theta_\sigma)}\right)^2=0 \tag{4-54}$$

以上介绍了几种屈服准则。其中有一部分是闭合型的（如在子午面上屈服曲线为椭圆），相当一部分是开口型的。开口型屈服条件不符合岩石、混凝土一类材料在三轴压应力下能够发生屈服的实际情况。但在静水压应力（平均压应力 σ_m ）较小的条件下，又能与材料的屈服特性较好地符合。因而不少学者对开口型的屈服准则，在静水压力方向又加了一个屈服面，如图 4-19 所示，成为两屈服面组成的闭合屈服面。这种屈服面类似于在静水压力轴开口方向加了一个帽子，因此通常又称“帽子模型”或“帽盖模型”（cap model）。有些学者则用两种不同的屈服条件或两个屈服面组成闭合的屈服面，也称为双屈服面准则。

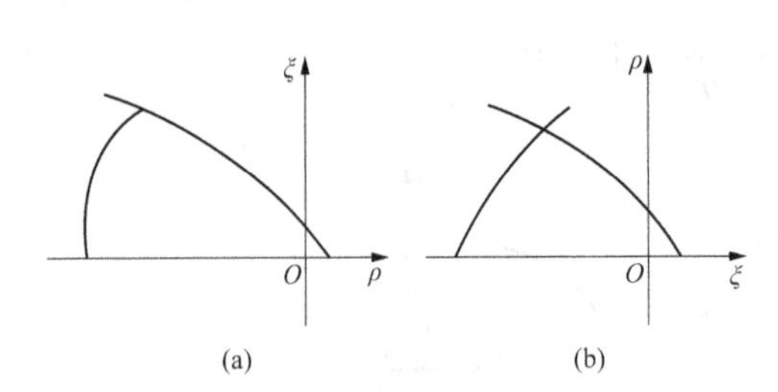

图 4-19　闭合屈服面

（a）帽盖模型；（b）双屈服面

另外，用应力表示的屈服面在材料有软化现象时，处理起来比较困难，因而又有不少学者提出了在应变空间上用 ε_{ij} 或应变张量和偏量的不变量来表示屈服准则。读者可以参考有关文献。

4.4.2　强化条件及加卸载准则

1. 强化条件和后继屈服面

前已述及，在单向拉伸情况下，当材料进入塑性状态后卸载，此后再加载时，应力、应变的关系仍为弹性，并且直到卸载前达到最高应力点，材料才再次进入塑性状态。这个应力点对强化材料来讲比初始屈服点高，这个点称为强化点。推广到复杂应力状态，材料达到屈服点后卸载，再加载而再进入塑性状态时，其屈服条件有所变化，屈服面或扩大（称为强化）或缩小（称为软化），称为后继屈服面。这样，后继屈服面不仅与应力状态有关，而且与塑性变形程度和加载历史有关，因而后继屈服面常可写成：

$$f(\sigma_{ij},\varepsilon_{ij}^{p},k)=0 \tag{4-55}$$

式中，σ_{ij} 为应力状态；ε_{ij}^{p} 为塑性应变；k 为硬化（或软化）参数，与加载历史等因素有关；σ_{ij} ，k 为标志材料内部结构永久性变化的量，通称为内变量。

2. 加、卸载准则

由单向拉伸（或压缩）试验可知，材料达到屈服状态后，继续加载和卸载的应力、应变关系不同。单向应力状态下，只有一个应力分量，由这个应力分量值的增加或减少即可判断是加载还是卸载。对于复杂应力状态，六个应力分量（即使化为主应力，也有三个分量）中各分量可增、可减，且又不同时增减，如何判断加载还是卸载，应该有一个判断准则。

（1）理想弹塑性材料的加载、卸载准则。理想弹塑性材料不发生强化，其屈服面的大小和形状不随内变量的发展而变化，因而只有 $f(\sigma_{ij})$ 屈服面，当然也可认为后继屈服面与初始屈服面重合。

在这样的条件下，$F(\sigma_{ij})<0$ 表示材料处于弹性状态。$F(\sigma_{ij})=0$，同时发生应力增量 $\mathrm{d}\sigma$ 时，有两种不同反应：一是应力点保持在屈服面上，这时有新的塑性变形增量 $\mathrm{d}\varepsilon^{p}$ 产生，这种情况称为加载；若应力点由屈服面退回屈服面内，则称为卸载。以上可表示为

$$\left.\begin{array}{l} F(\sigma_{ij})<0 \quad \text{弹性状态} \\ F(\sigma_{ij})=0\begin{cases} \mathrm{d}F=\dfrac{\partial F}{\partial \sigma_{ij}}\mathrm{d}\sigma_{ij}\geqslant 0 & \text{加载} \\ \mathrm{d}F=\dfrac{\partial F}{\partial \sigma_{ij}}\mathrm{d}\sigma_{ij}<0 & \text{卸载} \end{cases} \end{array}\right\} \tag{4-56}$$

在应力空间上，屈服面外法线方向 n 的分量与 $\dfrac{\partial F}{\partial \sigma_{ij}}$ 成正比，加载、卸载条件可用几何图像说明，如图 4-20（a）所示。

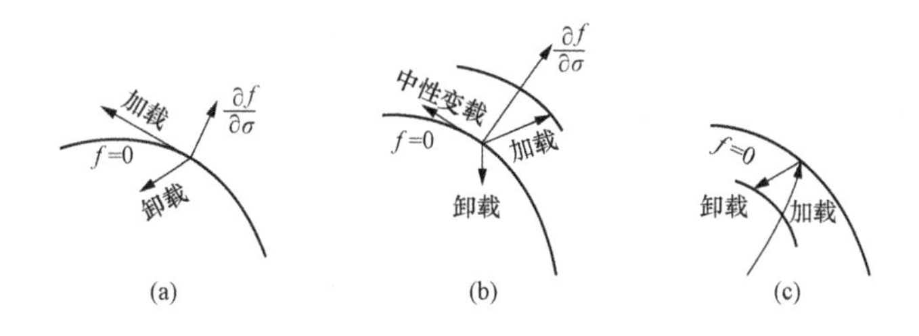

图 4-20　加载、卸载条件

（a）理想弹塑性；（b）硬化塑性；（c）软化塑性

（2）强化材料的加载、卸载准则。对于强化材料，加载面（后继属服面）随着塑性变形等内变量的变化而改变，因而当有应力增量 $\mathrm{d}\sigma$ 时，有三种情况：①指向屈服面内部为卸载；②指向屈服面外部为加载；③加载面不变，表示点的应力状态从一个塑性状态过渡到另一个塑性状态，但不引起新的塑性变形，为中性变载，如图 4-20（b）所示。加、卸载法表达为

$$\left.\begin{aligned}F=0\quad \frac{\partial F}{\partial \sigma_{ij}}\mathrm{d}\sigma_{ij}>0 \quad & \text{加载}\\ \frac{\partial F}{\partial \sigma_{ij}}\mathrm{d}\sigma_{ij}=0 \quad & \text{中性变载}\\ \frac{\partial F}{\partial \sigma_{ij}}\mathrm{d}\sigma_{ij}<0 \quad & \text{卸载}\end{aligned}\right\} \tag{4-57}$$

（3）软化材料的加载、卸载准则。对于软化材料，在材料处于软化塑性状态时，加载后屈服面会收缩，应力增量也指向屈服面内侧，和卸载很难区别，如图 4-20（c）所示。用应力空间表达的屈服条件很难建立加载、卸载法则。这时，较好的方法是在应变空间表示屈服条件，包括后继屈服面，即

$$\varphi(\varepsilon_{ij},H)=0 \tag{4-58}$$

则加载、卸载准则可表示为

$$\left.\begin{aligned}\varphi=0\quad \frac{\partial \varphi}{\partial \varepsilon_{ij}}>0 \quad & \text{加载}\\ \frac{\partial \varphi}{\partial \varepsilon_{ij}}=0 \quad & \text{中性变载}\\ \frac{\partial \varphi}{\partial \varepsilon_{ij}}<0 \quad & \text{卸载}\end{aligned}\right\} \tag{4-59}$$

例 4.2 已知某点三个应力状态（MPa）：

$$\sigma^0=\begin{bmatrix}400 & 0 & 0\\ 0 & 200 & 0\\ 0 & 0 & 200\end{bmatrix}\quad \sigma^{\mathrm{I}}=\begin{bmatrix}410 & 0 & 0\\ 0 & 310 & 0\\ 0 & 0 & 310\end{bmatrix}\quad \sigma^{\mathrm{II}}=\begin{bmatrix}300 & 0 & 0\\ 0 & 100 & 0\\ 0 & 0 & 0\end{bmatrix}$$

试判断由 σ^0 到 σ^{I}，由 σ^{I} 到 σ^{II} 分别为加载还是卸载？

解 初看此题，似乎由 $\sigma^0\rightarrow\sigma^{\mathrm{I}}$ 为加载，由 $\sigma^{\mathrm{I}}\rightarrow\sigma^{\mathrm{II}}$ 为卸载。但经过计算，按 Von Mises 准则

$$\sigma^0\rightarrow\sigma^{\mathrm{I}}\quad \frac{\partial F}{\partial \sigma_{ij}}\mathrm{d}\sigma_{ij}=-4\times10^5\,\mathrm{MPa}<0\quad \text{卸载}$$

$$\sigma^{\mathrm{I}}\rightarrow\sigma^{\mathrm{II}}\quad \frac{\partial F}{\partial \sigma_{ij}}=2\times10^5\,\mathrm{MPa}>0\quad \text{加载}$$

若按其他屈服准则，也可得到相同的结论，当然 $\frac{\partial F}{\partial \sigma_{ij}}\mathrm{d}\sigma_{ij}$ 的数值有所不同，但加载、卸载的结论是一致的。据有关经验，在通常情况下，可计算应力状态的 $\sqrt{J_2}$，ρ 和 τ_{oct}，此三值均为正值，若增大，则为加载，反之为卸载。此法既直观又简单，一般情况下与式（4-58）的判断相符。

3. 强化模型

屈服面随着塑性变形等内变量的变化而发展的规律称为强化法则。由于强化规律比较复杂，人们依据材料的实验资料建立了多种强化模型。其中最常用的有等向强化和随动强化。

（1）等向强化模型 等向强化模型假定后继屈服面的形态与中心初始屈服面相同，后继屈服面的大小则随着强化程度的增加而均匀地扩大，如图 4 - 21（a）所示。

等向强化的后继屈服面只取决于单一的硬化参数 K，它可表达为

$$F(\sigma_{ij},K)=F^*[\sigma_{ij}-K(\varepsilon_{ij}^{p})]=0 \tag{4-60}$$

式中，$F^*(\sigma_{ij})=0, K=0$，为初始屈服面；K 为硬化参数，它和塑性变形 ε_{ij}^{p} 等内变量有关。

硬化参数 K 的变化规律有多种假定，最常用的有以下两种。

1）与总的塑性变形功有关，即

$$K=H\left(\int \mathrm{d}W^{p}\right)=H\left(\int \sigma_{ij}\,\mathrm{d}\varepsilon_{ij}^{p}\right) \tag{4-61}$$

这种假定又称为做功硬化。

2）与总的塑性变形有关，即

$$K=H\left(\int \mathrm{d}\varepsilon^{p}\right)=H\left(\int \sqrt{\mathrm{d}\varepsilon_{ij}^{p}\,\mathrm{d}\varepsilon_{ij}^{p}}\right) \tag{4-62}$$

在受力过程中，应力分量之间的比例变化不大时，采用等向强化模型是比较符合实际情况的。等向强化模型的数学表述简单，后继屈服面与中间的加载路径无关，计算方便，因而是目前应用最广泛的一种硬化模型。

（2）随动强化。随动强化模型假定后继屈服面的大小、形态与初始屈服面相同，在强化过程中，后继屈服面只是初始屈服面整体在应力空间上平动，如图 4 - 21（b）所示。由图 4 - 21（b）可以看出，材料在经受塑性变形的方向上，屈服面有所增大，而在塑性变形的反方向，屈服面则降低了，这对于材料处于反复加载或循环加载的情况下，可能出现的反向屈服的问题，还是比较符合实际的。在应力空间上，屈服面中心的移动用 α_{ij} 表示，后继屈服条件可表示为

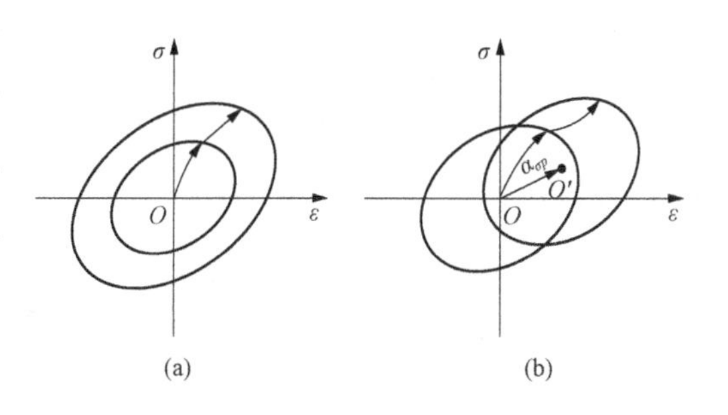

图 4 - 21　强化模型

（a）等强硬化；（b）随动硬化

$$F(\sigma_{ij},H)=F(\sigma-\alpha_{ij})=0 \tag{4-63}$$

α_{ij} 则为初始屈服面。在硬化过程中，屈服面随 α_{ij} 而移动，α_{ij} 称为移动张量，它

与塑性变形有关，最简单的关系为

$$\alpha_{ij} = C\varepsilon_{ij}^{p} \tag{4-64}$$

式中，C 为常数。

(3) 混合强化模型。如将等向强化与随动强化组合起来，便可组成混合强化模型，可表示为

$$F(\sigma_{ij}, H) = F(\sigma_{ij} - \alpha_{ij}) - K = 0 \tag{4-65}$$

在这一模型中，既有位置变化，也有屈服面扩大，能更好地描述材料硬化性能，但计算比较复杂。

4.4.3 流动法则

对弹塑性材料达到屈服条件后，其变形可分为弹性变形与塑性变形两部分。弹性变形的大小是与应力状态有关的，易于确定。困难的是如何确定塑性变形的增量。按照 Mises 提出的塑性位势理论，经过应力空间任何一点 M，必有一塑性位势等势性存在，它可表示为

$$g(\sigma_{ij}, H) = 0 \tag{4-66}$$

而塑性变形增量 $d\varepsilon_{ij}^{p}$，其变形方向与塑性位势面正交，即

$$d\varepsilon_{ij}^{p} = d\lambda \frac{\partial g}{\partial \sigma_{ij}} \tag{4-67}$$

其中，$d\lambda$ 为非负的比例系数。式（4-67）虽不能确定塑性变形的大小，但却可确定塑性变形的方向，称为流动法则，由于它表示塑性变形方向与塑性等势面正交，所以又称正交法则，即它可确定塑性增量各分量之间的比值。

式（4-67）对于光滑曲线是适用的，对于有棱角或尖点的屈服面不适用。这时可取两个相邻面的组合值，如

$$d\varepsilon_{ij}^{p} = d\lambda_1 \frac{\partial g_1}{\partial \sigma_{ij}} + d\lambda_2 \frac{\partial g_1}{\partial \sigma_{ij}} \tag{4-68}$$

若塑性势面 $g=0$ 与屈服面 $F=0$ 取为相同，则

$$d\varepsilon_{ij} = d\lambda \frac{\partial g}{\partial \sigma_{ij}} = d\lambda \frac{\partial F}{\partial \sigma_{ij}} \tag{4-69}$$

称为相关联的流动法则。若 $g \neq F$，则称为非关联的流动法则。不少学者认为，对混凝土、岩石一类材料 $g \neq F$，应采用非关联流动法则。但要定义 $g=0$，不是很容易的事，并且增加计算的复杂程度。因此，相关联的流动法则还是广泛地用于实际的结构分析中。

4.4.4 弹塑性本构矩阵的一般表达式

如上所述，增量塑性理论要对以下三方面做出基本假定：①屈服条件；②流动法则；③硬化法则。设屈服条件为

$$F(\sigma_{ij}, K) = 0 \tag{4-70}$$

式中，σ_{ij} 为应力状态；K 为硬化函数。

在增量理论中，材料达到屈服状态以后把应变增量分为弹性增量和塑性增量两部分，即

$$\mathrm{d}[\varepsilon] = \mathrm{d}\,[\varepsilon]^{e} + \mathrm{d}\,[\varepsilon]^{\mathrm{p}} \tag{4-71}$$

其中弹性应变增量部分与应力增量之间关系仍服从胡克定律，即

$$\mathrm{d}[\sigma] = [D]\mathrm{d}\,[\varepsilon]^{\mathrm{e}} \tag{4-72}$$

式中，$[D]$ 为弹性矩阵。

关于塑性变形，不是唯一确定的。对应于同应力增量，可以有不同的塑性变形增量。若采用相关联的流动法则，即塑性变形大小虽然不能确定，但其流动方向与屈服面正交。这一假定可表达为

$$\mathrm{d}\,[\varepsilon]^{\mathrm{p}} = \lambda\left[\frac{\partial F}{\partial[\sigma]}\right] \tag{4-73}$$

将式（4-72）和式（4-73）代入式（4-71），可得

$$\mathrm{d}[\varepsilon] = [D]^{-1}\mathrm{d}[\sigma] + \lambda\left[\frac{\partial F}{\partial[\sigma]}\right] \tag{4-74}$$

由全微分法则可知

$$\mathrm{d}F = \frac{\partial F}{\partial\sigma_1}\mathrm{d}\sigma_1 + \frac{\partial F}{\partial K}\mathrm{d}K = 0$$

或

$$\left[\frac{\partial F}{\partial[\sigma]}\right]^{\mathrm{T}}\mathrm{d}[\sigma] - A\lambda = 0 \tag{4-75}$$

式中

$$A = -\frac{\partial F}{\partial K}\mathrm{d}K \times \frac{1}{\lambda} \tag{4-76}$$

将 $\left[\frac{\partial F}{\partial[\sigma]}\right]^{\mathrm{T}}[D]$ 前乘式（4-74），并利用式（4-75）消去 $\mathrm{d}[\sigma]$ 可得

$$\left[\frac{\partial F}{\partial[\sigma]}\right]^{\mathrm{T}}[D]\mathrm{d}[\varepsilon] = A\lambda + \left[\frac{\partial F}{\partial[\sigma]}\right]^{\mathrm{T}}[D]\left[\frac{\partial F}{\partial[\sigma]}\right]\lambda \tag{4-77}$$

由此可得

$$\lambda = \frac{\left[\frac{\partial F}{\partial[\sigma]}\right]^{\mathrm{T}}[D]}{A + \left[\frac{\partial F}{\partial[\sigma]}\right]^{\mathrm{T}}[D]\left[\frac{\partial F}{\partial[\sigma]}\right]}\mathrm{d}[\varepsilon] \tag{4-78}$$

用 $[D]$ 前乘式（4-74），移项后得

$$d[\sigma]=[D][d\varepsilon]-[D]\left[\frac{\partial F}{\partial[\sigma]}\right]\lambda \tag{4-79}$$

将式（4-78）代入式（4-79），可得

$$d[\sigma]=\left[[D]-\frac{[D]\left[\frac{\partial F}{\partial[\sigma]}\right]\left[\frac{\partial F}{\partial[\sigma]}\right]^{T}[D]}{A+\left[\frac{\partial F}{\partial[\sigma]}\right]^{T}[D]\left[\frac{\partial F}{\partial[\sigma]}\right]}\right]d[\varepsilon] \tag{4-80}$$

令

$$[D_{ep}]=[D]-\frac{[D]\left[\frac{\partial F}{\partial[\sigma]}\right]\left[\frac{\partial F}{\partial[\sigma]}\right]^{T}[D]}{A+\left[\frac{\partial F}{\partial[\sigma]}\right]^{T}[D]\left[\frac{\partial F}{\partial[\sigma]}\right]} \tag{4-81}$$

此即为增量理论的弹塑性矩阵通式。其具体的数学表达式将在4.4.5节详细说明。有了弹塑性矩阵，即可按通常的程序计算单元刚度矩阵。

关于硬化条件，由硬化参数 A 反映出来，这一值应由材料试验来确定，一般用单轴试验来确定 A 值比较方便。对于“做功硬化”材料（work hardening meterial），参数 A 等于在产生塑性变形过程中所做的塑性功，于是

$$dK=d\int W^{p}=\int\sigma_1 d\varepsilon_1^{p}+\sigma_2 d\varepsilon_2^{p}+\cdots=[\sigma]^{T}d[\varepsilon]^{p} \tag{4-82}$$

将式（4-82）、式（4-73）代入式（4-75），可得

$$A=-\frac{\partial F}{\partial K}[\sigma]^{T}\left[\frac{-\partial F}{\partial[\sigma]}\right] \tag{4-83}$$

在单向应力条件下，屈服条件可简化为

$$F(\sigma_{ij},K)=\sigma-\sigma_y=0 \tag{4-84}$$

由式（4-82）可得

$$dK=\sigma_y d\varepsilon^{p} \tag{4-85}$$

由式（4-84）可得

$$\frac{\partial F}{\partial\sigma}=1 \tag{4-86}$$

$$\frac{\partial F}{\partial K}=\frac{\partial F}{\partial\sigma_y}\frac{\partial\sigma_y}{\partial\varepsilon^{p}}\frac{\partial\varepsilon^{p}}{\partial K}=-1\times H'\frac{1}{\sigma_y}=-\frac{H'}{\sigma_y} \tag{4-87}$$

其中，$H'=\frac{d\sigma_y}{d\varepsilon^{p}}$，为应力与塑性变形曲线上的斜率［图4-22（a）］，它可由试验来确定。将式（4-86）、式（4-87）代入式（4-83），不难得到

$$A=\frac{H'}{\sigma_y}\sigma_y\times 1=H' \tag{4-88}$$

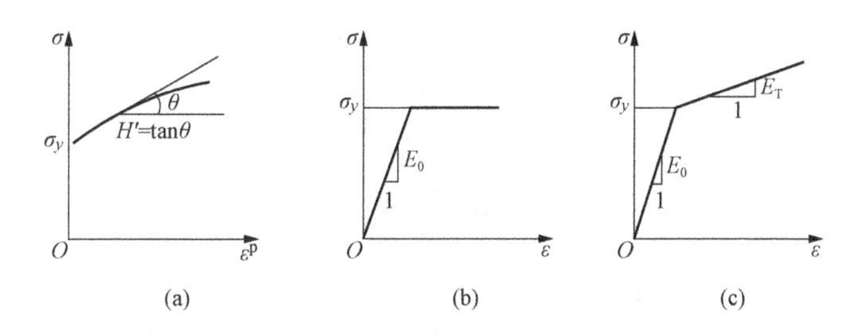

图 4-22　单向应力与塑性变形曲线

(a) 弹塑性变形斜率；(b) 理想弹塑性；(c) 线性强化弹塑性

于是，反映硬化条件的参数 A 可以从单向应力与塑性变形的曲线上取得。工程常用的两种硬化条件如下：

（1）理想弹塑性［见图 4-22（b)］：

$$A = 0$$

（2）线性强化弹塑性［见图 4-22（c)］：

$$A = \frac{E_{\mathrm{T}}}{1 - E_{\mathrm{T}}/E_0} \tag{4-89}$$

式中，E_0 为初始弹性模量；E_{T} 为屈服后的模量。

4.4.5　增量弹塑性矩阵的显式表达式

以上已经推导出增量理论的弹塑性矩阵表达式为

$$[D]_{\mathrm{ep}} = [D] - \frac{[D]\left[\frac{\partial F}{\partial[\sigma]}\right]\left[\frac{\partial F}{\partial[\sigma]}\right]^{\mathrm{T}}[D]}{A + \left[\frac{\partial F}{\partial[\sigma]}\right]^{\mathrm{T}}[D]\left[\frac{\partial F}{\partial[\sigma]}\right]} = [D] - [D]_{\mathrm{p}} \tag{4-90}$$

式中，$[D]$ 为弹性矩阵，可由材料的弹性常数 E、ν 或 K、G 表示；A 为反应硬化条件的参数，可由材料试验的应力与塑性变形的关系曲线来确定，对于理想塑性材料，可取 $A=0$；$[D]_{\mathrm{p}}$ 相当于塑性矩阵；F 为屈服面函数表达式；$\partial F/\partial[\sigma]$ 为屈服面的梯度矢量或称为流动矢量，可由屈服函数求导而得。

为了便于程序编制，还需将上述表达式具体化。通常有两种方法：一种是将具体的屈服函数代入式（4-90)，求出显式弹性矩阵表达式；另一种是由计算机程序采用矩阵运算，直接求出弹性矩阵的值。下面先推导增量弹塑性本构关系矩阵的显式表达式。

1. 等向强化的 Mises 材料

对满足 Mises 屈服准则、等向硬化的材料，其屈服函数可写成

$$\bar{\sigma} - K = 0 \tag{4-91}$$

式中 $$\bar{\sigma}=\sqrt{3J_2}=\frac{1}{\sqrt{2}}\sqrt{(\sigma_1-\sigma_2)^2+(\sigma_2-\sigma_3)^2+(\sigma_3-\sigma_1)^2}$$

设硬化法则与塑性功有关，即做功硬化，则

$$K=\left(\int \mathrm{d}W^{\mathrm{p}}\right)=\left(\int \sigma_{ij}\,\mathrm{d}\varepsilon_{ij}^{\mathrm{p}}\right)$$

由
$$\frac{\partial F}{\partial[\sigma]}=\begin{bmatrix}\frac{\partial\bar{\sigma}}{\partial\sigma_x} & \frac{\partial\bar{\sigma}}{\partial\sigma_y} & \frac{\partial\bar{\sigma}}{\partial\sigma_z} & \frac{\partial\bar{\sigma}}{\partial\tau_{xy}} & \frac{\partial\bar{\sigma}}{\partial\tau_{yz}} & \frac{\partial\bar{\sigma}}{\partial\tau_{zx}}\end{bmatrix}^{\mathrm{T}}$$
$$=\frac{3}{2\bar{\sigma}}[S_x \quad S_y \quad S_z \quad 2S_{xy} \quad 2S_{yz} \quad 2S_{zx}]^{\mathrm{T}}$$

得

$$[D]\left[\frac{\partial F}{\partial[\sigma]}\right]=\frac{3E}{2(1+\nu)(1-2\nu)\bar{\sigma}}\begin{bmatrix}1-\nu & \nu & \nu & 0 & 0 & 0\\ & 1-\nu & \nu & 0 & 0 & 0\\ & & 1-\nu & 0 & 0 & 0\\ & & & \frac{1-2\nu}{2} & 0 & 0\\ & & & & \frac{1-2\nu}{2} & 0\\ & & & & & \frac{1-2\nu}{2}\end{bmatrix}$$

$$\begin{Bmatrix}S_x\\S_x\\S_z\\2S_{xy}\\2S_{yz}\\2S_{zx}\end{Bmatrix}=\frac{3G}{\bar{\sigma}}\{S\}$$

式中，$G=\dfrac{E}{2(1+\nu)}$ 为切变模量；$\{S\}=\{S_x \quad S_y \quad S_z \quad S_{xy} \quad S_{yz} \quad S_{zx}\}^{\mathrm{T}}$ 为应力偏量矢量。

再由 $$[D]\left[\frac{\partial F}{\partial[\sigma]}\right]\left[\frac{\partial F}{\partial[\sigma]}\right]^{\mathrm{T}}[D]=\frac{3G}{\bar{\sigma}}\{S\}\frac{3G}{\bar{\sigma}}\{S\}^{\mathrm{T}}=\left(\frac{3G}{\bar{\sigma}}\right)^2\{S\}\{S\}^{\mathrm{T}}$$

而 $$\left[\frac{\partial F}{\partial[\sigma]}\right]^{\mathrm{T}}[D]\left[\frac{\partial F}{\partial[\sigma]}\right]=\frac{3G}{\bar{\sigma}}\{S\}^{\mathrm{T}}\left[\frac{\partial F}{\partial[\sigma]}\right]=3G$$

代入弹塑性本构关系式可得

$$[D]_{ep}=\frac{E}{1+\nu}\begin{bmatrix}\frac{1-\nu}{1-2\nu}-\eta S_x^2 & & & & & \\ \frac{\nu}{1-2\nu}-\eta S_xS_y & \frac{1-\nu}{1-2\nu}-\eta S_y^2 & & & & \\ \frac{\nu}{1-2\nu}-\eta S_xS_z & \frac{\nu}{1-2\nu}-\eta S_yS_z & \frac{1-\nu}{1-2\nu}-\eta S_z^2 & & & \\ -\eta S_xS_{xy} & -\eta S_yS_{xy} & -\eta S_zS_{xy} & \frac{1}{2}-\eta S_{xy}^2 & & \\ -\eta S_xS_{yz} & -\eta S_yS_{yz} & -\eta S_zS_{yz} & -\eta S_{xy}S_{yz} & \frac{1}{2}-\eta S_{yz}^2 & \\ -\eta S_xS_{zx} & -\eta S_yS_{zx} & -\eta S_zS_{zx} & -\eta S_{xy}S_{zx} & -\eta S_{yz}S_{zx} & \frac{1}{2}-\eta S_{zx}^2\end{bmatrix} \tag{4-92}$$

式中，$\eta=\frac{9G}{2\bar{\sigma}^2(A+3G)}$。

2. 随动强化的 Mises 材料

对于满足 Mises 屈服条件、随动强化的材料，其屈服函数可写成

$$F=\left[\frac{1}{2}(S_{ij}-C\sigma_{ij}^{p})(S_{ij}-C\sigma_{ij}^{p})\right]^{\frac{1}{2}}-k_0=0 \tag{4-93}$$

由单向拉伸实验可知，$k_0=\frac{\sigma_y}{\sqrt{3}}$。因为假定随动强化，所以 k_0 是常数，即屈服面大小不发生变化。其中 C 是与内变量硬化参数 K 有关的标量。其中

$$\sigma_{ij}^{p}=\int d\sigma_{ij}^{p}$$

用矩阵记为　　$[\sigma^{p}]=[\sigma_{11}^{p}\quad \sigma_{22}^{p}\quad \sigma_{33}^{p}\quad \sigma_{23}^{p}\quad \sigma_{31}^{p}\quad \sigma_{21}^{p}]^{T}$

C_{σ}^{p} 确定了屈服面在应力空间的平移位置，故称为应力迁移矢量。不难计算出

$$\frac{\partial F}{\partial \sigma}=\frac{1}{2K_0}(\bar{S}-\bar{\sigma}^{p}) \tag{4-94}$$

其中

$$\bar{S}=[S_{11}\quad S_{22}\quad S_{33}\quad 2S_{23}\quad 2S_{31}\quad 2S_{12}]^{T}$$

$$\bar{\sigma}^{p}=[\sigma_{11}^{p}\quad \sigma_{22}^{p}\quad \sigma_{33}^{p}\quad 2\sigma_{23}^{p}\quad 2\sigma_{31}^{p}\quad 2\sigma_{12}^{p}]^{T}$$

注意 $\bar{S}$ 与 S，$\bar{\sigma}^{p}$ 与 σ^{p} 在后三项系数中有差别。运用矩阵乘法，求得 $\left[\frac{\partial F}{\partial \sigma}\right]^{T}[D]\left[\frac{\partial F}{\partial \sigma}\right]$ 和 $[D]\left[\frac{\partial F}{\partial \sigma}\right]\left[\frac{\partial F}{\partial \sigma}\right]^{T}[D]$ 并展开可得运动硬化的米泽斯弹塑性本构矩阵为

$$C^{ep}=\frac{E}{1+\nu}\begin{pmatrix} \frac{1-\nu}{1-2\nu}-\beta(tS_{11}-C^{t}e^{p}_{11})^{2} & \frac{1-\nu}{1-2\nu}-\beta(tS_{11}-C^{t}e^{p}_{11})\cdot(tS_{22}-C^{t}e^{p}_{22}) & \frac{1-\nu}{1-2\nu}-\beta(tS_{11}-C^{t}e^{p}_{11})\cdot(tS_{33}-C^{t}e^{p}_{33}) & -\beta(tS_{11}-C^{t}e^{p}_{11})\cdot(tS_{12}-C^{t}e^{p}_{12}) & -\beta(tS_{11}-C^{t}e^{p}_{11})\cdot(tS_{13}-C^{t}e^{p}_{13}) & -\beta(tS_{11}-C^{t}e+^{p}_{11})\cdot(tS_{23}-C^{t}e^{p}_{23}) \\ & \frac{1-\nu}{1-2\nu}-\beta(tS_{22}-C^{t}e^{p}_{22})^{2} & \frac{1-\nu}{1-2\nu}-\beta(tS_{22}-C^{t}e^{p}_{22})\cdot(tS_{33}-C^{t}e^{p}_{33}) & -\beta(tS_{22}-C^{t}e^{p}_{22})\cdot(tS_{12}-C^{t}e^{p}_{12}) & -\beta(tS_{22}-C^{t}e^{p}_{22})\cdot(tS_{13}-C^{t}e^{p}_{13}) & -\beta(tS_{22}-C^{t}e^{p}_{22})\cdot(tS_{23}-C^{t}e^{p}_{23}) \\ & & \frac{1-\nu}{1-2\nu}-\beta(tS_{33}-C^{t}e^{p}_{33})^{2} & -\beta(tS_{33}-C^{t}e^{p}_{33})\cdot(tS_{12}-C^{t}e^{p}_{12}) & -\beta(tS_{33}-C^{t}e^{p}_{33})\cdot(tS_{13}-C^{t}e^{p}_{13}) & -\beta(tS_{33}-C^{t}e^{p}_{33})\cdot(tS_{23}-C^{t}e^{p}_{23}) \\ & & & \frac{1}{2}-\beta(tS_{12}-C^{t}e^{p}_{12})^{2} & & -\beta(tS_{12}-C^{t}e^{p}_{12})\cdot(tS_{23}-C^{t}e^{p}_{23}) \\ & & & & \frac{1}{2}-\beta(tS_{13}-C^{t}e^{p}_{13})^{2} & -\beta(tS_{23}-C^{t}e^{p}_{23})\cdot(tS_{23}-C^{t}e^{p}_{23}) \\ & & & & & \frac{1}{2}-\beta(tS_{23}-C^{t}e^{p}_{23})^{2} \end{pmatrix} \tag{4-95}$$

其中

$$\beta=\frac{9G}{2\bar{\sigma}^{2}(A+3G)}$$

$$C=\frac{2}{3}\times\frac{EE_{r}}{E-E_{r}} \quad （双折线硬化材料）$$

与等向强化本构关系相比，不难发现，两者很相似，主要区别在于用（$S_{ij}-C\sigma^{p}_{ij}$）代替了S_{ij}，其中C为硬化参数，若为理想弹塑性材料，$C=0$，与等向强化就没有区别了。这是符合在相同条件下应具有一致性的原则的。

与一般表达的本构关系相似，可以由材料常数及应力状态S_{ij}求出弹性本构矩阵中的各元素值，相应程序不难编写。其中C或H为硬化常数

$$H=C=\frac{2}{3}\times\frac{EE_{t}}{E-E_{t}}$$

例如，图 4-23 所示的双线性硬化材料本构关系。

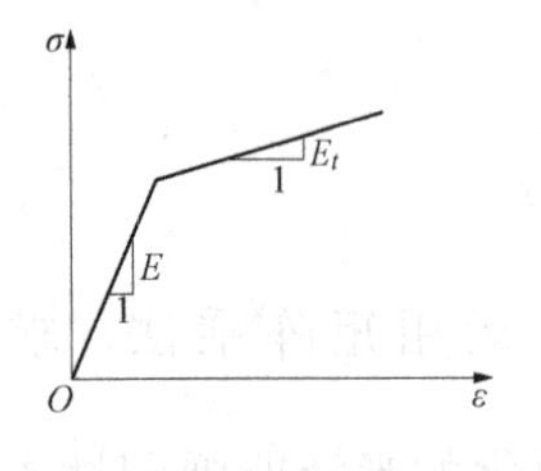

图 4-23　双线性硬化材料本构关系

4.4.6　增量弹塑性关系的通用程序

在弹塑性本构矩阵中，主要是弹性矩阵［D］与流动矢量$\frac{\partial F}{\partial[\sigma]}$两个矩阵的运算。为了便于计算机自动运算，将流动矢量写成统一的算法公式。令屈服函数表示为

$$F(I,\sqrt{J_2},J_3,K)=0$$

取 $\sigma_e=\sqrt{J_2}$ ，由微分法则得

$$\frac{\partial F}{\partial \sigma}=\frac{\partial F}{\partial I_1}\frac{\partial I_1}{\partial \sigma}\frac{\partial F}{\partial \sigma_e}\frac{\partial \sigma_e}{\partial \sigma}+\frac{\partial F}{\partial J_3}\frac{\partial J_3}{\partial \sigma}=C_1\frac{\partial I_1}{\partial \sigma}+C_2\frac{\partial \sigma_e}{\partial \sigma}+C_3\frac{\partial J_3}{\partial \sigma} \tag{4-96}$$

其中，C_1、C_2、C_3 取决于屈服函数 $F(\sigma_{ij},K)=0$ ，而诸不变量对应力的导数的列阵也可求出。

因为

$$I_1=\sigma_x+\sigma_y+\sigma_z$$

所以

$$\frac{\partial I_1}{\partial \sigma}=[1,1,1,0,0,0]^{\mathrm{T}} \tag{4-97}$$

又因为

$$\begin{aligned}J_2&=\frac{1}{2}(S_x^2+S_y^2+S_z^2)+\tau_{xy}^2+\tau_{yz}^2+\tau_{zx}^2\\&=\frac{1}{2}[(\sigma_x-\sigma_m)^2+(\sigma_y-\sigma_m)^2+(\sigma_z-\sigma_m)^2+\tau_{xy}^2+\tau_{yz}^2+\tau_{zx}^2]\end{aligned}$$

且

$$\sigma_m=\frac{1}{3}(\sigma_x+\sigma_y+\sigma_z)$$

所以

$$\frac{\partial \sigma_e}{\partial \sigma}=\frac{1}{2\sqrt{J_2}}\begin{Bmatrix}S_x\\S_y\\S_z\\2\tau_{xy}\\2\tau_{yz}\\2\tau_{zx}\end{Bmatrix} \tag{4-98}$$

又因为

$$\begin{aligned}J_3&=S_xS_yS_z+2\tau_{xy}\tau_{yz}\tau_{zx}-S_x\tau_{yz}^2-S_y\tau_{xy}^2-S_z\tau_{xy}^2\\&=(\sigma_x-\sigma_m)(\sigma_y-\sigma_m)(\sigma_z-\sigma_m)+2\tau_{xy}\tau_{xz}\tau_{yz}\\&\quad-(\sigma_x-\sigma_m)\tau_{yz}^2-(\sigma_y-\sigma_m)\tau_{zx}^2-(\sigma_z-\sigma_m)\tau_{xy}^2\end{aligned}$$

所以

$$\frac{\partial J_3}{\partial \sigma_e}=\begin{Bmatrix}S_yS_z-\tau_{yz}^2+\dfrac{J_2}{3}\\S_zS_x-\tau_{zx}^2+\dfrac{J_2}{3}\\S_zS_y-\tau_{xy}^2+\dfrac{J_2}{3}\\2(\tau_{yz}\tau_{yx}-S_z\tau_{xy})\\2(\tau_{xy}\tau_{zx}-S_x\tau_{yz})\\2(\tau_{xy}\tau_{yz}-S_y\tau_{xz})\end{Bmatrix} \tag{4-99}$$

C_1、C_2、C_3 的值则由屈服函数确定，下面列出一些供参考。

（1）特雷斯加条件：

$$\left.\begin{aligned} &F(J_2,\theta)=2\sqrt{J_2}\sin(\theta+60^\circ)-\sigma_y=0 \\ &C_1=0 \quad C_2=\sin\theta+\sqrt{3}\cos\theta+\cos3\theta(\cos\theta-\sqrt{3}\sin\theta) \\ &C_3=\sqrt{3}J_2(\sqrt{3}\sin\theta-\cos\theta)\sin3\theta/2 \end{aligned}\right\} \tag{4-100}$$

（2）米泽斯条件：

$$F(J_2)=\sqrt{3J_2}-\sigma_y=0$$

$$C_1=0, C_2=\sqrt{3}, C_3=0 \tag{4-101}$$

（3）莫尔-库仑条件：

$$F(I_1,J_2,\theta)=\frac{\sin\varphi}{3}I_1+J_2\sin(\theta+60^\circ)\sin\varphi-\cos\varphi=0$$

$$\left.\begin{aligned} &C_1=\frac{\sin\varphi}{3} \\ &C_2=\frac{1}{2\sqrt{3}}\left[(3+\sin\varphi)(\cos\theta-\sin\theta\cot3\theta)+\sqrt{3}(1-\sin\varphi)(\sin\theta+\cos\theta\cot3\theta)\right] \\ &C_3=\frac{1}{4J_2\sin3\theta}\left[(3+\sin\varphi)\sin\theta-\sqrt{3}(1-\sin\varphi)\cos\theta\right] \end{aligned}\right\} \tag{4-102}$$

（4）Drucher-Prager 条件：

$$\begin{aligned} &F(I_1,J_2)=\alpha I_1+\sqrt{J_2}-K'=0 \\ &C_1=\alpha,\ C_2=1,\ C_3=0 \end{aligned} \tag{4-103}$$

（5）Chen 条件。当 $I_1\leqslant 0$ 和 $\sqrt{J_2}+\frac{I_1}{\sqrt{3}}\leqslant 0$ 时有

$$F(I_1,J_2)=\frac{Au}{3}+J_2-\tau_u^2=0$$

于是

$$C_1=\frac{Au}{3},\ C_2=2\sqrt{J_2},\ C_3=0 \tag{4-104}$$

当 $I_1>0$ 或 $\sqrt{J_2}+\frac{I_1}{3}>0$ 时有

$$F(I_1,I_2)=\frac{Au}{3}I_1-\frac{I_1^2}{6}+J_2-\tau_u=0$$

于是

$$C_1=\frac{1}{3}(Au-I_1),\ C_2=2\sqrt{J_2},\ C_3=0 \tag{4-105}$$

关于其他屈服条件的 C_1、C_2、C_3 表达式，只要 $F(I_1,J_2,\theta)$ 已知，也可用同样的方

法导出，这里就不一一列举了。

根据上述求得的弹性矩阵通式，就不难编出计算机程序了。

在实际结构分析中，还要处理弹塑性过渡区的刚度矩阵。由上面分析可知，弹塑性矩阵的数值是随着应力的变化而变化的。在用增量法求解时，在某一级荷载下，单元按应力状态不同而分为三类。

（1）上一步荷载时单元未屈服，即 $F<0$，加载后仍未屈服，这时单元处于弹性状态，本构矩阵为 $[D]$。

（2）上一步荷载时单元已屈服，加载后仍满足屈服条件，则单元处于塑性状态，本构关系用 $[D]_{ep}$ 。

（3）上一步荷载时，单元处于弹性，加载后满足屈服条件。这种单元处于过渡状态，可取弹性矩阵 $[D]$ 和弹塑性矩阵 $[D]_{ep}$ 的加权组合，即

$$[\widetilde{D}]_{ep}=m[D]+(1+m)[D]_{ep} \tag{4-106}$$

求 m 的方法是：设加 k 级荷载后的等效应力为 $\bar{\sigma}_r$ ，等效应变为 $\bar{\varepsilon}_s$ ，前一级荷载结束时的等效应变为 $\bar{\varepsilon}_{k-1}$ ，而 ε_s 是屈服时的等效应变，则

$$m=\frac{\varepsilon_s-\bar{\varepsilon}_{k-1}}{\bar{\varepsilon}_k-\varepsilon_{k-1}} \tag{4-107}$$

当然，修正 $[\widetilde{D}]_{ep}$ 会影响本级荷载的 $\bar{\varepsilon}_k$ ，这在具体计算中还需要迭代。关于等效应力、应变可取应力强度、应变强度或其他代表值。

4.5　求解非线性方程的增量法

为了研究非线性问题的解法，很多数学、力学工作者做了大量工作。其中比较常用的有增量法和迭代法。增量法是微分方程求解过程中常用的方法。增量形式一般为

$$[K]\mathrm{d}[\delta]=\mathrm{d}[P] \tag{4-108}$$

这实质上是一个一阶微分方程组。因此，求解一阶微分方程初值问题的常用方法，如欧拉折线法、龙格 - 库塔法等都可应用。当然，在实际应用中又有许多变化，主要问题是如何修正刚度矩阵 $[K]$。

这里结合非线性有限元方程的求解过程介绍增量法。所谓逐步增量法，是指把荷载划分为许多荷载增量，每施加一个荷载增量，计算结构的位移和其他反应时，认为结构是线性的，即结构的刚度矩阵是常数。在不同的荷载增量中，刚度矩阵是不同的，它与结构的变形有关。因此，增量法实质上是用分段线性的折线去代替非

线性的曲线。或者说，用分段的线性解去逼近非线性解。如何将非线性问题分段线性化，具体计算方案可有所不同。在结构分析中，关键问题是如何随荷载、位移的变化而计算不同的刚度矩阵。以下介绍几种增量法的常用算法。

4.5.1 欧拉（Euler）折线法

设荷载分为 m 个增量，即

$$[F_{\mathrm{p}}]=\sum_{i=1}^{m}[\Delta F_{\mathrm{p}i}] \tag{4-109}$$

每一个荷载增量产生一个位移 $[\Delta\delta_i]$，因而在施加 n 个荷载增量之后，总荷载为

$$[F_{\mathrm{p}n}]=\sum_{i=1}^{n}[\Delta F_{\mathrm{p}i}] \tag{4-110}$$

$$[\delta_n]=[\delta_{n-1}]+[\Delta\delta_n] \tag{4-111}$$

欧拉折线法计算第 n 个位移增量时，其刚度矩阵取为上一级荷载增量结束时的线性刚度矩阵 $[K_{n-1}]$，也即第 n 级荷载开始的线性刚度矩阵，即

$$[K_{n-1}][\Delta\delta_n]=[\Delta F_{\mathrm{p}n}] \tag{4-112}$$

求解过程以一维为例示于图 4-21，其计算公式为

$$\left.\begin{aligned}[\Delta\delta_n]&=[K_{n-1}]^{-1}[\Delta F_{\mathrm{p}n}]\\ [\delta_n]&=[\delta_{n-1}]+[\Delta\delta_n]\end{aligned}\right\} \tag{4-113}$$

利用式（4-113)，并参考图 4-24，欧拉折线法的求解过程可归纳如下：

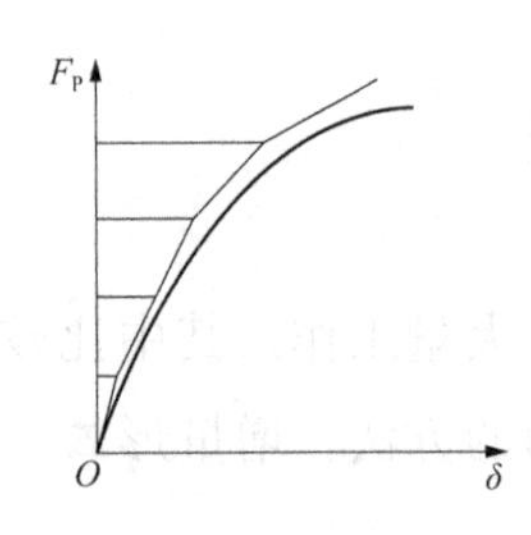

图 4-24 欧拉折线法

（1）施加第 n 步荷载增量 $[\Delta F_{\mathrm{p}n}]$，利用始点线性刚度矩阵 $[K_{n-1}]$ 求得这一步荷载增量下的位移增量 $[\Delta\delta_n]$。

（2）由位移增量计算各单元应变增量及相应的应力增量 $[\Delta\delta_n]$，并计算总的位移与应力：

$$[\delta_n]=[\delta_{n-1}]+[\Delta\delta_n]$$

$$[\sigma_n]=[\sigma_{n-1}]+[\Delta\sigma_n]$$

（3）判断是不是最后一级荷载，如果是最后一级荷载，则结束计算；若不是，则进行下一步计算。

（4）根据总应力水平 $[\sigma_n]$，修正材料弹性常数，求出相应的单元刚度和集合总体刚度矩阵 $[K_n]$ 并转到步骤 1)，施加下一步荷载增量 $[\Delta F_{\mathrm{p}n+1}]$。

4.5.2 修正的欧拉折线法

欧拉折线法计算简单，但随着荷载级数的增加，其折线偏离曲线的程度就越大，计算精度就降低。为了提高计算精度，一种办法是用每一步荷载增量的始、末刚度

的某种加权平均值替代起始刚度来计算本步荷载增量的位移。即由式（4 - 113）求得的位移 $[\delta_n]$ 先作为中间值存储起来，并记为 $[\delta'_n]$ 。由此值和前一步荷载位移值加权平均，即

$$[\delta_{i+\theta}]=(1-\theta)[\delta_{n-1}]+\theta[\delta'_n] \tag{4-114}$$

式中，θ 为加权参数，$0\leqslant\theta\leqslant 1$ ，一般可取 $\theta=\dfrac{1}{2}$ 。

然后，利用 $[\delta_{i+\theta}]$ 来推求刚度矩阵 $[K_{i+\theta}]$ ，利用这一刚度来求本步荷载增量下的位移，即

$$\left.\begin{aligned}[\Delta\delta_n]&=[K_{i+\theta}]^{-1}[\Delta F_{pn}]\\ [\delta_n]&=[\delta_{n-1}]+[\Delta\delta_n]\end{aligned}\right\} \tag{4-115}$$

当取 $\theta=\dfrac{1}{2}$ 时，就相当于利用中点龙格 - 库塔法求解常微分方程，全部计算式为

$$\left.\begin{aligned}[\delta'_n]&=[\delta_{n-1}]+[K_{n-1}]^{-1}[\Delta F_{pn}]\\ [\delta_{n-\frac{1}{2}}]&=\frac{1}{2}([\delta_{n-1}]+[\delta'_n])\\ [\Delta\delta_n]&=[K_{n-\frac{1}{2}}]^{-1}[\Delta F_{pn}]\\ [\delta_n]&=[\delta_{n-1}]+[\Delta\delta_n]\end{aligned}\right\} \tag{4-116}$$

有了式（4 - 116），便不难写出相应的计算步骤了。

按上述算法，求得的 $[\Delta\delta_n]$ 一般不等于 $[\Delta\delta'_n]$ 。为改善精度，必要时可用 $[\Delta\delta_n]$ 替代 $[\Delta\delta'_n]$ ，进行迭代计算，以达到满意的精度为止。

在上述算法中，除了存储 $[\delta'_n]$ 以外，还要将起始刚度矩阵 $[K_{n-1}]$ 存储起来，这是不经济的。另一种改进算法是采用半增量法，或称中点刚度法。即先加 1/2 荷载增量，求出位移及应力增量，并求出相应于这一荷载水平的刚度。用这一刚度求出本步荷载增量的位移。整个计算过程为

$$[\Delta\delta'_{n-\frac{1}{2}}]=[K_{n-1}]^{-1}\frac{1}{2}[\Delta F_{pn}]$$

$$[\delta_{n-\frac{1}{2}}]=[\delta_{n-1}]+[\Delta\delta'_{n+\frac{1}{2}}]$$

由 $[\delta_{n-\frac{1}{2}}]$ 求出相应的刚度矩阵 $[K_{n-\frac{1}{2}}]$ ，然后

$$[\Delta\delta_n]=[K_{n-\frac{1}{2}}]^{-1}[\Delta F_{pn}] \tag{4-117}$$

这一计算过程可用一维 F_p - δ 关系示于图 4 - 25 中。图 4 - 25 中，荷载由 F_{pn-1} 加到 F_{pn} ，用一步欧拉折线法求得的位移为 $[\delta'_n]$ ，用两步欧拉折线法求得的位移为 $[\delta''_n]$ ，而用一步中点刚度法求得的位移为

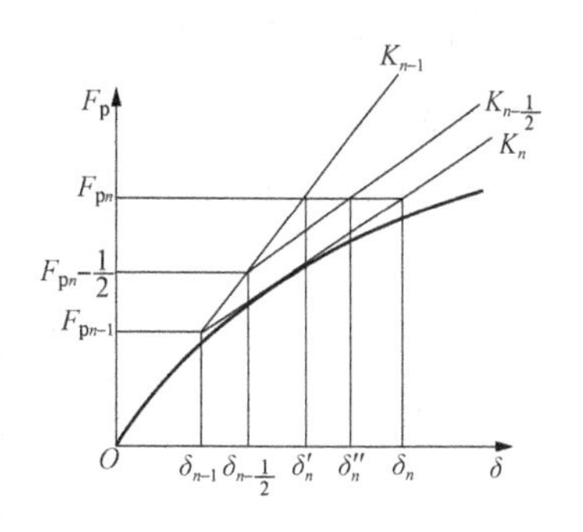

图 4 - 25　一维 F_p - δ 关系

$[\delta_n]$。可见，中点刚度法的精度是比较好的，它比二步欧拉折线法的结果还精确一些。

4.6 求解非线性方程组的迭代法

用迭代法解非线性方程组常用的三种方法，现分别介绍。

4.6.1 割线刚度迭代法

割线刚度迭代法是迭代法中比较简单的一种，又称直接迭代法，其迭代过程如图 4-26 所示。在某级荷载 F_p 作用下，用初始刚度矩阵 $[K_0]$，求得位移的第一次近似值，即

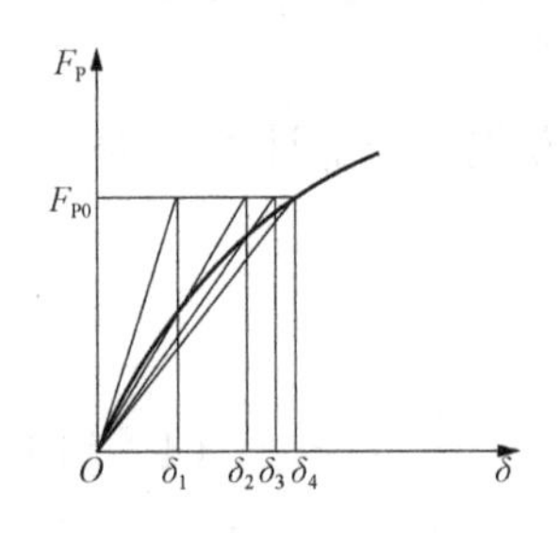

图 4-26 割线刚度迭代法

$$[\delta_1]=[K_0]^{-1}[F_p] \tag{4-118}$$

然后，利用 $[\delta_1]$ 求得单元的应变，进而求得应力，根据应力状态确定即时的本构矩阵，根据这一本构矩阵即可求得新的割线刚度矩阵 $[K]$。根据刚度矩阵 $[K]$ 可求得位移的第二次近似值，即

$$[\delta_2]=[K_1]^{-1}[F_p] \tag{4-119}$$

重复上述步骤，每次可由式（4-119）求得进一步的近似值，即

$$[\delta_{k+1}]=[K_k]^{-1}[F_p] \tag{4-120}$$

直到 $[\delta_{k+1}]$ 与 $[\delta_k]$ 充分接近为止。关于充分接近或者收敛标准的问题，将在 4.7 节中讨论。

4.6.2 切线刚度迭代法

切线刚度迭代法也是一种变刚度的迭代法，但它不同于割线刚度迭代法，不是用割线刚度而是用变化的切线刚度，其迭代过程如图 4-27 所示。这一迭代法又称牛顿切线迭代法。

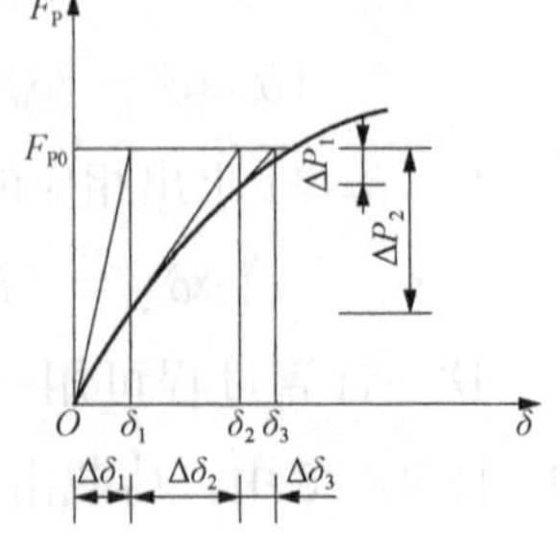

图 4-27 切线刚度迭代法

该法首先取初始刚度矩阵 $[K_0]$，求得位移的第一次近似值，即

$$[\delta_1]=[K_0]^{-1}[F_p] \tag{4-121}$$

由初始位移可以求得单元应变，进而求得单元应力。由单元应力可以求得相应的节点荷载 $[F_{pl}]$。第二步，用相应于 $[\delta_1]$ 时的即时切线模量 $[K_1]$，在荷载 $[\Delta F_{pl}]=$

$[F_p]-[F_{pl}]$ 作用下求得位移增量 $[\delta_2]$，即

$$[\Delta F_{pl}]=[F_p]-[F_{pl}]$$

$$[\Delta\delta_2]=[K_1]^{-1}[\Delta F_{pl}]$$

从而求得位移的第二次近似值为

$$[\delta_2]=[\delta_1]+[\Delta\delta_2]$$

重复以上步骤，即

$$\left.\begin{aligned}&[\Delta F_{pK}]=[F_p]-[F_{pK}]\\&[\Delta\delta_{K+1}]=[K_K]^{-1}[\Delta F_{pK}]\\&[\delta_{K+1}]=[\delta_K]+[\Delta\delta_{K+1}]\end{aligned}\right\}\quad(4-122)$$

直到 $[\delta_{K+1}]$ 与 $[\delta_K]$ 充分接近，或者 $[\Delta F_{pK}]$ 足够小为止。

4.6.3　等刚度迭代法

以上两种是变刚度迭代法，其缺点是每一步计算都要重新计算刚度矩阵和建立新的方程组，这是很不经济的。尤其是当结构的自由度很多时，计算工作量很大。为此，有学者提出修正的 Newton - Raphson 方法。

因为这一方法在迭代过程中采用不变的刚度，所以又称为等刚度迭代法。其计算过程如图 4 - 25 所示，具体步骤如下：

（1）用初始刚度矩阵 $[K_0]$，求出位移的第一次近似值，即

$$[\delta_1]=[K_0]^{-1}[F_p]$$

（2）按 $[\delta]$ 求出单元应变 $[\varepsilon]$，由单元应变求得单元应力 $[\sigma_1]=[D_0][\varepsilon_1]$，由应力可以求得相当的节点力为

$$[F_{pl}]=\int[B]^{\mathrm{T}}[\sigma]\mathrm{d}V\quad(4-123)$$

这样 $[F_{pl}]$ 与原加荷载的差为

$$[\Delta F_{pl}]=[F_p]-[F_{pl}]$$

（3）将 $[\Delta F_p]$ 再加于结构，仍用初始刚度矩阵 $[K_0]$ 求得附加位移，即

$$[\Delta\delta_2]=[K_0]^{-1}[\Delta F_{pl}]$$

从而求得第二次位移的近似值

$$[\delta_2]=[\delta_1]+[\Delta\delta_2]\quad(4-124)$$

重复以上步骤，直到 $[\delta_{K+1}]$ 与 $[\delta_K]$ 之差达到足够小或者 $[\Delta F_{pK}]$ 为足够小为止。

由上述分析可见，这一方法不同于以上两种方法之处在于迭代过程中始终用同

一刚度。这就避免了重新计算刚度的麻烦，但迭代次数显然增加了，收敛速度要慢一些。这一点可以通过比较图 4 - 27 和图 4 - 28 看出。

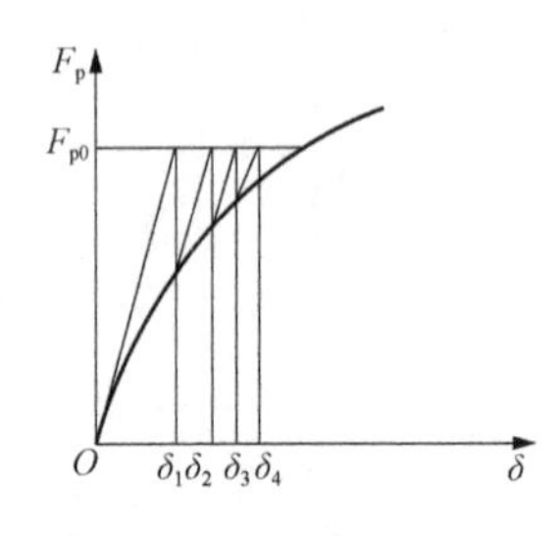

图 4 - 28　等刚度迭代法

在实际应用中，有时兼用变刚度迭代法和等刚度迭代法，即在收敛速度很慢时变化一次刚度，然后保持此刚度进行迭代。这样可以在变化刚度次数不多的情况下得到较快的收敛速度。

为了求得加载全过程的位移曲线和应力变化等信息，必须将荷载分成许多级，逐级增加，这就要用增量法。而对每级荷载增量，又要运用迭代法才能求得更精确的结果。所以在实际计算中常常是增量法和迭代法结合在一起的。在实际应用中，每一级荷载增量取 5%的极限荷载或 20%左右的开裂荷载即可取得较好的结果。

4.7　收　敛　标　准

在迭代法中，为了中止迭代过程，必须确定一个收敛的标准。在实际应用中，两种常用的量是不平衡节点力和用位移增量。

一个数的“大小”可以由其绝对值来判断，单个矢量的“大小”可由其模来确定。对于一个结构，无论是节点力或节点位移都有很多量，组成一个矢量，其“大小”如何衡量？可以选定一个矢量的模，或者称为范数。若 $[V]$ 表示一矢量，则此矢量的范数用 $\|V\|$ 来表示。

有关范数的定义可在线性代数的教科书中找到。常用矢量的范数有三个，现说明如下。

设有一列矢量 $[V]=[V_1,V_2,V_3,\cdots,V_n]^{\mathrm{T}}$，则该矢量的三个范数为

(1) 各元素绝对值之和

$$\|V\|_1=\sum_{i=1}^{n}|V_i| \tag{4 - 125}$$

(2) 各元素平方和的根

$$\|V\|_2=\left(\sum_{i=1}^{n}V_i^2\right)^{\frac{1}{2}} \tag{4 - 126}$$

(3) 元素中绝对值的最大者

$$\|V\|_{\infty}=\max_{n}|V_i| \tag{4 - 127}$$

这三个范数可记为 $\|V\|_n(n=1,2,\infty)$，在应用中可任选其中的一种。

有了矢量的范数，则无论是节点力矢量还是节点位移矢量，其“大小”均可按其

范数的大小来判断。所谓足够小或充分小，就是指其范数已小于预先指定的小数。

若取不平衡节点力为衡量收敛标准，则满足下列条件时，就认为收敛：

$$\| n_{\text{res}} \| \leqslant \alpha \| n \| \tag{4-128}$$

式中：$\| n_{\text{res}} \|$ 为残余节点力矢量的范数；$\| n \|$ 为施加荷载（已化为节点荷载）矢量的范数；α 为预先指定的小数，称为收敛允许值。

若取节点位移增量为判断收敛的标准，则下列条件满足时即认为收敛：

$$\| \Delta\delta_K \| \leqslant \alpha \| \delta_K \| \tag{4-129}$$

式中：$\| \delta_K \|$ 为在某级荷载作用下经 K 次迭代后的总节点位移矢量的范数；$\| \Delta\delta_K \|$ 为在同级荷载作用下，第 K 次迭代时附加位移增量矢量的范数，即 $\| \Delta\delta_K \| = \| \delta_K - \delta_{K-1} \|$；$\alpha$ 为收敛允许值。

收敛允许值 α 的取值，要根据结构计算要求的精度来确定，有时也要和试验所能达到的精度相适应。通常建议取 0.1%～1.0%，据笔者计算后比较，认为钢筋混凝土结构计算和一般均匀连续体介质力学的数值计算方法相比，计算简便、稳定更为重要，精度不必过分苛求，一般取 α=2%～3%即可。

取哪一种范数，按道理可以任选。但是，在用节点力作为收敛标准判断时，取 $\| n_{\text{res}} \|_2$ 比较好；在用节点位移增量作为收敛标准判断时，取 $\| \delta_{\text{res}} \|_\infty$ 更为方便。在非线性比较严重的问题中，取有关位移的范数作为判断准更合适。有的学者还用能量的范数(实际已为标量)，即用 $([P]^{\mathrm{T}}[\delta])_{\text{res}}$ 作为收敛标准，它综合了力与位移两个方面。

关于误差的问题，在连续介质力学中，针对计算方法的好坏、精度的高低常与解析解相比较。在钢筋混凝土结构有限元分析中，由于没有解析解存在，则常与试验结果比较。图 4-29 所示为试验曲线与分析结构的比较。从实用观点看，这两个比较结果与实测结果应该是吻合相当好的。但单从位移或承载力来计算，则误差还是相当大的。这里，提出一个用两曲线的距离来衡量误差的方法。为了克服计算两曲线距离的困难，可近似用 $R_t\triangle ABO$ 斜边上的高 d 来替代，如图 4-29 (a) 所示，即用 d/OB 来衡量误差的大小。这从工程观点来看是比较合理的。当 $\triangle ABO$ 的某一边很长甚至不能形成三角形时，则两曲线必接近平行，可直取两线之间的距离，如图 4-29 (b) 所示，用 d/OA 或 d/OB 来衡量误差。

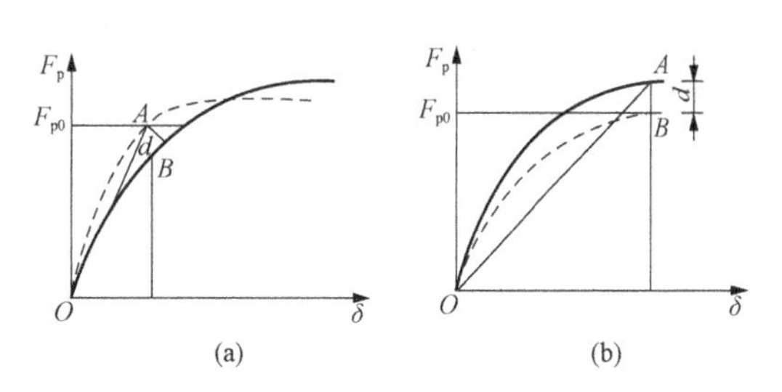

图 4-29　试验曲线与分析结构比较

(a) 用 d/OB 来衡量误差；

(b) 用 d/OA 或 d/OB 来衡量误差

例 4.3　一简单受拉杆，轴力 F=30kN，已知杆长 l=50cm，横截面积 A=

$2cm^2$，材料应力-应变关系为

$$\sigma = E_0\left(1-\frac{\varepsilon}{\varepsilon_0}\right)\varepsilon$$

其中，$\varepsilon_0 = 0.002, E_0 = 21000kN/cm^2$，试用增量法和迭代法求解位移。用迭代法求解时要求精度 $\|\Delta\delta\| \leqslant 10^{-3}$。

解 弹性解为

$$\Delta = \frac{l}{EA}F = K^{-1}F = \frac{50}{21000\times 2}\times 30 = 0.0351743cm$$

非线性精确解为

$$u = \int_0^l\int_0^\varepsilon(\sigma d\varepsilon)A\,dx = AlE_0\left(\frac{\varepsilon^2}{2}-\frac{\varepsilon^3}{6\varepsilon_0}\right) = AlE_0\left[\frac{1}{2}\left(\frac{\Delta}{l}\right)^2-\frac{1}{6\varepsilon_0}\left(\frac{\Delta}{l}\right)^3\right]$$

由 $\dfrac{\partial u}{\partial\Delta} = F$ 得

$$AlE_0\left[\frac{\Delta}{l^2}-\frac{1}{2\varepsilon_0}\frac{\Delta^2}{l^3}\right] = F$$

即

$$4200\Delta^2 - 840\Delta + 30 = 0$$

解得

$$\Delta = 0.0465477cm$$

(1) 欧拉折线法求解。因为这是一维非线性问题，并且只有一个位移未知量。用有限元求解时，刚度矩阵只有一个元素，即为

$$K = \frac{EA}{l}$$

由

$$\sigma = E_0\left(1-\frac{\varepsilon}{2\varepsilon_0}\right)\varepsilon$$

可得切线弹性模量：

$$E_t = \frac{d\sigma}{d\varepsilon} = E_0\left(1-\frac{\varepsilon}{\varepsilon_0}\right)$$

割线模量为

$$E_s = \frac{\sigma}{\varepsilon} = E_0\left(1-\frac{\varepsilon}{2\varepsilon_0}\right)$$

相应地，全量刚度（割线刚度）为

$$K_s = \frac{E_sA}{l}$$

增量刚度（切线刚度）为

$$K_t = \frac{E_tA}{l}$$

(2) 欧拉折线法求解。将荷载分为三个增量，$\Delta F_p = 10kN$ 为第一级荷载增量时，$E_0 = 21000kN/cm^2$，因而有

$$\Delta_1 = K_0^{-1}\Delta F_{p1} = \frac{50}{21000\times 2}\times 10\text{cm} = 0.00119\times 10\text{cm} = 0.0119\text{cm}$$

$$\varepsilon_1 = \frac{\Delta_1}{l} = 0.000238$$

$$E_{t1} = E_0\left(1-\frac{\varepsilon_1}{\varepsilon_0}\right) = 21000\times\left(1-\frac{0.000238}{0.002}\right)\text{kN/cm}^2 = 18501\text{kN/cm}^2$$

$$\delta_{\Delta_2} = K_1^{-1}\Delta F_{p2} = \frac{50}{18501\times 2}\times 10\text{cm} = 0.00135\times 10\text{cm} = 0.0135\text{cm}$$

$$\Delta_2 = \Delta_1 + \delta_{\Delta_2} = 0.0119\text{cm} + 0.0135\text{cm} = 0.0254\text{cm}$$

$$E_2 = \frac{\Delta_2}{l} = \frac{0.0254}{50} = 0.000508$$

$$E_{t2} = E_0\left(1-\frac{\varepsilon_2}{\varepsilon_0}\right) = 21000\times\left(1-\frac{0.000508}{0.002}\right) = 15666$$

$$\delta_{\Delta_3} = K_2^{-1}\Delta F_{p3} = \frac{50}{15666\times 2}\times 10\text{cm} = 0.00160\times 10\text{cm} = 0.0160\text{cm}$$

$$\Delta_3 = \Delta_2 + \delta_{\Delta_3} = (0.0254+0.0160)\text{cm} = 0.0414\text{cm}$$

与精确解相比，是偏小的。

（3）中点刚度法。第一次加 $\Delta F_{p1}/2$，求得

$$\Delta_{\frac{1}{2}} = 0.00595\text{cm}$$

由 $\varepsilon_{\frac{1}{2}} = \dfrac{0.00595}{50} = 0.000119$ 得

$$E_{t\frac{1}{2}} = E_0\left(1-\frac{\varepsilon\frac{1}{2}}{\varepsilon_0}\right) = 21000\times\left(1-\frac{0.000119}{0.002}\right)\text{kN/cm}^2 = 19751\text{kN/cm}^2$$

则
$$\Delta_1 = K_{\frac{1}{2}}^{-1} = \frac{50}{19751\times 2}\times 10\text{cm} = 0.00127\times 10\text{cm} = 0.0127\text{cm}$$

第二次，再先加 $\dfrac{1}{2}\Delta F_{p2}$，求得

$$\Delta_{1+\frac{1}{2}} = 0.01905\text{cm},\quad \varepsilon_{1+\frac{1}{2}} = 0.000381,\quad E_{1+\frac{1}{2}} = 16700\text{kN/cm}^2$$

于是
$$\delta_{\Delta_2} = K_{1+\frac{1}{2}}^{-1}\Delta F_{p2} = \frac{50}{16700\times 2}\times 10\text{cm} = 0.00150\times 10\text{cm} = 0.0150\text{cm}$$

$$\Delta_2 = \Delta_1 + \delta_{\Delta_2} = 0.0127\text{cm} + 0.0150\text{cm} = 0.0277\text{cm}$$

第三次先加 $\dfrac{1}{2}\Delta F_{p3}$，求得

$$\Delta_{2+\frac{1}{2}} = 0.0354\text{cm},\ \varepsilon_{2+\frac{1}{2}} = 0.000704,\ E_{2+\frac{1}{2}} = 13608\text{kN/cm}^2$$

于是
$$\delta_{\Delta_3} = K_{2+\frac{1}{2}}^{-1},\quad \Delta F_{p3} = \frac{50}{13608\times 2}\times 10\text{cm} = 0.0184\text{cm}$$

$$\Delta_3 = \Delta_2 + \delta_{\Delta_3} = 0.0277\text{cm} + 0.0184\text{cm} = 0.0461\text{cm}$$

显然，这一结果有了很大改进。

（4）采用直接迭代法求解。

$$\Delta_1 = \frac{l}{EA}F = \frac{50}{21000 \times 2} \times 30\text{cm} = 0.035714\text{cm}$$

$$\varepsilon_1 = \frac{\Delta_1}{l} = \frac{0.035714}{50} = 0.00071428$$

$$E_1 = \frac{e}{\varepsilon_1} = 21000 \times \left(1 - \frac{0.00071428}{2 \times 0.002}\right)\text{kN/cm}^2 = 17250\text{kN/cm}^2$$

$$\Delta_2 = \frac{l}{E_1 A}F = \frac{50}{17250 \times 2} \times 30\text{cm} = 0.043478\text{cm}$$

$$\varepsilon_1 = 0.043478/50 = 0.0008956$$

$$E_1 = 21000 \times \left(1 - \frac{0.0008956}{2 \times 0.002}\right)\text{kN/cm}^2 = 16298\text{kN/cm}^2$$

$$\Delta_3 = \frac{l}{E_2 A}F = \frac{50}{16298 \times 2} \times 30\text{cm} = 0.04602\text{cm}$$

经三次迭代，与精确解已很接近。

（5）采用牛顿迭代法。

$$\Delta_1 = \frac{l}{EA}F = \frac{50}{21000 \times 2} \times 30\text{cm} = 0.035714\text{cm}$$

$$\varepsilon_1 = \frac{\Delta_1}{l} = \frac{0.035714}{50} = 0.00071428$$

$$E_{1t} = \frac{d\sigma}{d\varepsilon} = E_0\left(1 - \frac{\varepsilon}{\varepsilon_0}\right) = 21000 \times \left(1 - \frac{0.00071428}{0.002}\right)\text{kN/cm}^2 = 13500\text{kN/cm}^2$$

$$\sigma_1 = E_0\left(1 - \frac{\varepsilon_1}{2\varepsilon_0}\right)\varepsilon_1 = 21000 \times \left(1 - \frac{0.00071428}{2 \times 0.002}\right) \times 0.00071428\text{kN/cm}^2 = 12.321\text{kN/cm}^2$$

$$\Delta F = F - \sigma_1 A = (30 - 12.321 \times 2)\text{kN} = 5.350\text{kN}$$

$$\delta_{\Delta_2} = \frac{l}{E_{1t}A}\Delta F_1 = \frac{50}{13500 \times 2} \times 5.35\text{cm} = 0.009922\text{cm}$$

$$\Delta_2 = \Delta_1 + \delta_{\Delta_2} = 0.035714\text{cm} + 0.009922\text{cm} = 0.045636\text{cm}$$

可见，牛顿迭代法的 Δ_2 比直接迭代法的 $\Delta_2 = 0.043478\text{cm}$ 更接近于精确解，即收敛的速度要快一些。

4.8　几何非线性有限元法

在经典的材料力学中有一个基本假定，即位移与应变的关系是线性的，且应变为小量，从而得到了线性方程组 $[K]\{u\}=\{R\}$，通过求解方程组可获得线性有限元分析的解。对于非线性有限元问题，求解的基本步骤与线性问题基本相同，仍可分为单元分析、整体分析和方程求解三个步骤。

4.8.1　单元分析

在线性问题中，单元刚度矩阵为一常量矩阵。在非线性问题中，当为材料非线性问题时，应采用材料的非线性本构关系；当为几何非线性问题时，建立应变与位移关系矩阵 $[B]$ 时，应考虑位移的高阶导数项（大于或等于 2）的响应，且对单元积分时，要考虑单元体积的变化；当考虑材料和几何两种非线性性能时，则应考虑两种非线性问题的耦合作用。

4.8.2　整体分析

获得单元刚度矩阵后，即可进行单元刚度矩阵的集成和边界条件的处理，从而形成整体刚度，此过程基本上与线性问题相同。由于非线性问题的存在，整体的刚度方程通常采用的是增量形式。

4.8.3　非线性方程组的求解

非线性方程求解较为复杂，一般情况下，都是将非线性方程线性化，即将非线性问题转化为一系列线性问题求解。如何转化为线性问题，其做法有许多，可归纳为全量法和增量法两类。在涉及几何非线性问题的有限单元分析中，通常采用增量法进行分析，它可以采用两种不同的表达式。第一种表达式中，所有静力学和运动学变量总是参考初始变形，即在整个分析过程中参考位形始终不变，这种表达式称为完全的拉格朗日列式（Total Lagrange Formulation，T. L.）；另一种格式中，所有静力学和运动学变量参考每一荷载或时间步长开始时的位移，即在分析过程中参考位形是不断被更新的，这种格式称为更新的拉格朗日列式（Updated Lagrange Formulation，U. L.）。

4.9　大变形的应变和应力

4.9.1　固定直角坐标系下物体的变形

物体在无限小的变形下，几何方程是线性的，在大变形下则是非线性的，即应变与位移关系是线性还是非线性，完全决定于物体变形的大小。在经典材料力学中，用来度量物体变形状态的量是应变，小变形用无限小的应变来度量，大变形则不能用小应变来度量，需要另行定义应变来度量，即小应变与位移的线性关系对于大变形已不再适用。可以用平面转动问题予以说明。

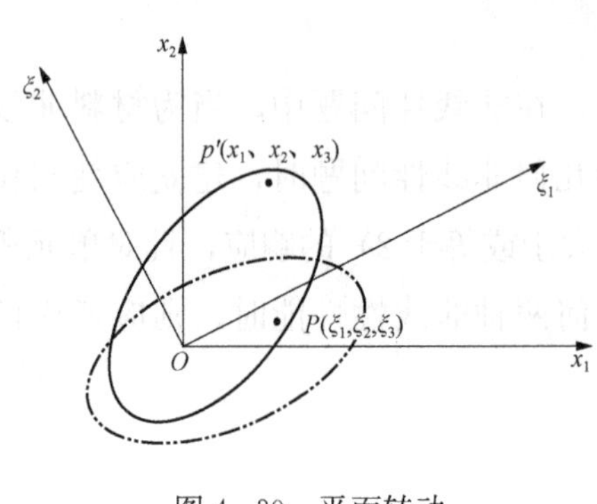

图 4-30　平面转动

图 4-30 所示为一平面转动物体，取 $x_i(i=1,2,3)$ 为固定直角坐标系，假定物体在 Ox_1x_2 平面内以等角速度 ω_3 绕平面上的 O 点作刚体转动，由于物体不变形，因而所有的应变分量都应该等于零。如按无限小应变公式来计算，情况并非如此。为说明问题，再选一个固定于物体一起运动的动坐标系 $\xi_i(i=1,2,3)$。易知两种坐标系之间的变换关系为

$$X = C\xi \tag{4-130}$$

式中，$X=[x_1,x_2,x_3]^{\mathrm{T}}$，$\xi=[\xi_1,\xi_2,\xi_3]^{\mathrm{T}}$　$C=\begin{pmatrix}\cos\omega_3 t & -\sin\omega_3 t & 0\\ \sin\omega_3 t & \cos\omega_3 t & 0\\ 0 & 0 & 1\end{pmatrix}$，称为坐标变换矩阵。

在开始时刻 $t=0$ 时，坐标变换矩阵 C 为单位矩阵 I，物体上任意一点 P 相对固定坐标系 X_0 和相对动坐标系 ξ_0 的关系为重合关系，即

$$X_0 = \xi_0 \tag{4-131}$$

式中

$$X_0 = (x_{01}, x_{02}, x_{03})^{\mathrm{T}}$$

$$\xi_0 = (\xi_{01}, \xi_{02}, \xi_{03})^{\mathrm{T}}$$

由于物体作刚体运动，由几何关系可得到任一点 P 在运动前（$t=0$）和运动后（t 时刻）的坐标变换关系为

$$X = CX_0 \tag{4-132}$$

由无限小变形理论可知，无限小应变表达为

$$\varepsilon_{ij} = \begin{cases}\dfrac{1}{2}\left(\dfrac{\partial u_j}{\partial x_i}+\dfrac{\partial u_i}{\partial x_j}\right) & (i=j)\\[2ex] \dfrac{\partial u_j}{\partial x_i}+\dfrac{\partial u_i}{\partial x_j} & (i\neq j)\end{cases} \tag{4-133}$$

任一点 P 在 t 时刻的位移 u 等于在 t 时刻的坐标减去在 $t=0$ 时刻的坐标，即

$$u = X - X_0 \tag{4-134}$$

式中

$$u = [u_1, u_2, u_3]^{\mathrm{T}} \tag{4-135}$$

由式（4-132）和式（4-134），可得

$$\begin{bmatrix} u_1 \\ u_2 \\ u_3 \end{bmatrix} = \begin{pmatrix} \cos\omega_3 t & -\sin\omega_3 t & 0 \\ \sin\omega_3 t & \cos\omega_3 t & 0 \\ 0 & 0 & 1 \end{pmatrix} \begin{bmatrix} x_{01} \\ x_{02} \\ x_{03} \end{bmatrix} \tag{4-136}$$

将式（4-136）代入式（4-133），可得

$$\varepsilon_{11} = \varepsilon_{22} = \cos\omega_3 t - 1 \tag{4-137}$$

而其他分量均为零。由式（4-136）可见，只有当转角小到可以忽略时，ε_{11} 和 ε_{22} 不会等于零；在一般情况下，ε_{11} 和 ε_{22} 不会等于零。

当物体发生大变形时，代表所研究的点微元体在变形过程中可能发生较大的刚体转动和刚体平移，此时，如仍用无限小应变来解决大变形问题，则不能排除刚体运动的影响，此方法已不再适用大变形物体的变形状态。

物体的变形是考虑物体变形前后形状的改变来确定的，物体的位移是指任一物质点发生了位置的变化。物体发生了变形就一定存在位移，而物体产生了位移，并不一定会产生变形。物体变形是通过对它的位置变化的考察来实现，对物体位置变化的考察，必须通过对其物质点位置及物质点位置的变化进行描述，即要选定固定的参考系，然后把物体的所有物质点对该参考系的位置及其变化用一定的函数关系显示出来。

考虑位于固定的直角坐标系内的物体，在某种外力作用下连续地改变其位形，如图 4-31 所示，用 ${}^0x_i(i=1,2,3)$ 表示空间物体处于 0 时刻位移内任一点 P 的坐标，用 ${}^0x_i + \mathrm{d}{}^0x_i$ 表示与 P 点相邻的 Q 点在 0 时刻位形内的坐标，其中左上标表示什么时刻物体的位形。

由于外力的作用，在运动的某一时刻，物体变形到了新的位形。变形后，在 t 时刻 ${}^0P$ 运动至 ${}^tP$，此时坐标为 ${}^tx_1$、${}^tx_2$、${}^tx_3$。而 ${}^0Q$ 也运动至 ${}^tQ$，其此时坐标为 ${}^tx_1 + \mathrm{d}{}^tx_1$，${}^tx_2 + \mathrm{d}{}^tx_2$，${}^tx_3 + \mathrm{d}{}^tx_3$。可以将物体位形的变化看成是从 ${}^0x_i$ 到 ${}^tx_i$ 的一种数学上的变换，对于某一固定的时刻 t，此变换可表示为

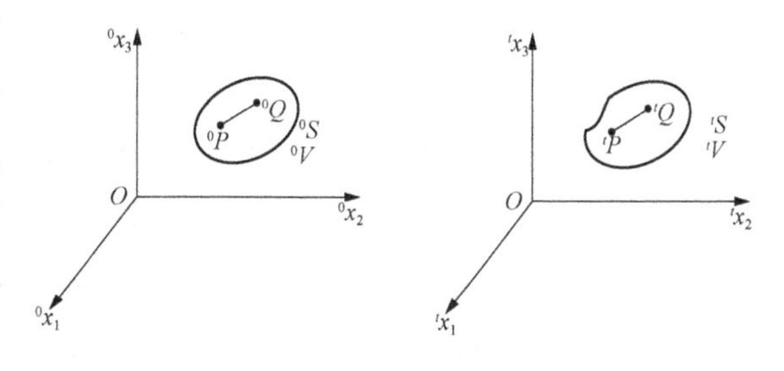

图 4-31　物体的变形

$${}^tx_i = {}^tx_i({}^0x_1, {}^0x_2, {}^0x_3) \tag{4-138}$$

根据变形的连续性要求，这种变换必须是一一对应的，即变换是单值连续的。同时，

上述变换应有唯一的逆变换，即存在单值连续的逆变换为

$$ {}^{0}x_i = {}^{0}x_i({}^{t}x_1, {}^{t}x_2, {}^{t}x_3) \tag{4-139}$$

利用式（4-138）和式（4-139），可将 d^0x_i 和 d^tx_i 表示为

$$\mathrm{d}^0x_i = \left(\frac{\partial^0 x_i}{\partial^t x_j}\right)\mathrm{d}^tx_j,\ \mathrm{d}^tx_i = \left(\frac{\partial^t x_i}{\partial^0 x_j}\right)\mathrm{d}^0x_j \tag{4-140}$$

令

$$ {}_t^0x_{i,j} = \frac{\partial^0 x_i}{\partial^t x_j} \quad {}_0^tx_{i,j} = \frac{\partial^t x_i}{\partial^0 x_j} \tag{4-141}$$

则式（4-140）可化为

$$\mathrm{d}^0x_i = {}_t^0x_{i,j}\mathrm{d}^tx_j,\ \mathrm{d}^tx_i = {}_0^tx_{i,j}\mathrm{d}^0x_j \tag{4-142}$$

其中，左下标表示该量对某一时刻位形的坐标求导数，右下标逗号后的符号表示该量对之求偏导数的坐标号。

要分析物体的变形，P、Q 两点间在运动中的变化是分析变形的关键。利用式（4-142），可将 P、Q 两点之间在时刻 0 和时刻 t 的距离 ${}^0\mathrm{d}s$ 和 $t_{\mathrm{d}s}$ 表示为

$$({}^0\mathrm{d}s)^2 = \mathrm{d}^0x_i \quad \mathrm{d}^0x_i = \delta_{ij}\mathrm{d}^0x_i\mathrm{d}^0x_j \tag{4-143}$$

$$({}^t\mathrm{d}s)^2 = \mathrm{d}^tx_i \quad \mathrm{d}^tx_i = \delta_{ij}\mathrm{d}^tx_i\mathrm{d}^tx_j \tag{4-144}$$

现在来研究变形前后此线段长度的变化，即变形的度量，对此有两种表示，即

$$\begin{aligned}({}^t\mathrm{d}s)^2 - ({}^0\mathrm{d}s)^2 &= ({}_0^tx_{k,i}{}_0^tx_{k,j} - \delta_{ij})\mathrm{d}^0x_i\mathrm{d}^0x_j \\ &= 2{}_0^t\varepsilon_{ij}\mathrm{d}^0x_i\mathrm{d}^0x_j\end{aligned} \tag{4-145}$$

或

$$\begin{aligned}({}^t\mathrm{d}s)^2 - ({}^0\mathrm{d}s)^2 &= (\delta_{ij} - {}_t^0x_{k,i}{}_t^0x_{k,j})\mathrm{d}^tx_i\mathrm{d}^tx_j \\ &= 2{}_t^t\varepsilon_{ij}\mathrm{d}^tx_i\mathrm{d}^tx_j\end{aligned} \tag{4-146}$$

定义两种应变张量，即

$$ {}_0^t\varepsilon_{ij} = \frac{1}{2}({}_0^tx_{k,i}{}_0^tx_{k,j} - \delta_{ij}) \tag{4-147}$$

$$ {}_t^t\varepsilon_{ij} = \frac{1}{2}(\delta_{ij} - {}_t^0x_{k,i}{}_t^0x_{k,j}) \tag{4-148}$$

式中，${}_0^t\varepsilon_{ij}$ 称为格林-拉格朗日（Green-Lagrange）应变张量，简称 Green 应变张量，它是用变形前坐标表示的，这种参照方法称为拉格朗日坐标（Lagrange Coordinates）参照法；${}_t^t\varepsilon_{ij}$ 称为阿尔曼沙（Almanshi）应变张量，它是用变形后坐标表示的，是研究变形后的应变，即它是 Euler 坐标的函数，这种参照方法称欧拉坐标（Euler Coordinates）参照法。张量中左下标表示用什么时刻位形的坐标表示的，即相对于什么位形度量的。

格林应变没有什么实际的物理意义，只是表明一个微线段的变化。

由式（4-147）和式（4-148）可知，一个物体作刚体运动的必要与充分条件是

整个物体各点的格林或阿尔曼沙应变为零。

4.9.2　直角坐标系的应变张量

为得到应变和位移的关系，引入位移矢量 u ，则

$$ {}^{t}u_i = {}^{t}x_i - {}^{0}x_i \quad (i = 1,2,3) \tag{4-149}$$

式中，${}^{t}u_i$ 为物体中一点从变形前（时刻 0）位形到变形后（时刻 t ）位形的位移，它可以是 Lagrange 坐标的函数，也可以表示为 Euler 坐标的函数。由式（4 - 149）可得

$$ {}_{0}^{t}x_{i,j} = \delta_{ij} + {}_{0}^{t}u_{i,j} \tag{4-150}$$

$$ {}_{0}^{t}x_{i,j} = \delta_{ij} + {}_{t}^{t}u_{i,j} \tag{4-151}$$

将式（4 - 150）和式（4 - 151）代入式（4 - 148）和式（4 - 149）可得

$$ {}_{0}^{t}\varepsilon_{ij} = \frac{1}{2}({}_{0}^{t}u_{i,j} + {}_{0}^{t}u_{j,i} + {}_{0}^{t}u_{k,i}{}_{0}^{t}u_{k,j}) \tag{4-152}$$

$$ {}_{t}^{t}\varepsilon_{ij} = \frac{1}{2}({}_{t}^{t}u_{i,j} + {}_{t}^{t}u_{j,i} + {}_{t}^{t}u_{k,i}{}_{t}^{t}u_{k,j}) \tag{4-153}$$

注意到哑指标符号的可更换性，式（4 - 152）和式（4 - 153）最后形式可化为

$$ {}_{0}^{t}\varepsilon_{ij} = \frac{1}{2}\left(\frac{\partial^0 u_j}{\partial^0 x_i} + \frac{\partial^0 u_i}{\partial^0 x_j} + \frac{\partial^0 u_k}{\partial^0 x_i}\frac{\partial^0 u_k}{\partial^0 x_j}\right) \tag{4-154}$$

$$ {}_{t}^{t}\varepsilon_{ij} = \frac{1}{2}\left(\frac{\partial^0 u_j}{\partial^t x_i} + \frac{\partial^0 u_i}{\partial^t x_j} - \frac{\partial^0 u_k}{\partial^t x_i}\frac{\partial^0 u_k}{\partial^t x_j}\right) \tag{4-155}$$

如用常用直角坐标 x,y,z 坐标符号代替 x_1,x_2 和 x_3 ，用 u,v,ω 代替 u_1,u_2 和 u_3 ，可用微分方程形式将应变表达为

$$\begin{aligned}
\varepsilon_{xx} &= \frac{\partial u}{\partial x} + \frac{1}{2}\left[\left(\frac{\partial u}{\partial x}\right)^2 + \left(\frac{\partial v}{\partial x}\right)^2 + \left(\frac{\partial \omega}{\partial x}\right)^2\right] \\
\varepsilon_{yy} &= \frac{\partial v}{\partial y} + \frac{1}{2}\left[\left(\frac{\partial u}{\partial y}\right)^2 + \left(\frac{\partial v}{\partial y}\right)^2 + \left(\frac{\partial \omega}{\partial y}\right)^2\right] \\
\varepsilon_{zz} &= \frac{\partial \omega}{\partial z} + \frac{1}{2}\left[\left(\frac{\partial u}{\partial z}\right)^2 + \left(\frac{\partial v}{\partial z}\right)^2 + \left(\frac{\partial \omega}{\partial z}\right)^2\right] \\
\varepsilon_{xy} &= \frac{1}{2}\left[\frac{\partial u}{\partial y} + \frac{\partial v}{\partial x} + \frac{\partial u}{\partial x}\frac{\partial u}{\partial y} + \frac{\partial v}{\partial x}\frac{\partial v}{\partial y} + \frac{\partial \omega}{\partial x}\frac{\partial \omega}{\partial y}\right] \\
\varepsilon_{yz} &= \frac{1}{2}\left[\frac{\partial \omega}{\partial y} + \frac{\partial v}{\partial z} + \frac{\partial u}{\partial y}\frac{\partial u}{\partial z} + \frac{\partial v}{\partial y}\frac{\partial v}{\partial z} + \frac{\partial \omega}{\partial y}\frac{\partial \omega}{\partial z}\right] \\
\varepsilon_{zx} &= \frac{1}{2}\left[\frac{\partial \omega}{\partial x} + \frac{\partial u}{\partial z} + \frac{\partial u}{\partial x}\frac{\partial u}{\partial z} + \frac{\partial v}{\partial x}\frac{\partial v}{\partial z} + \frac{\partial \omega}{\partial x}\frac{\partial \omega}{\partial z}\right]
\end{aligned} \tag{4-156}$$

当位移很小时，位移导数的二次项相对于它的一次项而言可以忽略，从而有

$$ \varepsilon_{ij} = \frac{1}{2}\left(\frac{\partial u_i}{\partial x_j} + \frac{\partial u_j}{\partial x_i}\right) \tag{4-157}$$

式（4-157）即为经典理论中小变形时位移与应变的运动关系。此时，Green 应变张量和 Almanshi 应变张量都简化为无限小应变张量 ε_{ij} ，两者之间的差别消失。

4.9.3 直角坐标系的应力张量

在 4.9.2 小节中，采用不同时期坐标系定义了不同的应变张量，用初始坐标系、拉格朗日体系定义了格林应变；用当前坐标系、欧拉体系定义了阿尔曼沙应变，当定义其应力时，亦需参照相同的坐标系。

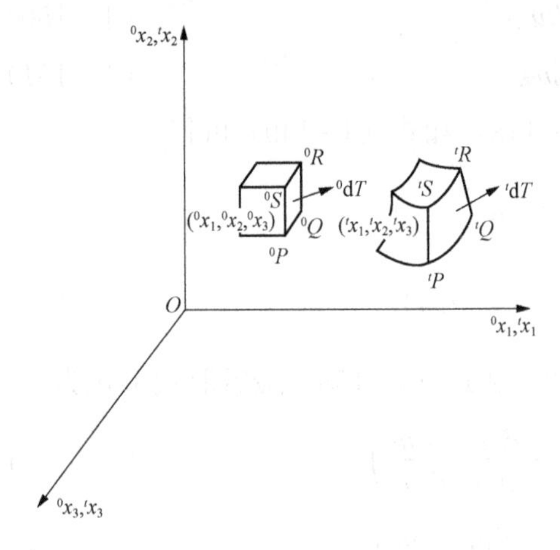

图 4-32 物体内微元体受力情况

图 4-32 表示变形前后从物体内截取出的微元体一侧的受力情况。左边微元体为变形前状态，右边微元体为变形后的状态。考察变形前个侧面 ${}^0P{}^0Q{}^0R{}^0S$ ，该面积为 ${}^0\mathrm{d}s$ ，该侧面变形后变为 ${}^tP{}^tQ{}^tR{}^tS$ ，其面积为 ${}^t\mathrm{d}s$ ，0 和 t 代表 0 时刻和 t 时刻。对应力张量的研究，同样有两种规定。

将坐标取在变形后当前坐标系上，此时作用在 $PQRS$ 面上的力 ${}^t\mathrm{d}T$ 为

$$ {}^t\mathrm{d}T_i = {}^t\tau_{ji}\,{}^t\gamma_j^t\,\mathrm{d}s \qquad (4-158) $$

式中，${}^t\tau_{ji}$ 为微元体上面的应力张量，代表真实的应力，具有明确的物理意义；${}^t\gamma_j$ 是面积微元 ${}^t\mathrm{d}s$ 上法线的方向余弦。

这种用欧拉体系、当前坐标系定义的应力称为柯西应力。

同样对 $\mathrm{d}T_i$ ，如采用拉格朗日体系，用变形前的坐标系来定义力，则有

$$ {}^0\mathrm{d}T_i^{(L)} = {}_0^tT_{ji}\,{}^0\gamma_j^0\,\mathrm{d}s \qquad (4-159) $$

如采用 Kirchhoff 规定，则有

$$ {}^0\mathrm{d}T_i^{(K)} = {}_0^tS_{ji}\,{}^0\gamma_j\,{}^0\mathrm{d}s = {}_t^0x_{i,j}\,{}^t\mathrm{d}T_j \qquad (4-160) $$

式中，${}^0\gamma_j$ 是变形前面积微元 ${}^0\mathrm{d}s$ 上法线的方向余弦，这样定义的应力称为拉格朗日应力，也称为第一类 Pida-Kirchhoff 应力。

为了求得 ${}^t\tau_{ij}$ 、${}_0^tT_{ij}$ 和 ${}_0^tS_{ij}$ 这些应力张量之间的关系，必须先找到 ${}^t\gamma_j\,{}^t\mathrm{d}s$ 和 ${}^0\gamma_j\,{}^0\mathrm{d}s$ 之间的关系。由 ${}^0\mathrm{d}x_j$ 与 ${}^0\mathrm{d}x_k$ 两微线段组成的平行四边形面积 ${}^0\mathrm{d}s$ 可借助于排列符号表示为

$$ {}^0\gamma_j\,{}^0\mathrm{d}s = e_{ijk}\,{}^0\mathrm{d}x_j\,\mathrm{d}^0x_k = e_{ijk}\,{}_t^0x_{j,\alpha}\,{}_t^0x_{k,\beta}\,\mathrm{d}^tx_\alpha\,\mathrm{d}^tx_\beta \qquad (4-161) $$

同样有

$$ {}^t\gamma_i\,{}^t\mathrm{d}s = e_{ijk}\,\mathrm{d}^tx_j\,\mathrm{d}^tx_k \qquad (4-162) $$

式中
$$e_{ijk}=\begin{cases}0 & (i=j\text{ 或 }j=k\text{ 或 }k=i)\\ 1 & (i,j,k=1,2,3\text{ 或 }2,3,1\text{ 或 }3,1,2)\\ -1 & (i,j,k=3,2,1\text{ 或 }2,1,3\text{ 或 }1,3,2)\end{cases}$$

两边乘以 ${}_t^0x_{i,r}$ ，并利用行列式定义得

$$e_{ijk}\,{}_t^0x_{i,r}\,{}_0^tx_{j,\alpha}\,{}_t^0x_{k,\beta}=e_{\gamma\alpha\beta}\left|{}_t^0x_{l,m}\right| \tag{4-163}$$

和质量守恒定律为

$$\int_{{}^tV}{}^t\rho\,{}^t\mathrm{d}v=\int_{{}^0V}{}^0\rho\,{}^0\mathrm{d}v=\int_{{}^0V}{}^0\rho\det\left|{}_t^0x_{l,m}\right|{}^t\mathrm{d}v$$

即
$$\frac{{}^t\rho}{{}^0\rho}=\det\left|{}_t^0x_{l,m}\right| \tag{4-164}$$

式中，${}^0\rho$ 和 ${}^t\rho$ 分别表示物体变形前后的材料密度，则式（4 - 161）可化为

$${}_t^0x_{i,r}\,{}^0\gamma_i^0\,\mathrm{d}s=\frac{{}^t\rho}{{}^0\rho}e_{r\alpha\beta}\mathrm{d}^tx_\alpha\mathrm{d}^tx_\beta=\frac{{}^t\rho_t}{{}^0\rho}\gamma_r^t\mathrm{d}s \tag{4-165}$$

由式（4 - 158）、式（4 - 159）及式（4 - 165）可得到

$${}_0^tT_{ji}=\frac{{}^0\rho^0}{{}^t\rho_t}x_{j,m}\,{}^t\tau_{mi} \tag{4-166}$$

同理，可得到

$${}_0^tS_{ji}=\frac{{}^t\rho_t}{{}^0\rho^0}x_{i,\alpha}\,{}_0^tx_{j,\beta}\,{}^t\tau_{\alpha\beta} \tag{4-167}$$

由式（4 - 166）和式（4 - 167）可知

$${}_0^tS_{ji}={}_0^tx_{i,\alpha}\,{}_0^tT_{j\alpha} \tag{4-168}$$

由等式

$$\delta_{ij}={}_t^0x_{i,p}\,{}_0^tx_{p,j}\text{，}\delta_{ij}={}_0^tx_{i,p}\,{}_0^tx_{i,p}\,{}_0^tx_{p,j} \tag{4-169}$$

可以求得上述三种应力张量间关系的变换形式为

$${}^t\tau_{ji}=\frac{{}^t\rho_t}{{}^0\rho_0}x_{i,p}\,{}_0^tT_{pj}=\frac{{}^t\rho_t}{{}^0\rho_0}x_{i,\alpha}\,{}_0^tx_{j,\beta}\,{}_0^tS_{\beta\alpha}$$
$${}_0^tT_{ij}={}_0^tS_{i,p}\,{}_0^tx_{j,p} \tag{4-170}$$

由式（4 - 166）可见，Lagrange 应力张量 ${}_0^tT_{ji}$ 是非对称的，不适用于应力 - 应变关系，因为应变张量总是对称的。由式（4 - 167）可见，Kirchhoff 应力张量 ${}_0^tS_{ij}$ 是对称的，故它更适用于应力 - 应变关系。由此还可看到，在小变形情况下，由于 ${}_0^tx_{i,j}\approx\delta_{ij}$，${}^0\rho/{}^t\rho\approx1.0$，故此时可以忽略 ${}_0^tS_{ji}$ 和 ${}^t\tau_{ji}$ 之间的差别，它们均蜕化为工程应力 σ_{ji} 。

同上推导原理，可导出

$$\sigma_{ji}=\frac{{}^t\rho}{{}^0\rho}\frac{\partial^tx_0}{\partial^0x_l}T_{ij}=\frac{{}^t\rho}{{}^0\rho}\frac{\partial^tx_i}{\partial^0x_m}\frac{\partial^tx_j}{\partial^0x_m}S_{mn} \tag{4-171}$$

进而可得位移表达的变换关系式为

$$S_{ji}=\frac{{}^{0}\rho}{{}^{t}\rho}\left[\sigma_{ji}-\left(\delta_{jl}\frac{\partial u_i}{\partial^t x_m}+\delta_{im}\frac{\partial u_j}{\partial^t x_l}-\frac{\partial u_i}{\partial^t x_l}\times\frac{\partial u_j}{\partial^t x_m}\right)\sigma_{lm}\right] \tag{4-172}$$

$$\sigma_{ji}=\frac{{}^{t}\rho}{{}^{0}\rho}\left[S_{ji}+\left(\delta_{jm}\frac{\partial u_i}{\partial^0 x_l}+\delta_{il}\frac{\partial u_j}{\partial^0 x_m}+\frac{\partial u_i}{\partial^0 x_l}\frac{\partial u_j}{\partial^0 x_m}\right)S_{lm}\right] \tag{4-173}$$

4.10 几何非线性有限元方程的建立

目前，在建立几何非线性方程时，选择的能量平衡方程大体上有两类：一类是从虚功原理出发，直接使用应力与共轭应变；另一类是由增量变形的变分原理出发进行推导。下面将重点介绍前者。

4.10.1 虚位移原理

考虑如图 4-33 所示的一个运动物体，用 ${}^{0}x_i, {}^{t}x_i, {}^{t+\Delta t}x_i\ (i=1,2,3)$ 描述物体内各点在时刻 0、时刻 t 和时刻 $t+\Delta t$ 的位形内的坐标，用 ${}^{t}u_i$ 和 ${}^{t+\Delta t}u_i\ (i=1,2,3)$ 表示各质点在时刻 t 和时刻 $t+\Delta t$ 的位移。为不失一般性，假定对于时刻 0, Δt , $2\Delta t$, …, t 的解已知，当前的目标是去建立一个方程，由此方程求解物体在 $t+\Delta t$ 时刻的各未知量。

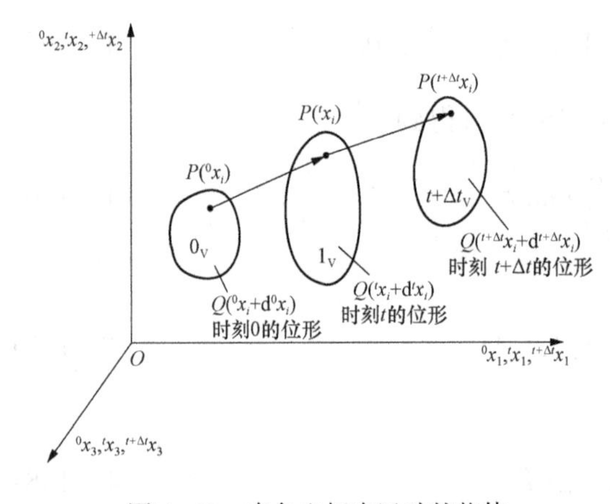

图 4-33 直角坐标中运动的物体

由 $t+\Delta t$ 时刻物体的平衡条件相等效的虚位移原理可得

$$\int_{{}^{t+\Delta t}v}{}^{t+\Delta t}\tau_{ij}\,\delta_{t+\Delta t}e_{ij}^{t+\Delta t}\,\mathrm{d}v={}^{t+\Delta t}Q \tag{4-174}$$

$$\delta^{t+\Delta t}Q=\int_{{}^{t+\Delta t}v}{}^{t+\Delta t}F_k\delta u_k{}^{t+\Delta t}\mathrm{d}v+\int_{{}^{t+\Delta t}S}T_k\delta u_k{}^{t+\Delta t}\mathrm{d}s \tag{4-175}$$

式中，F_k 、T_k 分别为物体所受体积和表面荷载：左上标表示当前研究的时刻；左下标表示参照坐标时刻；${}^{t+\Delta t}Q$ 是时刻$t+\Delta t$ 位形的外荷载的虚功；δu_k 是现时位移分量 ${}^{t+\Delta t}u_k$ 的变分，即从时刻 t 到时刻 $t+\Delta t$ 的位移增量分量 u_k 的变分；$\delta_{t+\Delta t}e_{ij}$ 是相应的无穷小应变的变分，即

$$\delta_{t+\Delta t}e_{ij}=\delta\frac{1}{2}({}_{t+\Delta t}u_{i,j}+{}_{t+\Delta t}u_{j,i}) \tag{4-176}$$

${}^{t+\Delta t}\tau_{ij}$ 是时刻$t+\Delta t$ 位形的 Euler 应力；${}^{t+\Delta t}v$ 和 ${}^{t+\Delta t}S$ 分别是物体在时刻$t+\Delta t$ 位形

的体积和表面积。

式（4 - 174）不能直接用来求解，因为它所参考的时刻 $t+\Delta t$ 的位形是未知的，为了求解，所有变量应参考一个已求得的平衡位形。从理论上讲，时刻 0，Δt，$2\Delta t$，…，等任一已经求得的位形都可作为参考位形。但在实际中，有两种参照方法使用最方便：一种是以未变形（0 时刻）物体的构形为参照构形，这种格式中所有变量以时刻 0 的位形作为参考位形，这称为全拉格朗日格式（Total Lagrange Formulation，T. L 格式）；另一类是参照最后一个已知平衡构形，这种形式中所有变量以时刻 t 的位形作为参考位形。由于求解过程中参考位移是不断改变的，所以这种格式称为更新的拉格朗日格式（Updated Lagrange Formulation，U. L 格式）。本书只讨论全拉格朗日格式与更新拉格朗日格式。

4.10.2　全拉格朗日格式

对于全拉格朗日格式而言，式（4 - 174）应按变形前 0 时刻的构形为参照构形，即方程中所有变量都是以初始位形为参考位形。此时其虚功表达式为

$$\int_{{}^0v0} {}^{t+\Delta t}S_{ij}\,\delta_0^{t+\Delta t}\varepsilon_{ij}\,{}^0\mathrm{d}v = {}^{t+\Delta t}Q \tag{4 - 177}$$

其中

$$ {}^{t+\Delta t}Q = \int_{{}^0S0} {}^{t+\Delta t}T_k\,\delta u_k\,{}^0\mathrm{d}s + \int_{{}^0V} \rho_0\,{}^{t+\Delta t}F_k\,\delta u_k\,{}^0\mathrm{d}v \tag{4 - 178}$$

当物体由 t 时刻变化到 $t+\Delta t$ 时刻时，有

$$ {}_0^{t+\Delta t}S_{ij} = {}_0^tS_{ij} + {}_0S_{ij}\,,\quad {}_0^{t+\Delta t}\varepsilon_{ij} = {}_0^t\varepsilon_{ij} + {}_0\varepsilon_{ij} \tag{4 - 179}$$

式中，${}_0S_{ij}$ 和 ${}_0\varepsilon_{ij}$ 分别是从时刻 t 到 $t+\Delta t$ 位形的 Kirchhoff 应力 Green 应变的增量，并都是参考于初始位形度量的。其中 ${}_0^tS_{ij}$ 和 ${}_0^t\varepsilon_{ij}$ 都是已知的量，故从式（4 - 179）可得

$$\delta^{t+\Delta t}{}_0\varepsilon_{ij} = \delta_0\varepsilon_{ij} \tag{4 - 180}$$

利用 Green 应变的位移表达式可得

$${}_0\varepsilon_{ij} = {}_0e_{ij} + {}_0\eta_{ij} \tag{4 - 181}$$

式中，${}_0e_{ij}$ 和 ${}_0\eta_{ij}$ 分别是关于位移增量 u_i 的线性项和二次项：

$$\left.\begin{aligned} {}_0e_{ij} &= \frac{1}{2}({}_0u_{i,j} + {}_0u_{j,i} + {}_0^tu_{k,i}\,{}_0u_{k,j} + {}_0^tu_{k,j}\,{}_0u_{k,i}) \\ {}_0\eta_{ij} &= \frac{1}{2}\,{}_0u_{k,i}\,{}_0u_{k,j} \end{aligned}\right\} \tag{4 - 182}$$

由以上各式，可将式（4 - 177）化为

$$\int_{{}^0v} {}_0S_{ij}\,\delta_0\varepsilon_{ij}\,{}^0\mathrm{d}v + \int_{{}^0v} {}_0^tS_{ij}\,\delta_0\eta_{ij}\,{}^0\mathrm{d}v = {}^{t+\Delta t}Q - \int_{{}^0v} {}_0^tS_{ij}\,\delta_0e_{ij}\,{}^0\mathrm{d}v \tag{4 - 183}$$

此即为关于位移增量 u_i 的非线性方程。

4.10.3 更新的拉格朗日格式

在求解 $t+\Delta t$ 时刻物体平衡解时，如果选择的参照物不是未变形状态 $t=0$ 时的位形，而是最后一个已知平衡状态，即本增量以起始时 t 时刻位形为参照位形，这种格式为更改的拉格朗日格式。利用与推导 T.L 格式相类似的步骤，式（4-174）可转化为

$$\int_{^tv} {}^{t+\Delta t}_{t}S_{ij}\, \delta^{t+\Delta t}_{t}\varepsilon_{ij}\, {}^t\mathrm{d}v = {}^{t+\Delta t}Q \tag{4-184}$$

式中，${}^{t+\Delta t}_{t}S_{ij}$ 和 ${}^{t+\Delta t}_{t}\varepsilon_{ij}$ 分别是时间 $t+\Delta t$ 位形的 Kirchhoff 应力张量和 Green 应变张量，两者都参考于时刻 t 的位形，分别称为更新的 Kirchhoff 应力张量和更新的 Green 应变张量。它们和 ${}^{t+\Delta t}\tau_{rs}$ 和 ${}^{t+\Delta t}e_{rs}$ 的关系为

$$\left.\begin{aligned} {}^{t+\Delta t}_{t}S_{ij} &= \frac{{}^t\rho}{{}^{t+\Delta t}\rho}\,{}^{t+\Delta t}\tau_{rst}\,{}^{t}_{t+\Delta t}x_{i,rt}\,{}^{t}_{t+\Delta t}x_{j,s} \\ {}^{t+\Delta t}_{t}\varepsilon_{ij} &= {}^{t+\Delta t}e_{rs}\,{}^{t+\Delta t}_{t}x_{i,i}\,{}^{t+\Delta t}_{t}x_{s,j} \end{aligned}\right\} \tag{4-185}$$

应力的增量分解为

$$ {}^{t+\Delta t}_{t}S_{ij} = {}^t\tau_{ij} + {}_tS_{ij} \tag{4-186}$$

应变增量存在以下关系

$$\left.\begin{aligned} {}^{t+\Delta t}_{t}\varepsilon_{ij} &= {}_t\varepsilon_{ij} \\ {}_t\varepsilon_{ij} &= {}_te_{ij} + {}_t\eta_{ij} \end{aligned}\right\} \tag{4-187}$$

式中

$$\left.\begin{aligned} {}_te_{ij} &= \frac{1}{2}({}_tu_{i,j} + {}_tu_{j,i}) \\ {}_t\eta_{ij} &= \frac{1}{2}\,{}_tu_{k,i}\,{}_tu_{k,j} \end{aligned}\right\} \tag{4-188}$$

从式（4-188）不难看出，${}_te_{ij}$ 中不包含初始位移项。利用式（4-184）～式（4-188），式（4-184）可改写为

$$\int_{^tv} {}_tS_{ij}\, \delta_t\varepsilon_{ij}\, {}^t\mathrm{d}v + \int_{^tv} {}^t\tau_{ij}\, \delta_t\eta_{ij}\, {}^t\mathrm{d}v = {}^{t+\Delta t}Q - \int_{^tv} {}^t\tau_{ij}\, \delta^t e_{ij}\, {}^t\mathrm{d}v \tag{4-189}$$

与式（4-183）一样，这也是关于位移增量 u_i 的非线性方程。

4.10.4 非线性增量平衡方程的线性化

由前面分析可知，无论是由 T.L 格式得到的式（4-183），还是由 U.L 格式得到的式（4-189），两式都是非线性的，还不能直接求解，而是要将它们先线性化。

对 T.L 格式，假定应力增量 ${}_0S_{ij}$ 与应变增量呈线性关系，即

$$ {}_0S_{ij} = {}_0D_{ijkl}\varepsilon_{kl} \tag{4-190}$$

将式（4 - 190）代入式（4 - 183），可导出

$$\int_{^0v} D_{ijkl\,0}e_{kl}\,\delta_0 e_{ij}\,{}^0\mathrm{d}v + \int_{^0v} {}^t_0S_{ij}\,\delta_0\eta_{ij}\,{}^0\mathrm{d}v = {}^{t+\Delta t}Q - \int_{^0v} {}^t_0S_{ij}\,\delta_0 e_{ij}\,{}^0\mathrm{d}v \tag{4 - 191}$$

这就是 T. L 格式线性了的非线性增量平衡方程。

对 U. L 格式，同理有

$$_tS_{ij} = {}_tD_{ijkl\,t}\varepsilon_{kl} \tag{4 - 192}$$

将式（4 - 192）代入式（4 - 188），可导出

$$\int_{^tv} D_{ijkl\,t}e_{kl}\,\delta_t e_{ij}\,{}^t\mathrm{d}v + \int_{^tv} {}^t\tau_{ij}\,\delta_t\eta_{ij}\,{}^t\mathrm{d}v = {}^{t+\Delta t}Q - \int_{^tv} {}^t\tau_{ij}\,\delta_t e_{ij}\,{}^t\mathrm{d}v \tag{4 - 193}$$

式（4 - 193）即为 U. L 格式线性化了的非线性增量平衡方程。

值得指出的是，这种线性化处理是有局限性的，在分析非弹性大应变时，可能造成较大的误差，而应采用其他有限元格式，如摄动有限元法。

4.11　有限元基本方程

推导非线性有限元方程的基本步骤，基本与线性有限元方程的步骤相同，第一步就是将结构离散化为若干单元，每首个单元内的坐标和位移可以用节点值插值表示，可表达为

$${}^tu_i = \sum_{k=1}^{n} N_k\,{}^tu_i^k,\quad u_i = \sum_{k=1}^{n} N_k u_i^k \tag{4 - 194}$$

式中，N_k 为插值函数；n 为单元的节点数；${}^tu_i^k$ 和 u_i^k 分别为 k 点在时间 t 的 i 方向上位移分量和位移增量。

式（4 - 194）写成矩阵形式，为

$${}^t\{u\} = [N]\,{}^t\{u^k\},\quad \{u\} = [N]\{u^k\} \tag{4 - 195}$$

式中，$[N]$ 为形函数矩阵。

在工程实际中，常采用等参元求解问题。因此，坐标变换式可写为

$${}^0x_i = \sum_{k=1}^{n} N_k\,{}^0x_i^k,\quad {}^tx_i = \sum_{k=1}^{n} N_k\,{}^tx_i^k,\quad {}^{t+\Delta t}x_i = \sum_{k=1}^{n} N_k\,{}^{0\,t+\Delta t}x_i^k \quad (i = 1,2,3) \tag{4 - 196}$$

式中，${}^0x_i^k$，${}^tx_i^k$ 和 ${}^{t+\Delta t}x_i^k$ 分别为 k 节点的 i 方向在 0、t 和 $t+\Delta t$ 时刻的节点坐标。

利用式（4 - 195）和式（4 - 196）可以计算出式（4 - 191）和式（4 - 193）中各个积分所包含的位移导数项。

完成第一步单元离散化的工作后，第二步即进行单元分析，推导出增量形成的

单元刚度方程，并将其组装成结构的整体方程组。

4.11.1 当仅为材料非线性问题时

静力分析中有

$$^{t}[K]\Delta\{u\}^{(i)}={}^{t+\Delta t}\{R\}-{}^{t+\Delta t}\{F\}_{t+\Delta t}^{(i-1)} \tag{4-197}$$

动力分析中，显式时间积分为

$$[M]^{t}\{\ddot{u}\}={}^{t}\{R\}-{}^{t}\{F\} \tag{4-198}$$

隐式时间积分为

$$[M]^{t+\Delta t}\{\ddot{u}\}^{(i)}+{}^{t}[K]\Delta\{u\}^{(i)}={}^{t+\Delta t}\{R\}-{}^{t+\Delta t}\{F\}_{t+\Delta t}^{(i-1)} \tag{4-199}$$

式中，$^{t}[K]=\int_{v}[B_l]^{\mathrm{T}}[C][B]\mathrm{d}v$ 为线性应变增量刚度矩阵，$[B_l]$ 为线性应变 - 位移变换矩阵；$[M]=\int_{^{0}v}[N]^{\mathrm{T}}[N]^{0}\mathrm{d}v$ 为与时间无关的质量矩阵；$^{t+\Delta t}\{R\}=\int_{^{0}A}[N]_{0}^{\mathrm{T}t+\Delta t}[T]^{0}\mathrm{d}v+\int_{^{0}v}[N]_{0}^{\mathrm{T}t+\Delta t}[F]^{0}\mathrm{d}v$ 为 $t+\Delta t$ 时刻作用于节点上的外力矢量；$^{t+\Delta t}{}_{0}\{T\}$ 和 $^{t+\Delta t}{}_{0}\{F\}$ 分别为 0 时刻单元的每单位面积的表面力和每单位体积的体力矢量；$^{t+\Delta t}\{F\}_{t+\Delta t}^{(i-1)}$ 为 $t+\Delta t$ 时刻对应于第（$i-1$）步迭代的单元应力的等效节点力；$\Delta\{u\}^{(i)}$ 为第 i 次迭代中节点位移增量矢量；$^{t+\Delta t}\{\ddot{u}\}^{(i)}$ 为 $t+\Delta t$ 时刻第 i 次迭代的节点加速度矢量；$^{t}\{\ddot{u}\}$ 为 t 时刻节点的加速度矢量；$^{t}\{R\}$ 为 t 时刻作用于节点上的外力矢量；$^{t}\{F\}$ 为 t 时刻单元应力的等效节点力矢量。

4.11.2 用于 T. L 格式的方程

从式（4 - 191）可导出用于 T. L 格式的下列方程。

静力分析中有

$$({}_{0}^{t}[K_l]+{}_{0}^{t}[K_{nl}])\Delta\{u\}^{(i)}={}^{t+\Delta t}\{R\}-{}_{0}^{t+\Delta t}\{F\}^{(i-1)} \tag{4-200}$$

动力分析中，显式积分为

$$[M]^{t}\{\ddot{u}\}={}^{t}\{R\}-{}_{0}^{t}\{F\} \tag{4-201}$$

隐式积分为

$$[M]^{t+\Delta t}\{\ddot{u}\}^{(i)}+({}_{0}^{t}[K_l]+{}_{0}^{t}[K_{nl}])\Delta\{u\}^{(i)}={}^{t+\Delta t}\{R\}-{}^{t+\Delta t}\{F\}^{(i-1)} \tag{4-202}$$

式中，${}_{0}^{t}[K_l]=\int_{^{0}v0}^{t}[B_l]_{0}^{\mathrm{T}}[D]_{0}^{t}\{B_l\}^{0}\mathrm{d}v$ 为线性应变增量刚度矩阵，${}_{0}^{\mathrm{T}}[D]$ 为材料的增量应力 - 应变矩阵；${}_{0}^{t}[B_l]$ 为线性应变和位移转换矩阵；${}_{0}^{t}[K_{nl}]=\int_{^{0}v0}^{t}[B_l]_{0}^{\mathrm{T}t}[S]_{0}^{t}\{B_{nl}\}^{0}\mathrm{d}v$ 为非线性应变增量刚度矩阵；${}_{0}^{t}[S]$ 为 Kirchhoff 应力矩阵；${}_{0}^{t}[B_{nl}]$ 为非线性

应变和位移的转换矩阵；${}^{t}\{R\}$ 为 t 时刻作用于节点上的外力矢量；${}^{t}_{0}\{F\}$ 为 t 时刻单元应力的等效节点力矢量。

4.11.3　用于 U.L 格式的方程

静力分析中有

$$({}^{t}_{t}[M_l]+{}^{t}_{t}[K_{nl}])\Delta\{u\}^{(i)}={}^{t+\Delta t}\{R\}-{}^{t}_{t}\{F\}^{(i-1)} \tag{4-203}$$

动力分析中，对显式积分为

$$[M]{}^{t}\{\ddot{u}\}={}^{t}\{R\}-{}^{t}_{t}\{F\} \tag{4-204}$$

隐式积分为

$$[M]{}^{t+\Delta t}\{\ddot{u}\}^{(i)}+({}^{t}_{t}[K_l]+{}^{t}_{t}[K_{nl}])\Delta\{u\}^{(i)}={}^{t+\Delta t}\{R\}-{}^{t+\Delta T}_{t+\Delta t}\{F\}^{(i-1)} \tag{4-205}$$

式中，${}^{t}_{t}[K_l]=\int_{vt}{}^{t}[B_l]^{\mathrm{T}}_{t}[D]^{t}_{t}\ [B_l]^{t}\mathrm{d}v$ 为线性应变增量刚度矩阵；${}^{t}_{t}[K_{nl}]=\int_{vt}{}^{t}[B_{nl}]^{\mathrm{T}t}[\tau]^{t}_{t}\{B_{nl}\}^{t}\mathrm{d}v$ 为非线性应变增量刚度矩阵；${}^{t}_{t}\{F\}$ 为 t 时刻单元应力的等效节点力矢量；其余矢量含义同前。需注意的是，在 U.L 格式中所有这些矩阵或矢量的元素对应都是时刻 t 的位形，并参考同一位形确定。

式（4-197）～式（4-205）为通用的基本积分表达式和相应的计算矩阵，其具体矩阵形式取决于所考虑的具体单元。因此，对于具体的特定单元和特定的材料本构关系，将求得的结果代入后，即可得到相应的非线性分析的有限元方程。

4.12　几何非线性杆单元

几何非线性杆单元刚度矩阵的研究对研究网架和桁架等杆系结构的非线性问题是必不可少的。下面对杆单元几何非线性单元刚度矩阵进行推导。

设杆单元横截面积为 A，弹性模量为 E，长度为 l，如图 4-34 所示。

设单元节点位移矢量为

$$d_e=\{u_iv_iu_jv_j\}^{\mathrm{T}}$$

单元轴向应变为

$$\varepsilon_x=\frac{\partial u}{\partial x}+\frac{1}{2}\left(\frac{\partial v}{\partial x}\right)^2 \tag{4-206}$$

设位移场函数为

$$u_d=\mathbf{N}d_e \tag{4-207}$$

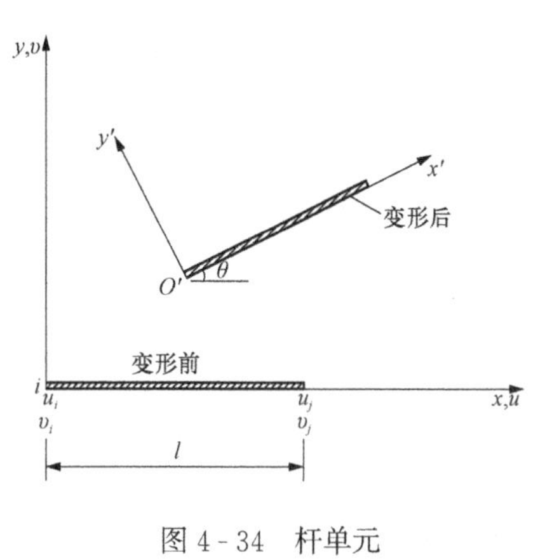

图 4-34　杆单元

式中，$\boldsymbol{N}$ 为形函数矩阵，且 $u_d=\{u,v\}^{\mathrm{T}}$。

$\boldsymbol{N}=[N_iI,\ N_jI]$，为形函数，$N_i=1-\dfrac{x}{l}$，$N_j=1-\dfrac{x}{l}$，$I$ 为二阶单位矩阵。

将式（4-207）代入式（4-206），有

$$\varepsilon_x=L_0d_e+\frac{1}{2}(L_0d_e)^2 \tag{4-208}$$

式中，$L_0=\left[-\dfrac{1}{l}\ 0\ \dfrac{1}{l}\ 0\right]$。

对式（4-208）微分有

$$\mathrm{d}\varepsilon_x=L_0\Delta d_e+L_0d_eL_0\Delta d_e=(L_0+L_0d_eL_0)\Delta d_e=(B_l+B_{nl})\Delta d_e \tag{4-209}$$

式中，$B_l=L_0$，$B_{nl}=L_0d_eL_0$。

当杆变形后转角较小时，有

$$L_0d_e=\frac{1}{l}(v_j-v_i)=\tan\theta=\theta \tag{4-210}$$

杆有轴向应力 σ 为

$$\sigma=E\varepsilon_x=E\left[L_0d_e+\frac{1}{2}(L_0d_e)^2\right] \tag{4-211}$$

将式（4-210）代入式（4-197）～式（4-205），可求得轴向刚度矩阵，为

$$\boldsymbol{K}_0=\frac{EA}{l}\begin{pmatrix}1&0&-1&0\\0&0&0&0\\-1&0&1&0\\0&0&0&0\end{pmatrix} \tag{4-212}$$

初位移刚度矩阵为

$$\boldsymbol{K}_l=\frac{EA}{l}\begin{pmatrix}0&\theta&0&-\theta\\\theta&\theta^2&-\theta&-\theta^2\\0&-\theta&0&0\\-\theta&-\theta^2&\theta&\theta^2\end{pmatrix} \tag{4-213}$$

初应力刚度矩阵为

$$\boldsymbol{K}_\sigma=\frac{EA}{l}\begin{pmatrix}0&0&0&0\\0&1&0&-1\\0&0&0&0\\0&-1&0&1\end{pmatrix} \tag{4-214}$$

故在 T. L 格式中几何非线性杆单元的切线刚度矩阵为

$$\boldsymbol{K}=\boldsymbol{K}_0+\boldsymbol{K}_l+\boldsymbol{K}_\sigma \tag{4-215}$$

为进一步了解大变形引起的大位移单元刚度矩阵的含义，对式（4-215）进行进一步分解。如图 4-34 所示，在单元上取一随单元变形而运动的局部坐标系 $O'x'y$，相对于该坐标系，杆单元的线性刚度矩阵为

$$\boldsymbol{K}_0'=\frac{EA}{l}\begin{pmatrix}1 & 0 & -1 & 0\\ 0 & 0 & 0 & 0\\ -1 & 0 & 1 & 0\\ 0 & 0 & 0 & 0\end{pmatrix}$$

将该矩阵转换到单元变形前的坐标系 O_{xy} 中，则有

$$\boldsymbol{K}_0=TK'_0T^{\mathrm{T}} \tag{4-216}$$

式中

$$T=\begin{pmatrix}\cos\theta & -\sin\theta & 0 & 0\\ \sin\theta & \cos\theta & 0 & 0\\ 0 & 0 & \cos\theta & -\sin\theta\\ 0 & 0 & \sin\theta & \cos\theta\end{pmatrix} \tag{4-217}$$

为转换矩阵。如转角 θ 较小，则可近似认为 $\cos\theta=1$，$\sin\theta=1$，故式（4-217）可化为

$$T=\begin{pmatrix}1 & -\theta & 0 & 0\\ \theta & 1 & 0 & 0\\ 0 & 0 & 1 & -\theta\\ 0 & 0 & \theta & 1\end{pmatrix} \tag{4-218}$$

将式（4-218）代入式（4-216），可得

$$K_0=\frac{EA}{l}\begin{pmatrix}1 & 0 & -1 & 0\\ 0 & 0 & 0 & 0\\ -1 & 0 & 1 & 0\\ 0 & 0 & 0 & 1\end{pmatrix}+\frac{EA}{l}\begin{pmatrix}0 & \theta & 0 & -\theta\\ \theta & \theta^2 & -\theta & -\theta^2\\ 0 & -\theta & 0 & \theta\\ -\theta & -\theta^2 & \theta & \theta^2\end{pmatrix}=K'_0=K_l$$

由此可见，大变形矩阵 K_l 是对变形后局部坐标系的单元刚度矩阵 K'_0，再变换到变形前的局部坐标系时所引起的附加刚度矩阵。

4.13　几何非线性梁单元

图 4-35 所示为一典型梁单元的初始位形和 t 时刻的位形，分析中采用以下基本假定：变形前垂直于梁中性轴的截面，变形后仍保持平面，但不垂直于中性轴；单元

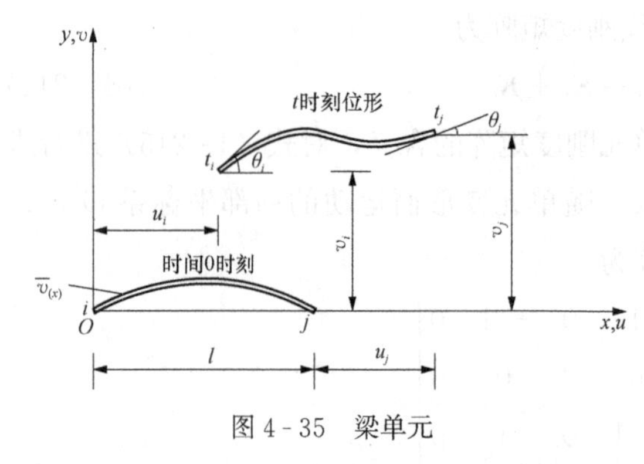

图 4-35 梁单元

的位移和转角可以是任意大的，单元的应变仍然是很小的，即假定单元的横截面积是不改变的。为具有普遍性，设梁为具有初始挠度 $\bar{v}$（x）的浅曲梁。

设梁单元弹性模量为 E，横截面积为 A，惯性矩为 I，梁长为 l，轴向和横向位移分别为 u（x）和 v（x）。

单元节点位移为

$$d_e = [u_i, v_i, \theta_i, u_j, v_j, \theta_j]^{\mathrm{T}} \tag{4-219}$$

轴向变形为线性函数

$$u(x) = \left[1-\frac{x}{l},\ 0,\ 0,\ \frac{x}{l}, 0\ , 0\right]^{\mathrm{T}} \tag{4-220}$$

横向挠度取梁函数为

$$v(x) = [0, N_1, N_2, 0, N_3, N_4]^{\mathrm{T}} \tag{4-221}$$

式中，$N_1=1-\frac{3x^2}{l^2}+\frac{2x^3}{l^3}$；$N_2=x-\frac{2x^2}{l}+\frac{x^3}{l^2}$；$N_3=\frac{3x^2}{l^2}-\frac{2x^3}{l^3}$；$N_4=-\frac{x^2}{l}+\frac{x^3}{l^2}$。

下面就 T. L 格式来推导其刚度矩阵。假定前 N 个增量步的计算已完成，则第 $N+1$ 个增量步梁的应变能可表示为

$$^{N+1}U = \int_0^1 \left(\frac{1}{2}EI(v'')^2 + \frac{1}{2}EA\varepsilon^2\right)\mathrm{d}x \tag{4-222}$$

由以往推导可知，直梁的轴向应变一般为 $\varepsilon_u=\frac{\mathrm{d}u}{\mathrm{d}x}+\frac{1}{2}\left(\frac{\mathrm{d}y}{\mathrm{d}x}\right)^2$，有初始挠度 $\bar{v}$（x）的浅曲梁轴向应变 ε 与梁曲率 v'' 的增量关系为

$$^{N+1}v''_x = {}^{N}v''_x + v''_x \tag{4-223}$$

$$\begin{aligned}\varepsilon &= {}^{N+1}\varepsilon - {}^{N}\varepsilon = {}^{N+1}\left(\frac{\mathrm{d}u}{\mathrm{d}x}\right) + \frac{1}{2}(\overline{v'_x} + {}^{N+1}v'_x)^2 - {}^{N}\left(\frac{\mathrm{d}u}{\mathrm{d}x}\right) - \frac{1}{2}(\overline{v'_x} + {}^{N}\overline{v'_x})^2 \\ &= \frac{\mathrm{d}u}{\mathrm{d}x} + \overline{v'_x}v'_x + \frac{1}{2}(v'_x)^2\end{aligned} \tag{4-224}$$

v'_x 表示 v 对 x 的一阶导数，v''_x 表示 v 对 x 的二阶导数，其余类似。

将式（4-223）和式（4-224）代入式（4-222）中，可得^{N+1}v，为

$$^{N+1}v = v_0 + v_1 + v_2 + v_3 + v_4 + v_5 + v_6 \tag{4-225}$$

式中

$$\left.\begin{aligned}
v_0 &= \frac{1}{2}EI\int_0^1 N(v''_x)^2 + \frac{1}{2}EA\int_0^{1N}\varepsilon^2 \mathrm{d}x \\
v_1 &= EI\int_0^{1N} v''_x v''_x \mathrm{d}x + EA\int_0^{1N}\varepsilon(u'_x + \theta v'_x)\mathrm{d}x \\
v_2 &= \frac{1}{2}EA\int_0^1 (u_x)^2 \mathrm{d}x \\
v_3 &= \frac{1}{2}EA\int_0^1 (u''_x)^2 \mathrm{d}x \\
v_4 &= \frac{1}{2}EA\int_0^{1N}\varepsilon(v'_x)^2 \mathrm{d}x \\
v_5 &= \frac{1}{2}EA\int_0^1 [\theta^2(v'_x)^2 + 2\theta u'_x v'_x]\mathrm{d}x \\
v_6 &= \frac{1}{2}EA\int_0^1 \left[\frac{1}{4}(v'_x)^3 + u'_t(v'_x)^2 + \theta(v'_x)^3\right]\mathrm{d}x \\
\theta &= \overline{v'_x} + {}^N v'_x\text{(初始转角)}
\end{aligned}\right\} \tag{4-226}$$

由式（4-226）可知，u_0 为常数项，u_1 为 u'_{xx}，u'_x 和 v'_x 的线性函数，它们对刚度矩阵无贡献；v_6 与其他项比，为高阶无穷小量，可忽略不计。对应变能式（4-225）变分二次后，可得几何非线性梁单元刚度矩阵为

$$\boldsymbol{K} = \frac{\partial^{2N+1} u}{\partial d_e^2} = \frac{\partial^2 u_2}{\partial d_e^2} + \frac{\partial^2 u_3}{\partial d_e^2} + \frac{\partial^2 u_4}{\partial d_e^2} + \frac{\partial^2 u_5}{\partial d_e^2} \tag{4-227}$$

令

$$\boldsymbol{K}^A = \frac{\partial^2 u_2}{\partial d_e^2}\text{（轴向刚度矩阵）} \tag{4-228}$$

$$\boldsymbol{K}^B = \frac{\partial^2 u_3}{\partial d_e^2}\text{（弯曲刚度矩阵）} \tag{4-229}$$

$$\boldsymbol{K}^C = \frac{\partial^2 u_4}{\partial d_e^2}\text{（应力刚度矩阵）} \tag{4-230}$$

$$\boldsymbol{K}^D = \frac{\partial^2 u_5}{\partial d_e^2}\text{（应力刚度矩阵）} \tag{4-231}$$

式（4-227）可化为

$$\boldsymbol{K} = \boldsymbol{K}^A + \boldsymbol{K}^B + \boldsymbol{K}^G + \boldsymbol{K}^D \tag{4-232}$$

将式（4-219）和式（4-220）对 x 取导数后，有

$$u'_x = \left[-\frac{1}{l}, 0, 0, \frac{1}{l}, 0, 0\right] d_e = B^A d_e \tag{4-233}$$

$$v'_x = \left[0, -\frac{6x}{l^2} + \frac{6x^2}{l^3}, 1 - \frac{4x}{l} + \frac{3x^2}{l^2}, 0, \frac{6x}{l^2} - \frac{6x^2}{l^3}, -\frac{2x}{l} + \frac{3x^2}{l^2}\right] d_e = B^G_{d_e} \tag{4-234}$$

$$v''_x = \left[0, -\frac{6}{l^2} + \frac{12x}{l^3}, -\frac{4}{l} + \frac{6x}{l^2}, 0, \frac{6}{l^2} - \frac{12x}{l^3}, -\frac{2}{l} + \frac{6x}{l^2}\right] d_e = B^B d_e \tag{4-235}$$

将式（4-233）代入式（4-226）和式（4-228），可得轴向刚度 $\boldsymbol{K}^A$，为

$$\begin{aligned}
\boldsymbol{K}^A &= \frac{\partial^2 v^2}{\partial d_e^2} = EA\int_0^L [B^A]^{\mathrm{T}}[B^A]\mathrm{d}x \\
&= EA\int_0^1 \left[-\frac{1}{l}, 0,\ 0,\ \frac{1}{l}, 0, 0\right]^{\mathrm{T}} \left[-\frac{1}{l}, 0, 0, \frac{1}{l}, 0, 0\right]\mathrm{d}x \\
&= \frac{EA}{l}\begin{pmatrix}
1 & 0 & 0 & -1 & 0 & 0 \\
 & 0 & 0 & 0 & 0 & 0 \\
 & & 0 & 0 & 0 & 0 \\
 & & & 1 & 0 & 0 \\
\text{对称} & & & & 0 & 0 \\
 & & & & & 0
\end{pmatrix}
\end{aligned} \tag{4-236}$$

将式（4-235）代入式（4-226）和式（4-229），可得弯曲刚度矩阵 $\boldsymbol{K}^B$，为

$$\begin{aligned}
\boldsymbol{K}^B &= \frac{\partial^2 u_3}{\partial d_e^2} = EI\int_0^1 [B^B]^{\mathrm{T}}[B^B]\mathrm{d}x \\
&= EI\int_0^1 \left[0, -\frac{6}{l^2} + \frac{12x}{l^2}, -\frac{4}{l} + \frac{6x}{l^2}, 0, \frac{6}{l^2} - \frac{12x}{l^2}, -\frac{2}{l} + \frac{6x}{l^2}\right]^{\mathrm{T}} \\
&\quad \left[0, -\frac{6}{l^2} + \frac{12x}{l^2}, -\frac{4}{l} + \frac{6x}{l^2}, 0, \frac{6}{l^2} - \frac{12x}{l^2}, -\frac{2}{l} + \frac{6x}{l^2}\right]\mathrm{d}x \\
&= \frac{EI}{l^3}\begin{pmatrix}
0 & 0 & 0 & 0 & 0 & 0 \\
 & 12 & 6l & 0 & -12 & 6l \\
 & & 4l^2 & 0 & -6l & 2l^2 \\
 & & & 0 & 0 & 0 \\
\text{对称} & & & & 12 & -6l \\
 & & & & & 4l^2
\end{pmatrix}
\end{aligned} \tag{4-237}$$

将式（4-234）代入式（4-230）和式（4-226），可得初应力刚度矩阵，为

$$\begin{aligned}
\boldsymbol{K}^G &= \frac{\partial^2 u_4}{\partial d_e^2} = EA^N\varepsilon\int_0^1 [B^G]^{\mathrm{T}}[B^G]\mathrm{d}x \\
&= A^N\sigma\int_0^1 \left[0, -\frac{6x}{l^2} + \frac{6x^2}{x^3}, 1 - \frac{4x}{l} + \frac{3x^2}{l^2}, 0, \frac{6x}{l^2} - \frac{6x^2}{l^3}, -\frac{2x}{l} + \frac{3x^2}{l^2}\right]^{\mathrm{T}} \\
&\quad \left[0, -\frac{6x}{l^2} + \frac{6x^2}{x^3}, 1 - \frac{4x}{l} + \frac{3x^2}{l^2}, 0, \frac{6x}{l^2} - \frac{6x^2}{l^3}, -\frac{2x}{l} + \frac{3x^2}{l^2}\right]\mathrm{d}x
\end{aligned}$$

$$= \frac{A^N \sigma}{30} \begin{pmatrix} 0 & 0 & 0 & 0 & 0 & 0 \\ & 36 & 3l & 0 & -36 & 3l \\ & & 4l^2 & 0 & -3l & l^2 \\ & & & 0 & 0 & 0 \\ \text{对称} & & & & 36 & -3l \\ & & & & & 4l^2 \end{pmatrix} \tag{4-238}$$

对初位移刚度矩阵 $\boldsymbol{K}^D$，先分析应变能 v_5，由式（4 - 226）可知，v_5 可分为两部分

$$v_5 = v_{51} + v_{52}$$

式中

$$v_{51} = \frac{1}{2}EA\int_0^1 \theta^2 (v_x')^2 = \frac{1}{2}EA\theta^2\int_0^1 (v_x')^2 \mathrm{d}x \tag{4-239}$$

$$v_{52} = EA\theta\int_0^1 u_x' v_x' \mathrm{d}x \tag{4-240}$$

将 v_{51} 与 v_4 比较可知，两者相差常数倍。$\boldsymbol{K}^D$ 可分为以下三部分：

$$\boldsymbol{K}^D = \boldsymbol{K}^{D1} + \boldsymbol{K}^{D2} + (\boldsymbol{K}^{D2})^{\mathrm{T}} \tag{4-241}$$

式中，$\boldsymbol{K}^{D1} = \frac{\alpha^2 v^{51}}{\alpha d_e^2} = \frac{\theta^2}{N_\varepsilon}\boldsymbol{K}^G$，$\boldsymbol{K}^G$ 见式（4 - 238）。

$$\boldsymbol{K}^{D2} = \theta EA\int_0^1 [B^A]^{\mathrm{T}}[B^G]\mathrm{d}x$$

$$= \theta EA\int_0^1 \left[-\frac{1}{l},0,0,\frac{1}{l},0,0\right]^{\mathrm{T}} \left[0,-\frac{6x}{l^2}+\frac{6x^2}{l^3},1-\frac{4x}{l}+\frac{3x^2}{l^2},0,\frac{6x}{l^2}-\frac{6x^2}{l^3},-\frac{2x}{l}+\frac{3x^2}{l^2}\right]\mathrm{d}x$$

$$= \frac{EA\theta}{l} \begin{pmatrix} 0 & 1 & 0 & 0 & -1 & 0 \\ 0 & 0 & 0 & 0 & 0 & 0 \\ 0 & 0 & 0 & 0 & 0 & 0 \\ 0 & -1 & 0 & 0 & 1 & 0 \\ 0 & 0 & 0 & 0 & 0 & 0 \\ 0 & 0 & 0 & 0 & 0 & 0 \end{pmatrix} \tag{4-242}$$

$$(\boldsymbol{K}^{D2})^{\mathrm{T}} = \frac{EA\theta}{l} \begin{pmatrix} 0 & 0 & 0 & 0 & 0 & 0 \\ 1 & 0 & 0 & -1 & 0 & 0 \\ 0 & 0 & 0 & 0 & 0 & 0 \\ 0 & 0 & 0 & 0 & 0 & 0 \\ -1 & 0 & 0 & 1 & 0 & 0 \\ 0 & 0 & 0 & 0 & 0 & 0 \end{pmatrix} \tag{4-243}$$

将式（4－238）、式（4－242）、式（4－243）代入式（4－241），可得初位移刚度矩阵 $\boldsymbol{K}^D$，为

$$\boldsymbol{K}^D = EA\begin{bmatrix} 0 & \theta/l & 0 & 0 & -\theta/l & 0 \\ & 6\theta^2/5l & \theta^2/10 & -\theta/l & -6\theta^2/5l & \theta^2/10 \\ & & 2l\theta^2/15 & 0 & -\theta^2/10 & -l\theta^2/30 \\ & & & 0 & \theta/l & 0 \\ \text{对称} & & & & 6\theta^2/5l & -\theta^2/10 \\ & & & & & 2l\theta^2/15 \end{bmatrix} \tag{4-244}$$

在（4－236）、式（4－237）、式（4－238）和式（4－242）的积分中，应用了以下积分公式：令 $A=\frac{6x}{l^2}-\frac{6x}{l^3}$，$B=l-\frac{4x}{l}-\frac{3x^2}{l^2}$，$C=\frac{2x}{l}-\frac{3x^2}{l^2}$，则有

$$\int_0^1 A^2\mathrm{d}x=\frac{6}{5l} \qquad \int_0^1 B^2\mathrm{d}x=\frac{2l}{15} \qquad \int_0^1 C^2\mathrm{d}x=\frac{2l}{15}$$

$$\int_0^1 AB\mathrm{d}x=\frac{l}{10} \qquad \int_0^1 BC\mathrm{d}x=\frac{l}{30} \qquad \int_0^1 AC\mathrm{d}x=\frac{l}{10}$$

$$\int_0^1 A^4\mathrm{d}x=\frac{72}{35l^2} \qquad \int_0^1 B^4\mathrm{d}x=\frac{2l}{35} \qquad \int_0^1 C^4\mathrm{d}x=\frac{2l}{35}$$

$$\int_0^1 A^3B\mathrm{d}x=-\frac{9}{35l^2} \qquad \int_0^1 A^3C\mathrm{d}x=\frac{9}{35l^2} \qquad \int_0^1 AB^3\mathrm{d}x=\frac{l}{140}$$

$$\int_0^1 B^3C\mathrm{d}x=\frac{l}{140} \qquad \int_0^1 BC^3\mathrm{d}x=\frac{l}{140} \qquad \int_0^1 AC^3\mathrm{d}x=-\frac{l}{140}$$

$$\int_0^1 A^2B^2\mathrm{d}x=\frac{3}{35l} \qquad \int_0^1 B^2C^2\mathrm{d}x=\frac{l}{210} \qquad \int_0^1 A^2C^2\mathrm{d}x=\frac{3}{35l}$$

$$\int_0^1 A^2BC\mathrm{d}x=0 \qquad \int_0^1 AB^2C\mathrm{d}x=\frac{l}{140} \qquad \int_0^1 ABC^2\mathrm{d}x=\frac{l}{140}$$

在式（4－236）、式（4－237）、式（4－238）和式（4－244）中 $\boldsymbol{K}^A$、$\boldsymbol{K}^B$、$\boldsymbol{K}^G$ 和 $\boldsymbol{K}^D$ 即为浅曲线梁在 T.L 格式中的几何非线性梁的单元刚度矩阵。

当梁为直梁时，$v(x)=0$，式（4－226）中初始转角 $\theta={}^N v'_x$，将其代入式（4－244）的 $\boldsymbol{K}^D$ 中，便可得到直梁的初位移刚度矩阵 $\boldsymbol{K}^D$，而直梁的轴向刚度矩阵 $\boldsymbol{K}^A$、弯曲刚度矩阵 $\boldsymbol{K}^B$ 和初应力刚度矩阵 $\boldsymbol{K}^G$ 仍分别为式（4－236）～式（4－238）的形式。

在式（4－221）中，横向挠度 $v(x)$ 是三次插值函数，转角 v'_x 是二次插值函数。分析计算表明，$v(x)$ 当和 v'_x 采用较低的插值函数时，$\boldsymbol{K}^G$ 和 $\boldsymbol{K}^D$ 可以使计算速度大为加快，减少了推导工作量和计算时间。如取 $v(x)$ 为线性位移场，则有

$$v(x)=\left[0,1-\frac{x}{l},0,0,\frac{x}{l},0\right]d_e$$

$$v'x=\left[0,-\frac{1}{l},0,0,\frac{1}{l},0\right]d_e=B^G d_e \tag{4-245}$$

故初应力矩阵 $\boldsymbol{K}^G$ 为

$$\begin{aligned}\boldsymbol{K}^G&=EA^N\varepsilon\int_0^1[B^G]^{\mathrm{T}}[B^G]\mathrm{d}x\\&=A^N\sigma\int_0^1\left[0,-\frac{1}{l},0,0,\frac{1}{l},0\right]^{\mathrm{T}}\left[0,-\frac{1}{l},0,0,\frac{1}{l},0\right]\mathrm{d}x\\&=\frac{A^N\sigma}{l}\begin{pmatrix}0&0&0&0&0&0\\&1&0&0&-1&0\\&&0&0&0&0\\&&&0&0&0\\\text{对称}&&&&1&0\\&&&&&0\end{pmatrix}\end{aligned} \tag{4-246}$$

初位移矩阵 $\boldsymbol{K}^D$ 为

$$\begin{aligned}\boldsymbol{K}^{D2}&=EA\theta\int_0^1[B^A]^{\mathrm{T}}[B^G]\mathrm{d}x\\&=EA\theta\int_0^1\left[-\frac{1}{l},0,0,\frac{1}{l},0,0\right]^{\mathrm{T}}\left[0,-\frac{1}{l},0,0,\frac{1}{l},0\right]\mathrm{d}x\\&=\frac{EA\theta}{l}\begin{pmatrix}0&1&0&0&-1&0\\&0&0&0&0&0\\&&0&0&0&0\\&&&0&1&0\\\text{对称}&&&&0&0\\&&&&&0\end{pmatrix}\end{aligned} \tag{4-247}$$

$$\boldsymbol{K}^D=\boldsymbol{K}^{D1}+\boldsymbol{K}^{D2}+(\boldsymbol{K}^{D2})^{\mathrm{T}}=\frac{\theta^2}{N_\varepsilon}\boldsymbol{K}^G+\boldsymbol{K}^{D2}+(\boldsymbol{K}^{D2})^{\mathrm{T}}$$

$$=\frac{EA\theta}{l}\begin{pmatrix}0&1&0&0&-1&0\\&\theta&0&-1&-\theta&0\\&&0&0&0&0\\&&&0&1&0\\\text{对称}&&&&\theta&0\\&&&&&0\end{pmatrix} \tag{4-248}$$

式（4-247）和式（4-248）是在较低插值函数下的初应力刚度矩阵和初位移刚度矩阵。

以上讨论的是几何非线性浅曲梁和直梁在T.L格式下的单元刚度矩阵，在U.L格式中的推导公式如下。

在U.L格式坐标中，浅曲梁的轴向应变增量为

$$\varepsilon=\frac{\mathrm{d}u}{\mathrm{d}x}+\frac{1}{2}\left[\frac{\mathrm{d}(\bar{v}+v)}{\mathrm{d}x}\right]^2-\frac{1}{2}\left(\frac{\mathrm{d}\bar{v}}{\mathrm{d}x}\right)^2=\frac{\mathrm{d}u}{\mathrm{d}x}+\frac{\mathrm{d}\bar{v}}{\mathrm{d}x}\cdot\frac{\mathrm{d}v}{\mathrm{d}x}+\frac{1}{2}\left(\frac{\mathrm{d}v}{\mathrm{d}x}\right)^2 \quad (4-249)$$

且 $\theta=\frac{\mathrm{d}\bar{v}}{\mathrm{d}x}$。

将式（4-238）中初应力刚度矩阵中的初应力理解为柯西应力，在T.L格式中推导出来的轴向刚度矩阵 $\boldsymbol{K}^A$、弯曲刚度矩阵 $\boldsymbol{K}^B$、初应力刚度矩阵 $\boldsymbol{K}^G$ 和初位移刚度矩阵 $\boldsymbol{K}^D$，即式（4-236）～式（4-244），在U.L坐标中仍然适用。如果为直梁，则 $\theta=\frac{\mathrm{d}\bar{v}}{\mathrm{d}x}=0$，式（4-244）中各系数均为零，从而无初位移刚度矩阵，只剩下 $\boldsymbol{K}^A$、$\boldsymbol{K}^B$ 和 $\boldsymbol{K}^G$。

4.14 几何非线性板单元

在几何非线性板单元研究中，平面变形和弯曲变形是耦合的，而且挠度会引起薄膜应变。因此，反映这种变形特性的板单元，也就是中性面薄膜元和板弯曲元的耦合，在几何非线性分析中常用的板单元有四节点直边耦合元、八节点直边耦合元和八节点等参曲边耦合元等单元。

在分析中，假定变形前的中性面法线变形后仍为直线，该直线可垂直于中性面，也可不垂直于中性面。本分析中，采用不垂直于中性面的直线假定，即板弯曲时要考虑横向剪切变形，且中性面法线的转角不一定是中性面的斜率。

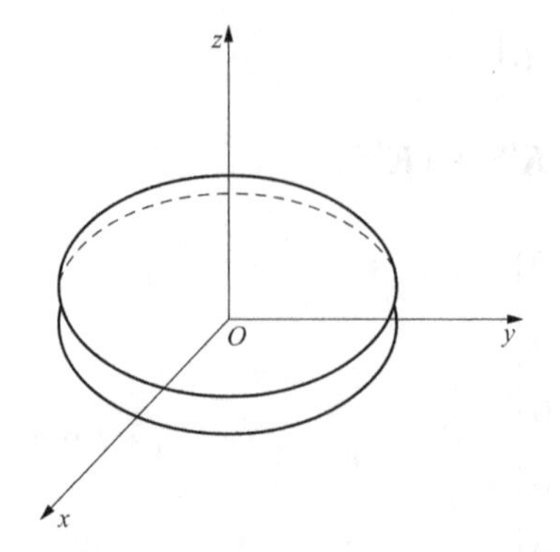

图 4-36　直角坐标系中的板

图4-36表示直角坐标系 $Oxyz$ 中的板，相应的位移为 u、v、w。由几何关系可得板中任一点的位移函数为

$$\left.\begin{aligned}\bar{u}&=u+z\theta_y\\\bar{v}&=v-z\theta_x\\\bar{\omega}&=\omega\end{aligned}\right\} \quad (4-250)$$

式中，θ_x 和 θ_y 分别为对 x 和 y 轴的转角。

并且　　$u=u(x,y),\ v=v(x,y),\ \omega=\omega(x,y)$

由前述推导可得

$$\left.\begin{aligned}
\varepsilon_x &= \frac{\partial \bar{u}}{\partial x}+\frac{1}{2}\left(\frac{\partial \bar{\omega}}{\partial x}\right)^2 \\
\varepsilon_y &= \frac{\partial \bar{v}}{\partial y}+\frac{1}{2}\left(\frac{\partial \bar{\omega}}{\partial y}\right)^2 \\
\gamma_{xy} &= \frac{\partial \bar{u}}{\partial y}+\frac{\partial \bar{v}}{\partial x}+\left(\frac{\partial \bar{\omega}}{\partial x}\right)\left(\frac{\partial \bar{\omega}}{\partial y}\right) \\
\gamma_{yz} &= \frac{\partial \bar{v}}{\partial z}+\frac{\partial \bar{\omega}}{\partial y} \\
\gamma_{zx} &= \frac{\partial \bar{u}}{\partial z}+\frac{\partial \bar{\omega}}{\partial x}
\end{aligned}\right\} \tag{4-251}$$

将式（4-250）代入式（4-251），可得考虑了横向剪切变形的应变，为

$$\begin{aligned}
\varepsilon_x &= \frac{\partial u}{\partial x}+\frac{1}{2}\left(\frac{\partial \omega}{\partial x}\right)^2+z\frac{\partial \theta_y}{\partial x} \\
\varepsilon_y &= \frac{\partial v}{\partial y}+\frac{1}{2}\left(\frac{\partial \omega}{\partial y}\right)^2-z\frac{\partial \theta_x}{\partial y} \\
\gamma_{xy} &= \frac{\partial u}{\partial x}+\frac{\partial v}{\partial y}+\frac{\partial \omega}{\partial x}\frac{\partial \omega}{\partial y}+z\left(\frac{\partial \theta_y}{\partial y}+\frac{\partial \theta_x}{\partial x}\right) \\
\gamma_{yz} &= \frac{\partial \omega}{\partial y}-\theta_x \\
\gamma_{zx} &= \frac{\partial \omega}{\partial x}+\theta_y
\end{aligned} \tag{4-252}$$

很显然，薄膜应变为

$$\left.\begin{aligned}
\varepsilon_x^{P} &= \frac{\partial u}{\partial x}+\frac{1}{2}\left(\frac{\partial \omega}{\partial x}\right)^2 \\
\varepsilon_y^{P} &= \frac{\partial v}{\partial y}+\frac{1}{2}\left(\frac{\partial \omega}{\partial y}\right)^2 \\
\gamma_{xy} &= \frac{\partial u}{\partial y}+\frac{\partial v}{\partial x}+\frac{\partial \omega}{\partial x}\frac{\partial \omega}{\partial y}
\end{aligned}\right\}$$

中性面曲率为

$$\left.\begin{aligned}
\phi_{xx} &= \frac{\partial \theta_y}{\partial x} \\
\phi_{yy} &= -\frac{\partial \theta_x}{\partial y} \\
2\phi_{xy} &= \frac{\partial \theta_y}{\partial x}-\frac{\partial \theta_x}{\partial y}
\end{aligned}\right\}$$

横向剪切应变为

$$\left.\begin{aligned}\phi_{yz} &= \frac{\partial\omega}{\partial y} - \theta_x \\ \phi_{zx} &= \frac{\partial\omega}{\partial x} - \theta_y\end{aligned}\right\}$$

令

$$\left.\begin{aligned}\varepsilon_{AP} &= [\varepsilon_x \quad \varepsilon_y \quad \gamma_{xy} \quad \gamma_{yz} \quad \gamma_{zx}]^{T} \\ \varepsilon_P &= [\varepsilon_x^{p} \quad \varepsilon_y^{p} \quad \gamma_{xy}^{p} \quad 0 \quad 0]^{T} \\ \varepsilon_\gamma &= [0 \quad 0 \quad 0 \quad \phi_{yz} \quad \phi_{zx}] \\ \varepsilon_b &= [\phi_{xx} \quad \phi_{yy} \quad \phi_{xy} \quad 0 \quad 0]\end{aligned}\right\}$$

由式（4-252）可得

$$\varepsilon_{AP} = \varepsilon_P + \varepsilon_\gamma + z\varepsilon_b$$

由 Kichhoff 应力与 Green 应变的关系有

$$\sigma_{AP} = D_{AP}\varepsilon_{AP}$$

式中，$\sigma_{AP} = [\tau_x \quad \tau_y \quad \tau_{xy} \quad \tau_{yz} \quad \tau_{zx}]^{T}$，$D_{AP} = \begin{bmatrix} D_A & 0 \\ 0 & D_P \end{bmatrix}$，$D_A = \frac{E}{1-\gamma^2}\begin{pmatrix} 1 & \gamma & 0 \\ \gamma & 1 & 0 \\ 0 & 0 & \frac{1-\gamma}{2} \end{pmatrix}$，

$D_P = \frac{E}{12(1-\gamma)^2}\begin{pmatrix} \frac{1-\gamma}{2} & 0 \\ 0 & \frac{1-\gamma}{2} \end{pmatrix}$。

4.15 弧长法求解非线性方程组

荷载控制法和位移控制法是非线性分析中早期常用的方法，但自身都存在一些缺陷。弧长控制法是目前广泛采用的非线性跟踪算法，它具有非常明显的优点，有比较好的跟踪性能，因而许多学者对这种方法产生了浓厚的兴趣，他们的研究工作促进了该算法的发展与完善。

在几何非线性分析中，弧长法（Riks 于 1979 年提出，后经 Ramm 和 Crisfield 发展）是处理结构的软化现象或者 Snap－Back 现象的有效算法。该方法同时控制结构的变形与荷载，使分析沿着结构的平衡路径进行。

4.15.1 基本理论

根据弧长法的理论，如图 4-37 所示，任一增量步内，其迭代控制方程可写为

$$\Delta p_i^{\mathrm{T}} \Delta p_i + A_0 \Delta\lambda_i^2 = \Delta p_{i+1}^{\mathrm{T}} \Delta p_{i+1} + A_0 \Delta\lambda_{i+1}^2 = \Delta l^2 \tag{4-253}$$

式中，Δp_i 为第 i 次迭代的位移增量矢量；$\Delta\lambda_i$ 为第 i 次迭代的荷载增量因子；A_0 为常数；Δl 为广义“弧长”。

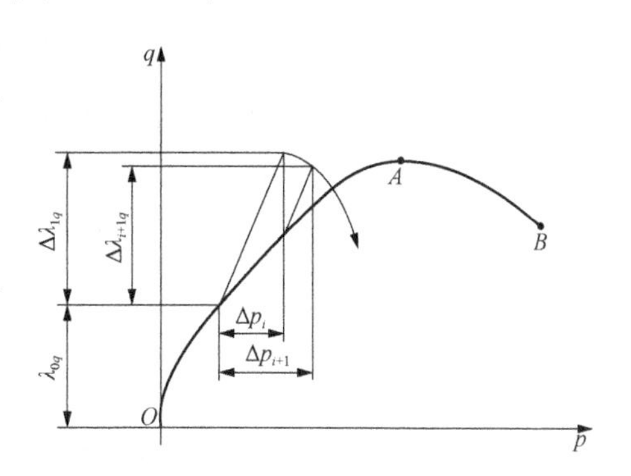

图 4-37　弧长法

设第 i 次迭代后，外加荷载矢量为 E_i，即 $E_i = (\lambda_0 + \Delta\lambda_i)_q$，同时可求得节点反力为 F_i，则不平衡力为

$$e_i = E_i - F_i \tag{4-254}$$

对不平衡力 e_i 进行如下分解：

$$g_i = e_i^{\mathrm{T}} q / q^{\mathrm{T}} q, h_i = e_i - g_i q \tag{4-255}$$

式中，$g_i q$ 为平行于 q 的分量；h_i 为垂直于 q 的分量。

在第 $i+1$ 次迭代时，为了消除第 i 次迭代产生的不平衡力，需将 e_i 作用于结构上，同时为了满足式（4-253）的控制条件，还需作用附加力 $\tilde{x}_i q$，则第 $i+1$ 次迭代时位移增量为

$$\Delta p_{i+1} = \Delta p_i + \boldsymbol{K}^{-1}(e_i + \tilde{x}_i q) \tag{4-256}$$

式中，$\boldsymbol{K}^{-1}$为切线刚度矩阵。考虑到式（4-255），式（4-256）可改写为

$$\Delta p_{i+1} = \Delta p_i + \boldsymbol{K}^{-1}(x_i q + \eta_i h_i) = \Delta p_i + x_i \delta_q + \eta_i \delta_{hi} \tag{4-257}$$

式中，$\delta_q = \boldsymbol{K}^{-1} q$；$\delta_{hi} = \boldsymbol{K}^{-1} h_i$；$\eta_i$ 为一标量因子，一般情况下取为 1。

第 $i+1$ 次迭代时外加荷载矢量为

$$E_{i+1} = F_i + x_i q + h_i = E_i - g_i q + x_i q \tag{4-258}$$

由此可得

$$\Delta\lambda_{i+1} = \Delta\lambda_i - g_i + x_i \tag{4-259}$$

将式（4-257）、式（4-259）代入控制方程式（4-253）得

$$a x_i^2 + 2b x_i + c = 0 \tag{4-260}$$

式中

$$a = A_0 + \delta_q^{\mathrm{T}} \delta_q \tag{4-261}$$

$$b = A_0 (\Delta\lambda_i - g_i)^2 + \delta_q^{\mathrm{T}} (\Delta p_i + \eta_i \delta_{hi}) \tag{4-262}$$

$$c = A_0 (\Delta\lambda_i - g_i)^2 + (\Delta p_i + \eta_i \delta_{hi})^{\mathrm{T}} (\Delta p_i + \eta_i \delta_{hi}) - \Delta l^2 \tag{4-263}$$

由式（4-260）可以求得 x_i，代入式（4-257）、式（4-259）即可求得在第 $i+1$ 次迭代时的位移增量与荷载增量因子，循环迭代直至解答收敛。绝大多数情况下，由式（4-260）可求出两个实根 x_{i1}、x_{i2}，由此可得 Δp_{i+1}^{1}、Δp_{i+1}^{2}，将其分别与前一步增量段内求得的位移增量 Δp^{pr} 做矢量积，取矢量积较大者作为第 $i+1$ 次迭代的解答。在某些情况下，式（4-260）将出现无实根的情况，提出了虚拟线性搜索算法（pseudo line search）来解决这一问题，其基本思想是通过改变因子 η 值，使得式（4-260）有实根，由式（4-260）有实根的条件 $b^2-ac\geqslant 0$ 可以导出

$$a'\eta_i^2+2b'\eta_i+c'\leqslant 0 \tag{4-264}$$

式中

$$a'=(A_0+\delta_q^{\mathrm{T}}\delta_q)(\delta_{hi}^{\mathrm{T}}\delta_{hi})-(\delta_q^{\mathrm{T}}\delta_{hi})^2 \tag{4-265}$$

$$b'=(A_0+\delta_q^{\mathrm{T}}\delta_q)(\Delta p_i^{\mathrm{T}}\delta_{hi})-[A_0(\Delta\lambda_i-g_i)+(\delta_q^{\mathrm{T}}\Delta p_i)](\delta_q^{\mathrm{T}}\delta_{hi}) \tag{4-266}$$

$$\begin{aligned}c'=&(A_0+\delta_q^{\mathrm{T}}\delta_q)[(\Delta p_i^{\mathrm{T}}\Delta p_i)-\Delta l^2]-[2A_0(\Delta\lambda_i-g_i)+(\delta_q^{\mathrm{T}}\Delta p_i)]\\&(\delta_q^{\mathrm{T}}\Delta p_i)+A_0(\Delta\lambda_i-g_i)^2(\delta_q^{\mathrm{T}}\delta_q)\end{aligned} \tag{4-267}$$

将式（4-264）取等号，可求得两个根 η_1，η_2（$\eta_2\geqslant\eta_1$），由 η_1 的取值应尽量接近 1.0 得

$$\eta_i=\begin{cases}\eta_2-0.05\,|\eta_2-\eta_1| & \eta_2<1.0\\ \eta_2+0.05\,|\eta_2-\eta_1| & -b'/a'<1.0<\eta_2\\ \eta_1-0.05\,|\eta_2-\eta_1| & \eta_1<1.0<-b'/a'\\ \eta_1+0.05\,|\eta_2-\eta_1| & 1.0<\eta_1\end{cases} \tag{4-268}$$

在极少数情况下，式（4-264）仍无实根，这时需退回上一收敛点，减小步长，重新计算。

4.15.2 关于弧长法几个问题的讨论

（1）极值点附近的切线刚度矩阵的处理。为了确保在每一增量段内迭代均能收敛，需在每一增量段迭代的开始，重新形成切线刚度矩阵，但在极值点附近将出现切线刚度矩阵病态的情况。当出现这种情况时，笔者建议，对于几何非线性问题，不计几何刚度矩阵 $[\boldsymbol{K}]_0$ 的影响，令 $[K]_{\mathrm{T}}=[K]_0$，其中 $[K]_0$ 是切线刚度矩阵的线性部分；对于物理非线性问题，可取 $[D]=[D]_e$，而不计入非线性应力-应变关系的影响。经计算发现，经上述处理后，可顺利通过极值点。

（2）$\Delta\lambda_1$ 的取值。在每一增量段的第一步迭代，需计算 $\Delta\lambda_1$ 和 Δp_1，令 $\Delta p_i=\Delta\lambda_1\delta_q$，代入式（4-253）得

$$\Delta\lambda_1 = \pm\sqrt{\frac{\Delta l^2}{\delta_q^{\mathrm{T}}\delta_q + A_0}} \tag{4-269}$$

经计算发现，当切线刚度矩阵正定时，式（4-269）应取正号；反之，当切线刚度矩阵负定时，式（4-269）应取负号。因此，在每一增量段迭代的开始，应进行切线刚度矩阵正、负定的判断，若一律将式（4-269）取为正号，则在负刚度阶段将出现计算结果振荡的情况。

（3）A_0 的取值。根据 Crisfield 的建议，取 $A_0 = 0.0$，一般情况下将得到满意的结果。

4.15.3 算例

板壳单元采用双线性退化壳单元（bilinear degenerated shell element），非线性问题的描述采用 U. L 格式。

本例研究了板壳结构非线性屈曲的经典算例，如图 4-38 所示的两直边铰支圆柱壳，在中心处受一竖向集中荷载作用。所需数据有：圆柱壳半径 $R = 2540\text{mm}$，壳厚 $t = 12.7\text{mm}$，弹性模量 $E = 3102.75\text{N/mm}^2$，泊松比 $\nu = 0.3$。考虑对称性，只取 1/4 圆柱壳计算，中心处挠度与荷载关系的计算结果与《工程结构计算机仿真分析》（江见鲸，贺小岗编著）[23] 中的结果做对比。

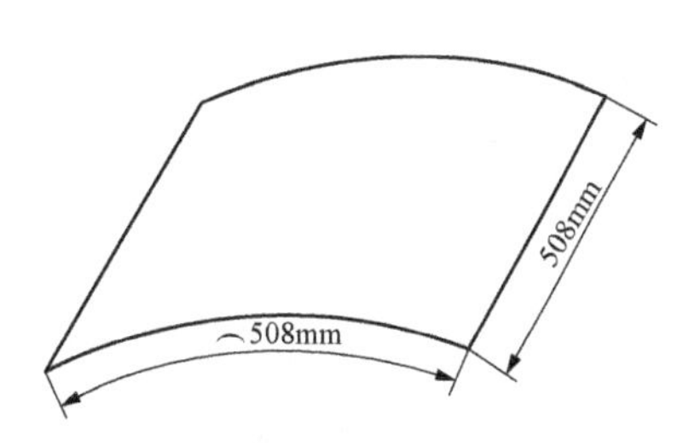

图 4-38　圆柱壳

从以上计算结果可以看出，弧长法对于结构非线性分析有很宽的适应性，尤其适用于通过极值点和结构出现负刚度等问题的求解。

对于非比例加载条件下的极限屈曲问题，当前最常用的方法是删除迭代仅用增量的方法，或者说用判断准则控制增量加迭代与单纯增量方法之间的转变达到过极值点的方法。很显然，由于极值点临域切线刚度矩阵 $[K]_T$ 趋于奇异，很难得到收敛迭代解，所以干脆仅用单纯增量（当过极值点后也可能是负增量）解，为了不致发散，给出各种收敛准则，当用这些准则检验超过一定允许误差时，缩小步长。图 4-39 示意这个解的过程，在前屈曲到达临近极值点 A 点前采用增量加迭代解法。到 A 点后用单纯增量解过极值点，用收敛准则控

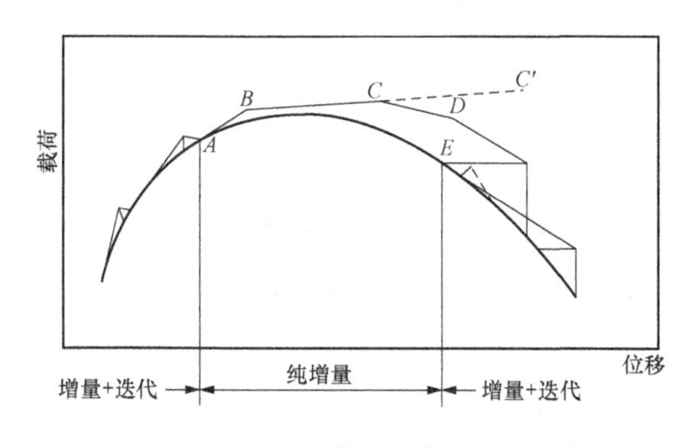

图 4-39　删除迭代过极值点算法示意

制误差。到了过屈曲分支上的 E 点，再重新采用增量加迭代的策略分析后屈曲部分。贝尔京（Bergan）由能量观点给出了由增量加迭代转换到纯增量法的判断准则，他采用了参数 S_p，可称其为当前刚度参数（current stiffness parameter），即

$$S_p = \frac{\| \Delta R^1 \|^2 \{\Delta p^j\}^T [K^j]_T \{\Delta p^j\}}{\| \Delta R^j \|^2 \{\Delta p^1\}^T [K^1]_T \{\Delta p^1\}} \tag{4-270}$$

或

$$S_p = \frac{\| \Delta R^1 \|^2 \{\Delta p^j\}^T \{\Delta p^j\}}{\| \Delta R^j \|^2 \{\Delta p^1\}^T \{\Delta p^1\}} \tag{4-271}$$

式中，上标 j、l 表示第 j 与 l 增量步；符号"$\| \ \|$"为欧几里得范数；Δp 为位移增量；ΔR 为荷载增量。由于 $[K^i]_T$ 逐步趋于奇异，S_p 将逐步趋于零，过了极值点，$[K]_T$ 为负定，S_p 也将为负，此时应施加负的荷载增量。根据经验，当 S_p 绝对值在 0.05 ～ 0.10 时应用迭代加增量方法，否则用单纯增量法。在单纯增量阶段，各位移增量矢量的欧几里得范数超出规定限度（图 4 - 36 中点 C'），荷载与位移可线性地拉回（图 4 - 36 中 C 点）。由于单纯增量法易产生漂移，因此，此法要求非常小的荷载增量。这也是该法的弱点，但此法不涉及荷载比例因子，因此可以求解非比例加载情况。

用屈曲荷载临近极值点和切线刚度的行列式值 $\{[K]_T\}$ 变小的原理加上程序，设计成有很灵活的重起动功能的办法而得到接近极值点的值，再用叠加特征模态的方法到达后屈曲分支，可实现过屈曲分析。此方法简单但却很适用，既可解比例加载条件下极限荷载，也可解非比例加载条件的极限荷载。这种方法称为适减增量法。

本方法是按荷载时间增量步求解 T. L 法或 U. L 法最后平衡方程，当比例加载时是荷载步，时间仅是虚拟的；当非比例加载时，则是实际的荷载时间曲线。在每一荷载时间步最后一次迭代结束后给出 $\{[K']_T\}$ 值为

$$|[K^j]_T| = |[U]|^T |[D^j]| |[U]| = |[D^j]| \tag{4-272}$$

式中，$[U]$ 为单位上三角阵，式（4 - 272）为求解 T. L 法或 U. L 法最后平衡方程中切线刚度矩阵 $[K]_T$ 时乔利斯基三角化分解得到的单位上三角阵，其行列式为 1，$[D]$ 为对角阵。

当 $[D]$ 中某一矩阵元素变得很小，或变成不大于0，说明 $[K_T^j] \leqslant 0$，但出现这种现象除结构屈曲引起外，由于步长大也会出现，因此必须缩小步长，步长缩得很小这种情况依然存在，则属于结构屈曲。为了进一步确定可用后面所述求过屈曲方法定出过屈曲分枝点的 $|[\boldsymbol{K}]_T|$，并判定其是否是负定（$[K]_T < 0$），如果确定，则 j 点为极值点。为了灵活地缩小步长及计算过屈曲，程序编入重起动功能，可在任意荷载时间步结束后临时中断，并可在下步重新起动顺序计算，还可在临时中断后任

意改变下面步长，计算中意外中断时可保留上一荷载步结果。用适减增量法求极限屈曲时开始步长可以选得长些，由 $|[K]_T|$ 监视，当结构变软时，步长缩小以提高计算效率。如果用当前刚度参数 S_p［式（4-270）和式（4-271）］取代行列式 $|[K]_T|$ 来监视计算各增量步，同样可用上述适减增量法。

为了分析过屈曲（后屈曲）现象，适减增量法的算法（图4-37）是先由前述方法得到允差范围内极值荷载，图4-40中 A 点，显然低于实际极值荷载。在 A 点施加小机械荷载 $\{\Delta F\}$，以它为参考荷载求一次特征值，可得特征矢量 $[\phi]$，将它视为由 A 点到实际极值点的位移增量，这是合理的、近似的，把它乘松弛因子 β 叠加到 $\{p\}$ 上，以它为极值点处位移矢量，即

$$\{p_c^1\}=\{p_A\}+\beta\{\phi\} \tag{4-273}$$

由于在某些外载情况下，例如温度荷载，这种求极值点方法并不精确，因此，可将 $\{p_c^1\}$ 作为过屈曲后迭代初始点，该点示于图4-37中的 B' 点，再用迭代找到过屈曲分支上精确点 B。在过屈曲分支上，往往切线刚度矩阵 $[K]_T$ 为负定，此时应用负的荷载增量求解，为此对线性方程组解法适当改动以适应求解负定方程。当过极值荷载点后 $[K]_T$ 仍为正定，则继续屈曲前的过程。

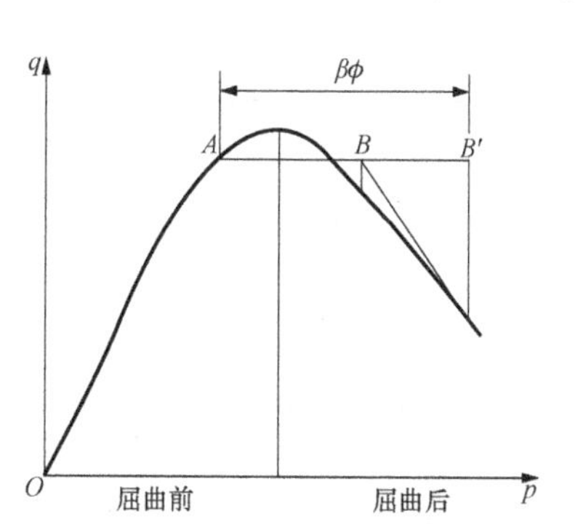

图4-40 适减增量法示意

式（4-273）中松弛因子对收敛往往影响颇大，可用线性插值方法给出。到达 A 点最后一个增量步，称为 A 步，它的荷载矢量与位移矢量增量分别为 $\{\Delta F_A\}$，$\{\Delta p_A\}$，式（4-273）求出的特征值为 λ，那么，β 值可选为

$$\beta=\frac{\|\{\Delta p_A\}\|}{\|\{\Delta F_A\}\|}\frac{\|\{\Delta F_A\}+\lambda\{\Delta F^r\}\|}{\|\phi\|}-\frac{\|\{\Delta p_A\}\|}{\|\phi\|} \tag{4-274}$$

在上述讨论屈曲问题时，一直未涉及方程的本构关系，在实际工程结构中确实大多数屈曲问题属于弹性范围。但是，结构材料先进入屈服而后结构发生屈曲情况也不少见，尤其对高温结构，这种情况易于出现。结构受蠕变响应，应变应随时间增长而变大，但如果受到限制，也会产生蠕变失稳问题。如果应用非线性屈曲理论与方法，尤其上述的删除迭代与适减增量法，对具有材料非线性的屈曲问题均不会带来更多的工作量，对弹塑性屈曲只需将本构方程与算法进行换算，按本节所述理论求解即可。

欲求在给定荷载或周期荷载下由于应力分布变化，蠕变导致弹性屈曲的极值时间，也可用上述方法求解，这时施加的荷载时间增量是由真实荷载时间曲线上取得，当屈曲发生时，这个时刻即为蠕变屈曲时间。

4.16 应　　用

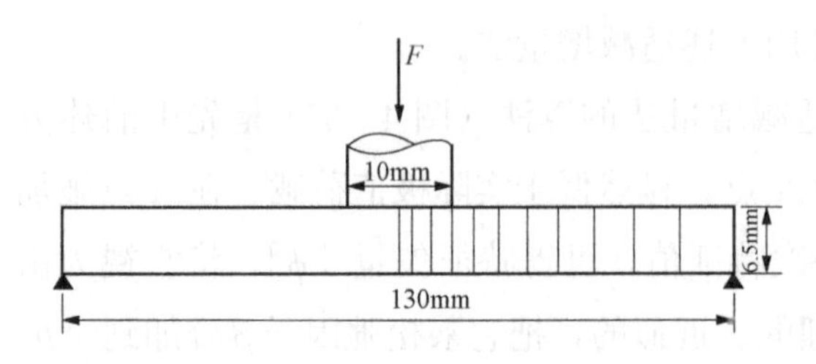

图 4-41　中心受冲杆作用的圆盘

例 4.4　塑性分析实例。一个周边简支的圆盘，在其中心受到一个冲杆的周期作用，如图 4-41 所示。假定冲杆是刚性的，因此建模时不考虑冲杆，而将圆盘上和冲杆接触节点 y 方向位耦合起来。求解通过四个荷载步实现。$E_x=7000\text{Pa}$，$\upsilon=0.325$。材料应力-应变关系见表 4-1。

表 4-1　**应力-应变关系**

时间	荷载	塑性应变	塑性应力 p/MPa
0	0	0.0007857	55
1	−6000	0.00575	112
2	750	0.02925	172
3	−6000	0.1	241

分析步骤如下：

(1) 建立所需的模型。单元选用 PLANE42，轴对称选项，划分单元，给定边界条件，如图 4-42 所示。

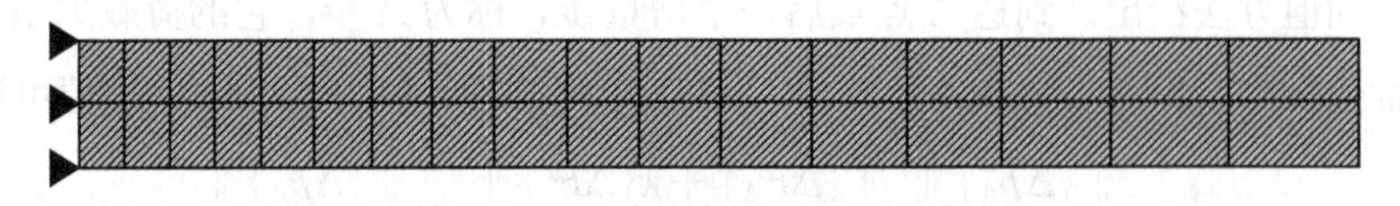

图 4-42　有限元模型及边界条件

(2) 定义材料性质。确定 E_x 和 υ，过程与线性分析相同。

(3) 定义和填写多线性随动强化数据表（MKIN）。

1) 拾取菜单"Main Menu→Preprocessor→Material Props→Data Table→Define/Active"，在出现的对话框中选择下列选项："Type of Data Table→MKIN"；"Material Reference Number→1"，单击"OK"按钮退出。

2) 拾取菜单"Main Menu→Preprocessor→Material Props→Data Table→Edit/Active"，在出现的对话框输入下列值：Strain→从第 2 列起输入 4 个应变值；Curve→从第 2 列起输入 4 个应力值。

选择"Apply/Quit"选项退出。

（4）进入求解器。

（5）定义分析类型和选项。选择“New Analysis→Static”选项。

（6）打开预测器，设置输出控制。

1）拾取菜单“Main Menu→Solution→Load Step Options→Nonlinear”，将“Predictor”设置为“ON”。

2）拾取菜单“Main Menu→Solution→Load Step Options→Output Ctrls→DB/Result File”，选中“Every Substep”选项。

（7）设置载荷步选项。

1）生成 Jobname. L01 文件。拾取菜单“Main Menu→Solution - Lode Step Options - Time/Frequence→Time&Substep，确定结束时间为 1E - 6，子步为 1；然后拾取 Main Menu→Solution - Lode Step Options - Apply”，在节点 3 施加“Fy=0”；最后拾取菜单“Main Menu→Solution→Write LS File”，输入载荷步文件名 Jobname. S01，只需输入序号“LSNUM=1”即可。

2）生成 Jobname. L02 文件。结束时间为 1. 0，子步数为 10，“Fy=－6000”，“automatic”为“ON”，其余同上。

3）生成 Jobname. L03 文件。结束时间为 2. 0，子步数为 10，“Fy=750”，“automatic”为“ON”，其余同上。

4）生成 Jobname. L04 文件。结束时间为 3. 0，子步数为 10，“Fy=－6000”，“automatic”为“ON”，其余同上。

（8）求解。拾取菜单“Main Menu→Solution→Solve - From LS Files，From 1（LSMIN）to 4（ LSMAX)”。

（9）进入通用后处理器，得到第 4 个载荷步的塑性应变云图，如图 4 - 43 所示。

（10）进入时间历程处理器，得到节点 3 的应力随应变变化曲线，如图 4 - 44 所示。

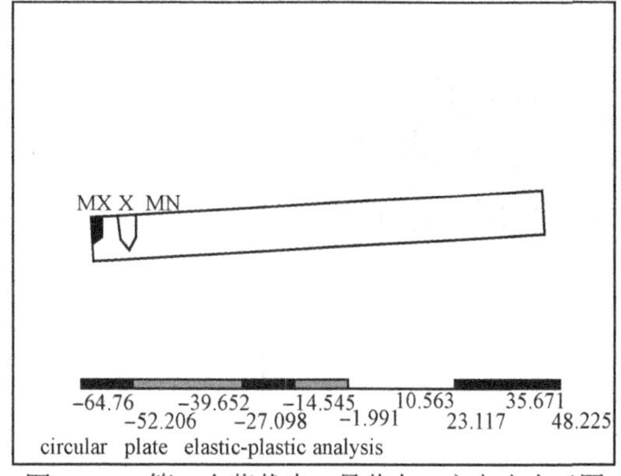

图 4 - 43　第 4 个荷载步 3 号节点 y 方向应力云图

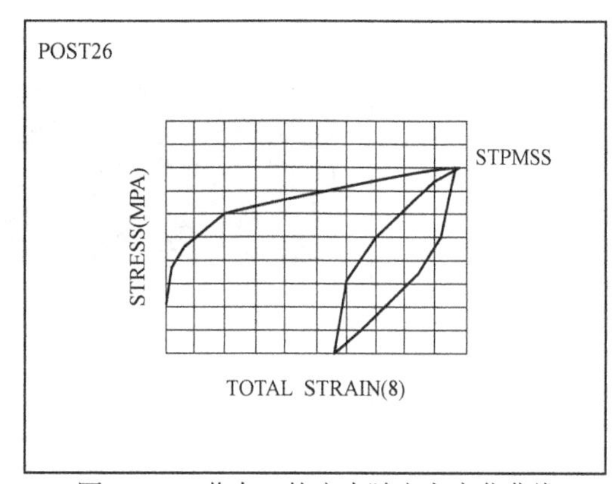

图 4 - 44　节点 3 的应力随应变变化曲线

例 4.5 上下两块钢板压一个圆盘的非线性分析：圆盘上表面节点的 y 方向上位移相同；x 方向位移为零。已知：$E_x=1000\text{MPa}$，$\upsilon=0.35$，$\sigma_s=1\text{MPa}$，$H'=2.99\text{MPa}$，外加位移为－0.3mm，如图 4-45 所示。

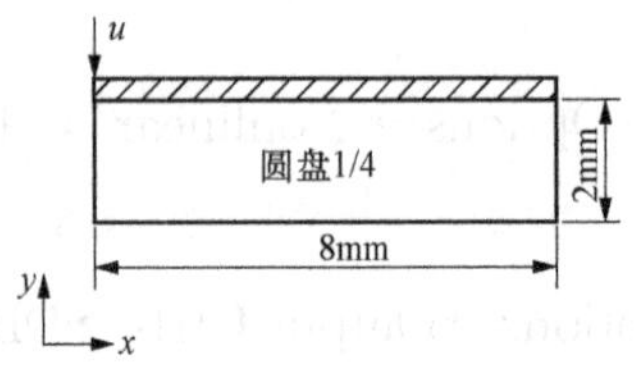

图 4-45 模型的 1/4（轴对称）

求解步骤如下：

（1）建立模型，给定边界条件。在这一步中，建立计算分析所需的模型，定义单元类型，材料性质划分网格，给定边界条件。单元选用 PLANE42 中轴对称单元，网格 12×5，对称边界条件（注意上表面的耦合和约束）。具体方法与一般的建模过程相同，建立的有限元模型及边界条件。

（2）进入求解器。

1）定义分析类型和选项。选定静态分析，激活大变形效应选项。

2）打开预测器。选择“Main Menu→Solution - Lode Set Options - Nonlinear→Predictior”选项。

3）施加载荷。在上表面某一节点处施加 y 方向的位移 - 0.3，选择“Main Menu→Solution→ - Load - Apply→Displacement→On Nodes”选项。

4）设置载荷步选项。方法与前类似，确定载荷步终止时间为 0.3，子步数目为 100，激活自动时间步长选项，在输出控制中确定每隔 1 个子步输出一次结果。

5）保存数据。选择“SAVE DB”选项。

6）进行求解。选择“Main Menu→Solution→Solve - Current LS”。

（3）进行所需后处理。

1）显示变形前后的情况，如图 4-46 所示。

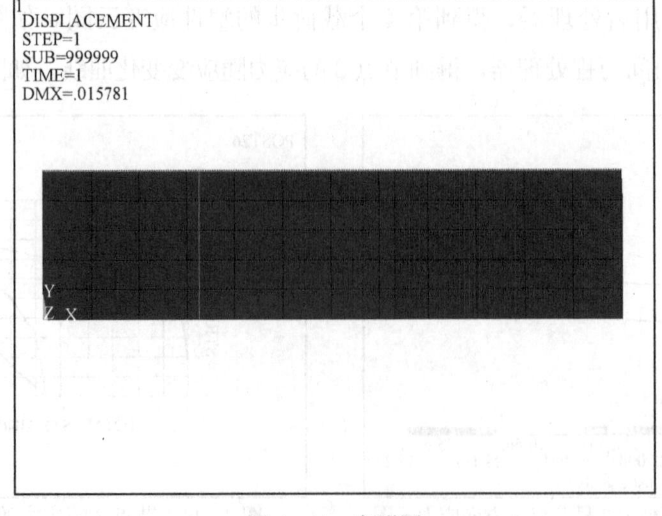

图 4-46 变形图

2）显示节点的塑性应变状态变量计算结果，如图 4 - 47 所示。

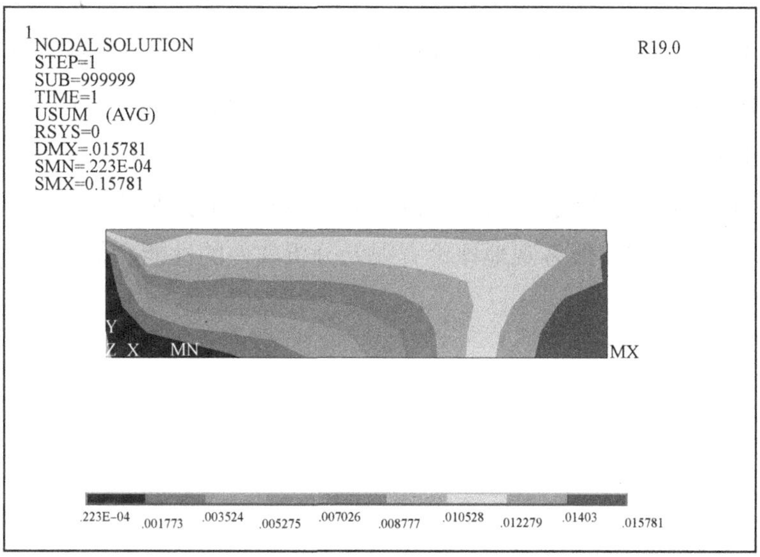

1
NODAL SOLUTION
STEP=1
SUB=999999
TIME=1
USUM (AVG)
RSYS=0
DMX=.015781
SMN=.223E-04
SMX=0.15781
R19.0
Y
Z X
MN
MX
.223E-04
.001773
.003524
.005275
.007026
.008777
.010528
.012279
.01403
.015781

图 4 - 47　塑性应变状态变量云图

3）进行时间 - 历程后处理分析，分析最右上角节点处反力随载荷子步的变化情况，结果见图 4 - 48。

1
POST26
2
350.0
337.5
325.0
312.5
300.0
287.5
275.0
262.5
250.0
237.5
225.0
RFOR[N]
(×10**-2)
0.8
1.2
1.6
2.0
2.4
2.8
3.2
3.6
4.0
4.4
4.8
TIME(s)

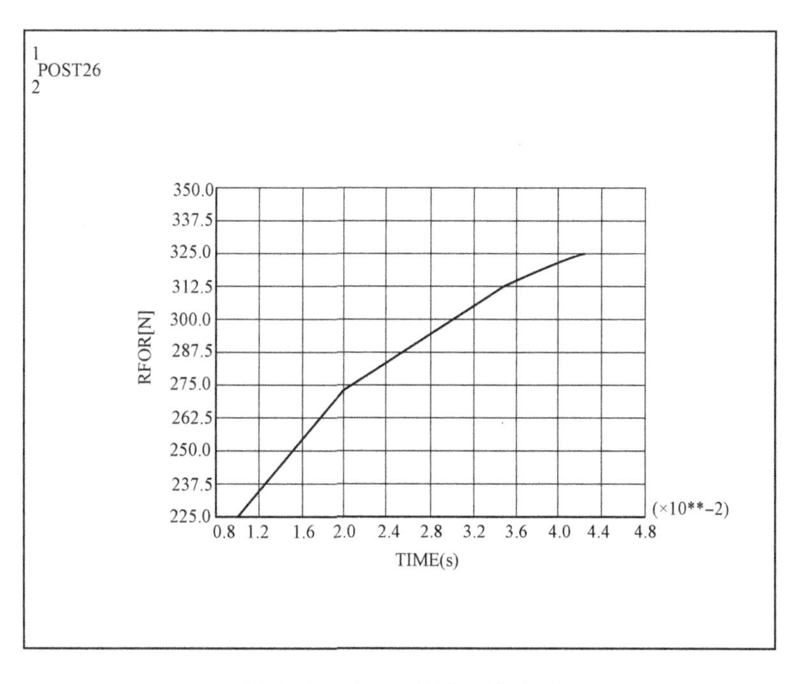

图 4 - 48　反力随时间变化曲线

思 考 题

4.1 我国国产有限元分析软件有哪些？与国际通用的大型商用有限元软件相比，技术优势有哪些？不足之处是什么？作为国人，我们在国产有限元分析软件研发方面能做些什么？

4.2 邓小平说过，实践是检验真理的唯一标准。科学研究就要实事求是。请大家谈一谈如何结合工程实践客观地评价有限元分析软件的性能和优缺点。

第 5 章　基于 ANSYS 平台的有限元建模与分析实例

5.1　ANSYS 的概述

有限元技术经过半个多世纪以来的不断发展，已经形成了一个完整的科学体系和庞大的产业体系。大量基于有限元技术开发的分析及计算软件，已经成为工业界，当然包括土木工程领域，解决复杂工程问题的重要手段。因此，作为一名现代的结构工程师，要有丰富的工程经验和扎实的理论知识，熟练运用计算机及相关软件解决工程实际问题也是不可缺少的必备技能。出于以上目的，本书将结合目前广泛使用的大型通用有限元软件 ANSYS，介绍如何利用有限元软件解决土木工程中遇到的一些问题。

5.1.1　ANSYS 软件简介

ANSYS 软件诞生于 20 世纪 70 年代，在有限元的发展史上一直作为一个重要成员存在，它在激烈的市场竞争中，生存并不断发展壮大，目前是世界上最有影响的有限元软件之一。以下是土木工程常用到的 ANSYS 算例。

（1）简单框架问题及梁板复合计算。

（2）振型分析、地震反应谱分析及时程响应分析算例。

（3）预应力、特征值稳定及非线性稳定分析算例。

（4）空间建模及弹塑性分析算例。

（5）单元非线性及施工过程模拟算例。

（6）结构构件优化算例。

（7）热传导和热应力耦合算例。

（8）钢筋混凝土分析算例。

5.1.2　ANSYS 软件的功能

ANSYS 提供的分析类型包括以下几种。

1. 结构静力分析

用来求解外载荷引起的位移、应力和力。静力分析很适合求解惯性和阻尼对结构影响并不显著的问题。ANSYS 中的静力分析不仅可以进行线性分析，还可以进行非线性分析，例如塑性变形、蠕变、膨胀、大变形、大应变及接触问题的分析。

2. 结构动力分析

结构动力分析用来求解随时间变化的载荷对结构或者部件的影响。相对于静力分析，动力分析要考虑随时间变化的载荷以及阻尼和惯性的影响，如旋转机械产生的交变力、爆炸产生的冲击力、地震产生的随机力等。ANSYS 可以进行的结构动力分析类型有瞬态分析、动力分析、模态分析、谱响应分析以及随机振动响应分析。

3. 结构屈曲分析

屈曲分析用来确定结构失稳的载荷大小与在特定的载荷下结构是否失稳的问题。

4. 热力学分析

热力学分析主要包含三种类型：传导、对流和辐射。ANSYS 对热力学问题可以进行稳态、瞬态线性和非线性分析。热力学分析还可以进行模拟材料的固化和熔解过程的分析，以及模拟热与结构应力之间关系的耦合问题的分析。

5. 电磁场分析

电磁场分析主要完成以下问题的分析。一维、二维静态电磁场的分析，一维、二维随时间变化的低频电磁场的分析，三维高频电磁场的分析。电磁场分析可以解决电磁场的相关问题，如电容、电感、涡流、电磁场分布、运动效应等。主要应用于发电机、变压器、加速器、调制器等在电磁场作用下工作设备的设计和分析。

6. 声场分析

声场分析主要用来研究在流体（气体、液体等）介质中声音的传播问题，以及在流体介质中固态结构的动态响应特性。

7. 压电分析

压电分析主要进行静态分析、模态分析、瞬态响应分析和谐波响应分析等，可用来研究压电材料结构在随时间变化的电流或机械载荷作用下的响应特性。主要适用于谐振器、振荡器以及其他电子材料的结构动态分析。

8. 流体动力分析

ANSYS 中的流体动力分析功能可用来分析二维、三维流体动力场的问题。可以进行传热或绝热、层流或湍流、压缩或不可压缩等问题的研究。主要用于分析超音速喷管中的流场，使用混合流研究估计热冲击的可能性，以及研究解决弯管中流体的三维流动等问题。

9. 耦合场分析

耦合场分析主要考虑两个或多个物理场之间的相互作用。如果两个物理场之间相互影响，单独求解一个物理场是不可能得到正确结果的，因此需要一个能够将两个物理场组合到一起求解的分析软件。例如，在压电力分析中，需要同时求解电压分布（电场分析）和应变（结构分析）。

5.1.3 ANSYS基本操作

1. ANSYS使用环境

ANSYS是一个功能强大而灵活的设计分析软件包。该软件可运行于PC机、NT工作站、UNIX工作站以及巨型机的各类计算机及操作系统中，数据文件在其所有的产品系列和工作平台上均兼容。其多物理场耦合的功能，允许在同一模型上进行各式各样的耦合计算，如热-结构耦合、磁-结构耦合以及电-磁-流体-热耦合。ANSYS在PC机上生成的模型同样可运行于巨型机上，这样就保证了所有的ANSYS用户的多领域、多变工程问题的求解。

2. ANSYS的命令输入方法

（1）GUI图形用户界面菜单交互式输入，优点是操作简便，直观明了，非常适合初学者的使用。

（2）命令流输入，优点是方便快捷，效率高。但要求用户必须非常熟悉ANSYS命令的使用。

无论用户使用哪种命令输入方法，ANSYS都会将相应的命令操作自动地写入Log文件，稍加改动就可直接调用文件进行输入。

3. ANSYS 19.0的启动

用交互式方式启动ANSYS：选择“开始→所有程序→ANSYS 19.0→Mechanical APDL 19.0”即可启动，界面如图5-1所示。或者选择“开始→所有程序→ANSYS 19.0→ANSYS APDL Product Launcher”进入运行环境设置，如图5-2所示，设置完成后单击“Run”按钮，也可以启动ANSYS 19.0。

5.1.4 ANSYS分析求解过程

从总体上讲，ANSYS有限元软件分析包含前处理、求解和后处理三个基本过程，如图5-3所示，它们分别对应ANSYS主菜单系统中“Preprocessor”（前处理）、“Solution”（求解器）、“General Postproc”（通用后处理器）与“TimeHist Postproc”（时间历程处理器）。

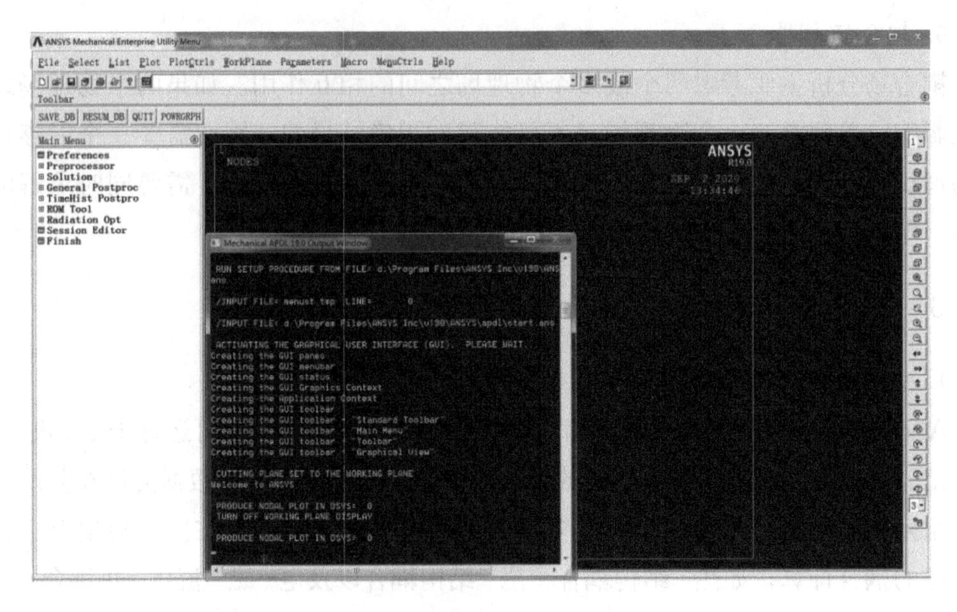

图 5-1　启动 ANSYS 用户界面

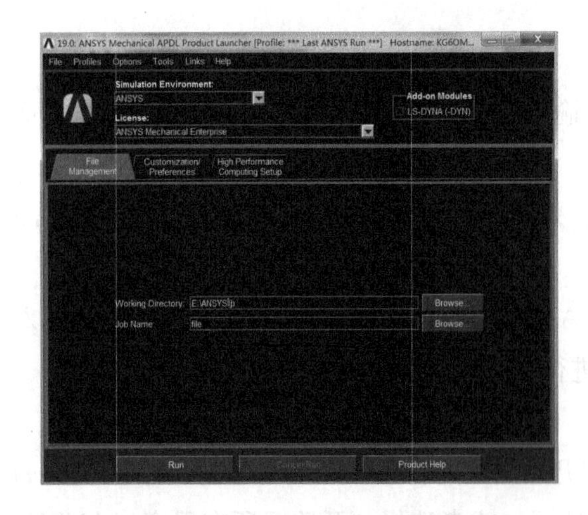

图 5-2　ANSYS 运行环境设置

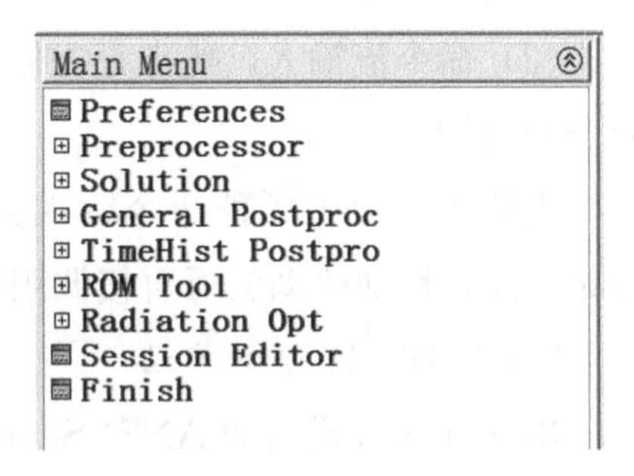

图 5-3　分析主菜单

ANSYS 软件包含多种有限元分析功能，从简单的线性静态分析到复杂的非线性动态分析，以及热分析、流固耦合分析、电磁分析、流体分析等。ANSYS 具体应用到每一个不同的工程领域，其分析方法和步骤有所差别，下面主要讲述对大多数分析过程都适用的一般步骤。

一个典型的 ANSYS 分析过程可分为三个步骤：前处理；加载并求解；后处理。其中，前处理包括参数定义、实体建模和划分网格；加载并求解包括施加载荷、边界条件和进行求解运算；后处理包括查看分析结果和分析处理并评估结果。

1. 前处理

前处理是指创建实体模型以及有限元模型。它包括创建实体模型、定义单元属性、划分有限元网格、修正模型等几项内容。大部分的有限元模型是用实体模型建模，类似于 CAD，ANSYS 以数学的方式表达结构的几何形状，然后在里面划分节点和单元，还可以在几何模型边界上方便地施加载荷，但是实体模型并不参与有限元分析，所以在几何实体边界上施加载荷约束必须最终传递到有限元模型上（单元或节点）进行求解。

这个过程通常是 ANSYS 程序自动完成的。可以通过四种途径创建 ANSYS 模型。

（1）在 ANSYS 环境中创建实体模型，划分有限元网格。

（2）在其他软件（比如 CAD）中创建实体模型，然后读入到 ANSYS 环境，经过修正后划分有限元网格。

（3）在 ANSYS 环境中直接创建节点和单元。

（4）在其他软件中创建有限元模型，将节点和单元数据读入 ANSYS。

单元属性是指划分网格以前必须指定的所分析对象的特征，这些特征包括材料属性、单元类型、实常数等。需要强调的是，除了磁场分析以外，不需要告诉 ANSYS 使用的是什么单位制，只需要自己决定使用何种单位制，然后确保所有输入值的单位制统一，单位制影响输入的实体模型尺寸、材料属性、实常数及载荷等。

2. 加载并求解

（1）自由度——定义节点的自由度（DOF）值（如结构分析的位移，热分析的温度，电磁分析的磁势等）。

（2）面载荷（包括线载荷）——作用在表面的分布载荷（如结构分析的压力，热分析的热对流，电磁分析的麦克斯韦尔表面等）。

（3）体积载荷——作用在体积上或场域内（如热分析的体积膨胀和内生成热，电磁分析的磁流密度等）。

（4）惯性载荷——结构质量或惯性引起的载荷（如重力，加速度等）。

在求解之前应进行分析数据检查，包括以下内容。

（1）单元类型和选项，材料性质参数，实常数以及统一的单位制。

（2）单元实常数和材料类型的设置，实体模型的质量特性。

（3）确保模型中没有不应存在的缝隙（特别是从 CAD 中输入的模型）。

（4）壳单元的法向，节点坐标系。

（5）集中载荷、体积载荷以及面载荷的方向。

3. 后处理

（1）通用后处理（POST1）——用来观看整个模型在某一时刻的结果。

（2）时间历程后处理（POST26）——用来观看模型在不同时间段或载荷步上的结果，常用于处理瞬态分析和动力分析的结果。

5.2 实 例 导 航

5.2.1 两端约束杆件的支反力分析

如图 5-4 所示，一个两端固定的、横截面为正方形的杆，设杆的横截面积为 1，在中部受有两个集中力 F_1 和 F_2 的作用，求两端的支反力 F_{R1} 和 F_{R2}。模型的有关参数见表 5-1，为与文献结果进行比较，这里采用了英制单位。下面基于 ANSYS 平台，对该平面结构进行整体建模和分析，所使用的文件名为 ** bar。

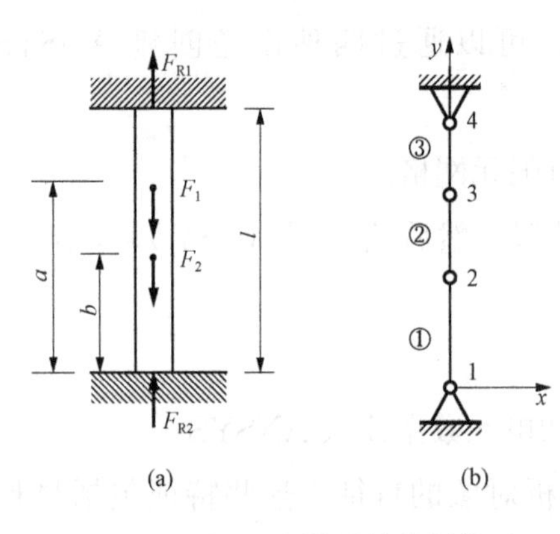

图 5-4 平面问题的计算分析模型

（a）问题描述；（b）有限元分析模型

表 5-1 模型的有关参数

材料性能	几何参数	载荷
$E=30\times10^6$psi	$Z=$ 10in，$a=$7in，$b=$4in	$F_1=1000lb$，$F_2=5000lb$

建模分析的要点如下。

（1）由于结构和受力都处于平面内，可以采用平面模型，在有结构突变及外力作用位置处，都必须划分节点，其他情况下，杆结构不用细化单元。

（2）在 ANSYS 环境中，设置分析类型、单元类型，输入材料参数。

（3）根据坐标生成节点，由节点连成单元。

（4）施加位移约束，施加外力，进行计算。

（5）在后处理中，通过命令 ESHAPE，对线性单元（如杆、梁）按实体效果进行显示。

（6）在后处理中，定义线性单元的节点轴力＜ETABLE＞，画出线性单元的轴力图＜PLLS＞。

1. 基于图形界面（GUI）的交互式操作（step by step）

（1）进入 ANSYS 程序。

（2）设置计算类型。选择“ANSYS Main Menu”选择“Preferences...→select Structural→OK”（见图 5-5）。

（3）选择单元类型。选择“Main Menu→Preprocessor→Element Type→Add/Edit/Delete→Defined-Element Types”，选择“Add”选项“Library of Types”键入“Structural Link”，“Element type reference number”键入 1，单击“OK”按钮（见图 5-6）。

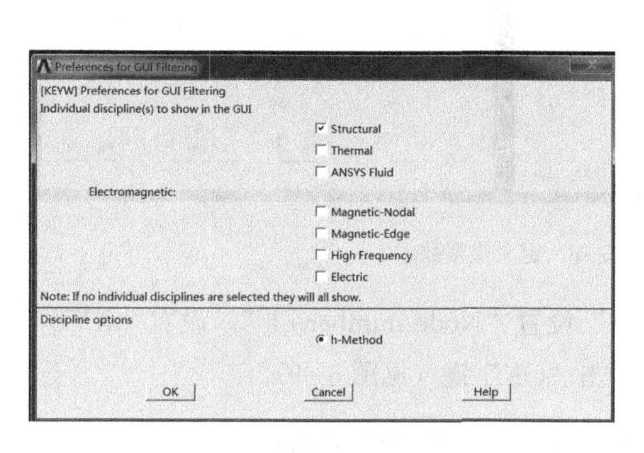

图 5-5　设置计算类型

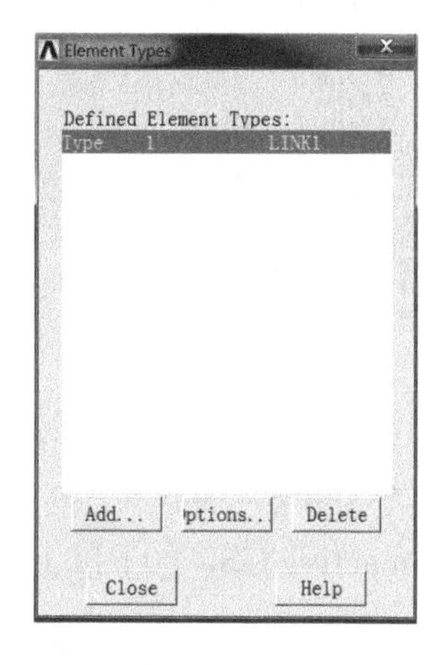

图 5-6　选择单元类型

（4）定义材料参数。选择“Preprocessor→Material Props→Material Models→Material Models Available”，双击打开子菜单“Structural”，双击“Linear”，双击“Elastic”，双击“Isotropic”，弹模“EX”值为“30E6”，泊松比“PRXY”值为“0”，单击“OK”按钮，单击菜单的右上角×关闭材料定义菜单（见图 5-7）。

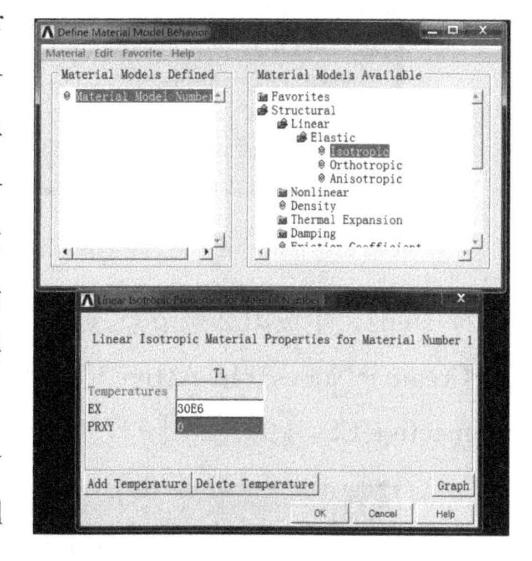

图 5-7　定义材料参数

（5）定义实常数。选择“Preprocessor→Real Constants→Add/Edit/Delete→Defined Real Constant-Sets”，依次选择“Add→Choose element type：Type 1 Link→OK→Real Constant Set No. [1]”（第 1 号实常数），AREA [1]（横截面积）→OK→Close（见图 5-8）。

（6）生成几何模型。

1）step1。生成第 1 号节点：（$x=0$，$y=0$，$z=0$）。选择“Preprocessor→Mod-

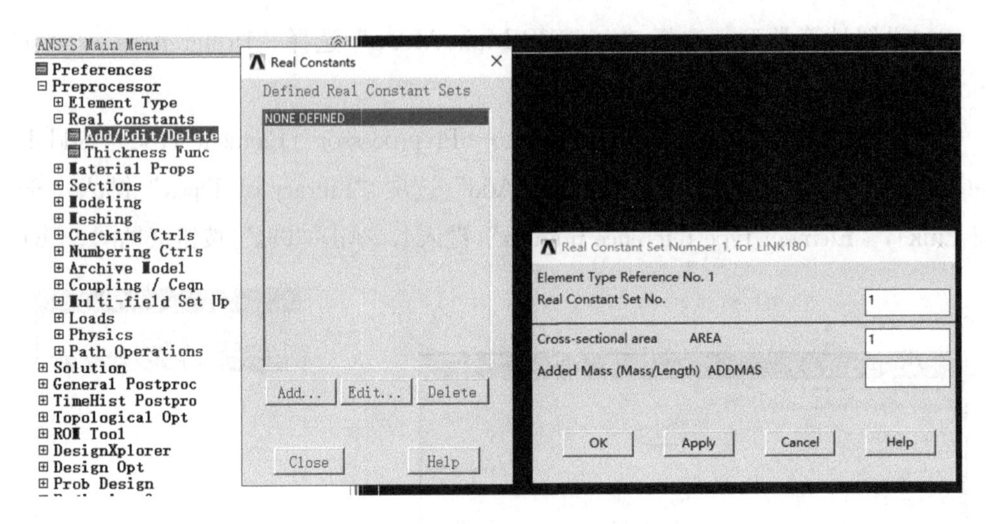

图 5-8　定义实常数

eling→Create→Nodes→In Active CS”设置“Node number [1]”，设置“XYZ Location in active CS，[0] [0] [0]”，单击“OK”键（见图 5-9）。

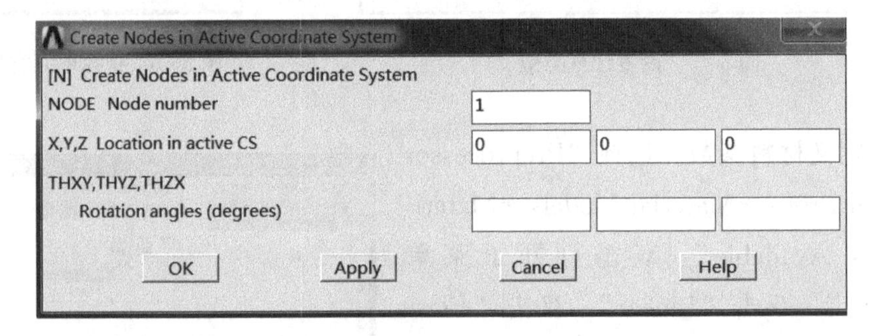

图 5-9　生成 1 号节点

2) step2。生成第 2 号节点（$x=0$，$y=4$，$z=0$）。选择“Preprocessor→Modeling→Create→Nodes→In Active CS”设置“Node number [2]”，设置“ XYZ Location in active CS，[0] [4] [0]”单击“OK”键（见图 5-10）。

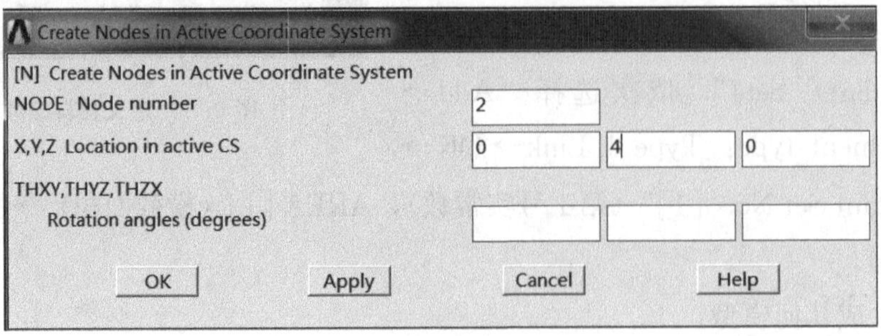

图 5-10　生成 2 号节点

3）step3。生成第 3 号节点（$x=0$，$y=7$，$z=0$）。选择“Preprocessor→Modeling→Create→Nodes→In Active CS”设置“Node number [3]”，设置“XYZ Location in active CS，[0] [7] [0]”单击“OK”键（见图 5-11）。

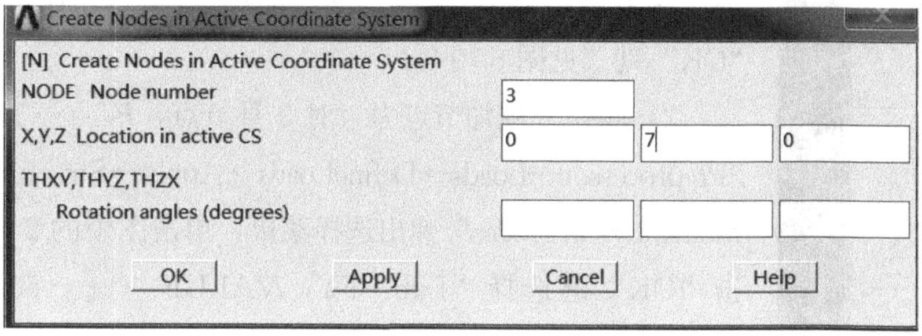

图 5-11　生成 3 号节点

4）step4。生成第 4 号节点（$x=0$，$y=10$，$z=0$）。选择“Preprocessor→Modeling→Create→Nodes→In Active CS”设置“Node number [4]”，设置“XYZ Location in active CS，[0] [10] [0]”单击“OK”键（见图 5-12）。

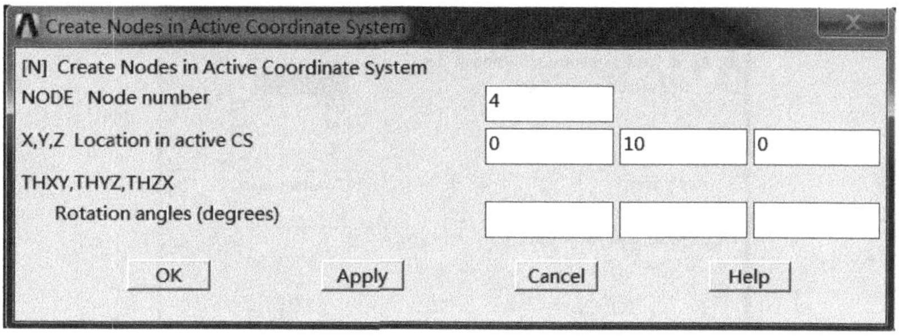

图 5-12　生成 4 号节点

（7）直接由节点生成单元。

1）step1。生成第一个单元（通过连接第 1 号节点和第 2 号节点）。选择“Preprocessor→Modeling→Create→Elements→AutoNumbered→Thru Nodes”弹出选择菜单，点选图中的节点 1 和节点 2（即最下面的两节点），单击“OK”键。

2）step2。在已有的单元状况下生成新的单元（再重复产生 3 个单元，每次的节点号都加 1）。选择“Preprocessor→Modeling→Copy→Elements→Auto Numbered”弹出选择菜单，单击图中的 1 号单元（这时只有一个单元），单击“OK”键设置“ITIMEE [3]”，设置“NINC [1]”，单击“OK”键（见图 5-13）。

（8）对模型施加约束（包括位移和外力）。

1）step1。施加位移约束，对 1 号和 4 号节点，各个方向完全约束，节点起始号

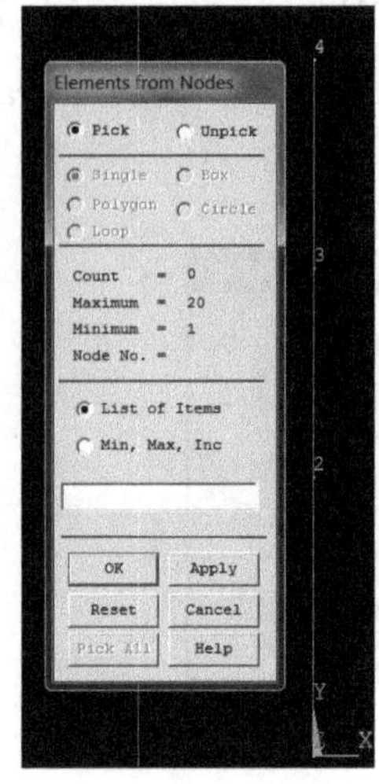

图 5-13　生成单元

为1，终止号为4，节点号增量为3。选择“Preprocessor→Loads→DefineLoads→Apply→Structural→Displacement→On Nodes”弹出选择菜单，单击图中的1、4号节点（即最上和最下端节点）单击“OK”键，选择“Lab2，All DOF”单击“OK”键（见图5-14）。

2）step2。施加节点力（对2号节点，$F_Y=-5000$）。选择“Preprocessor→Loads→DefineLoads→Apply→Structural→Force/Moment→On Nodes”弹出选择菜单，单击图中的2号节点，单击“OK”键选择“Lab：FY，VALUF：［−5000］”单击“OK”键。

3）step3。施加节点力（对3号节点，$F_Y=-1000$）。选择“Preprocessor→Loads→DefineLoads→Apply→Structural→Force/Moment→On Nodes”弹出选择菜单，单击图中的3号节点，单击“OK”键选择“Lab：FY，VALUF：［−1000］”单击“OK”键（见图5-15）。

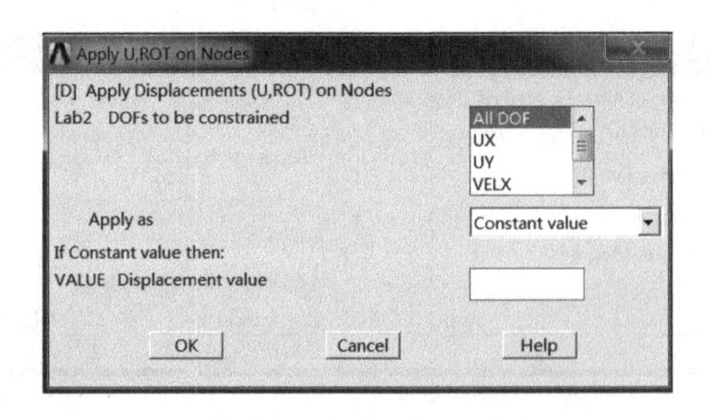

图 5-14　施加位移约束

（9）分析计算。选择“Main Menu→Solution→Solve→Current LS”弹出一个对话框，单击“OK”键，求解完成后，弹出对话框“Solution is done! Close”关闭信息文件右上角的×显示“/STATUS Command”（见图5-16）。

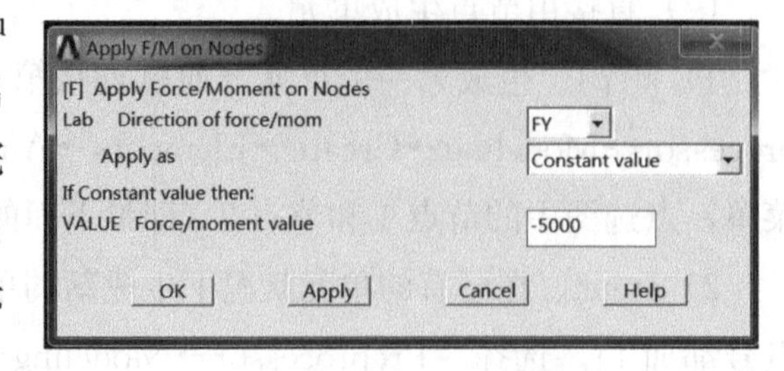

图 5-15　施加节点力

（10）结果的一般显示。

1）变形位移的显示。

在“ANSYS Main Menu”中选择“General Postproc→Plot Results→Deformed Shape...→select Def+ Undeformed”单击“OK”键。

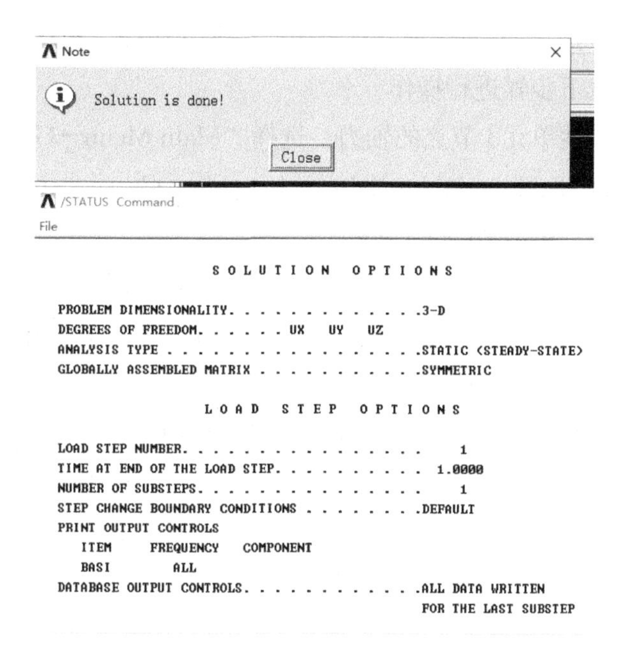

图 5-16　分析计算

2）对于线单元（如杆、梁）按实体效果进行显示（以 0.5 倍实常数的比例）。选择 “Utility Menu→PlotCtrls→Style→Size and Shape→ESHAPE，[√] ON，SCALE：[0.5]” 单击 “OK” 键。

3）对计算结果进行云图显示（这里对于 UY）。选择 “Main Menu→General Postproc→Plot Results→Contour Plot→Nodal Solu→DOF Solution，Y→Component of Displacement” 单击 “OK” 键。

4）将所显示的图形存入文件中，效果为黑白反相，文件为 PNG 格式，文件名为 bar001.png（见图 5-17）。

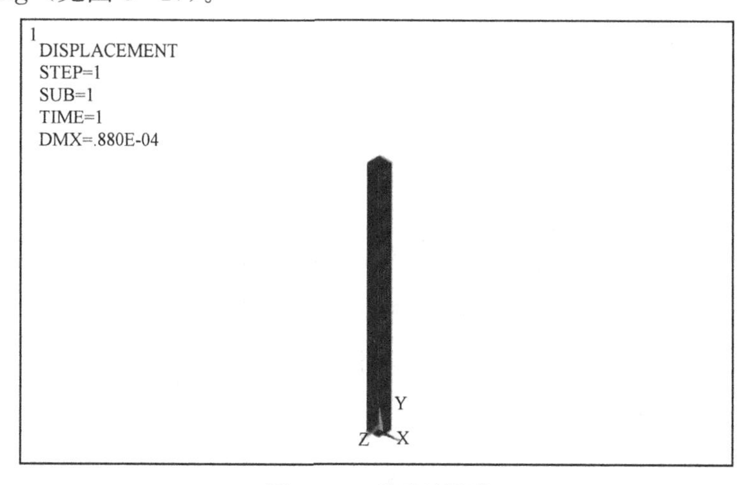

图 5-17　显示的图形

（11）线性单元内力结果的显示。对于线性单元（如杆、梁），若要计算和显示它的内力，需要按照以下步骤进行操作。

1）step1 定义线性单元 I 节点的轴力。选择“Main Menu→GeneralPostproc→Element Table→Define Table→Add→Lab：[bar _ J]，By sequence num：[SMISC，1]”，单击“OK”键，单击“Close”键。

2）step2 定义线性单元 J 节点的轴力。选择“Main Menu→General Postproc→Element Table→Define Table→Add→Lab：[bar _ J]，By sequence num：[SMISC，1]”，单击“OK”键，单击“Close”键。

3）step3 画出线性单元的受力图。选择“Main Men→GeneralPostproc→Plot→Results→Contour Plot→Line Elem Res→LabI：[bar _ I]，LabJ：[bar _ J]，Fact：[1]”单击“OK”键。用“Utility Menu→PlotCtrls→Hard Copy→To file”将所显示的图形生成图形 PNG 文件，如图 5-18 所示。

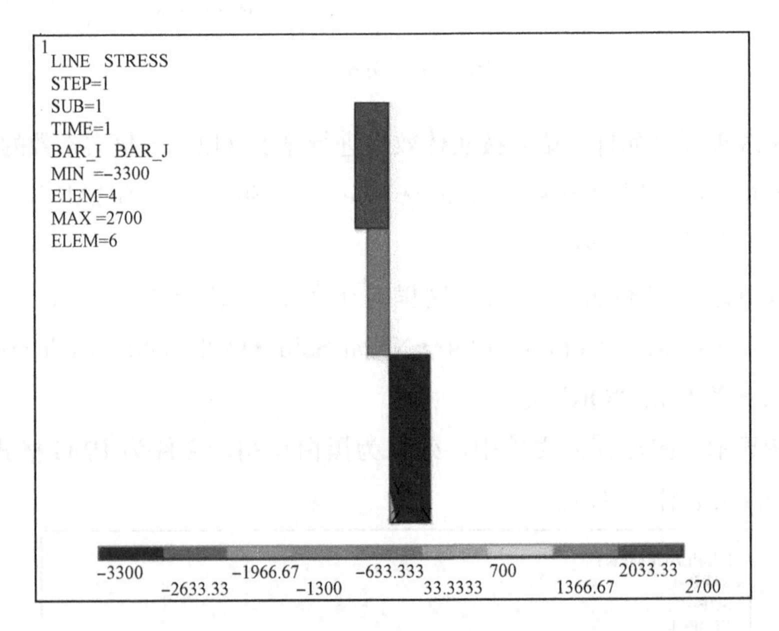

图 5-18　线性单元的受力图

2. 完全的直接命令输入方式操作

以下为求解上述问题的各行命令，在 ansys 菜单界面的命令输入窗口中逐行输入。也可以将所有命令形成一个文本文件（.log），然后以“Option Utility Menu→file→read input from→bar. Iog（相应目录中的文件）→OK”的方式调入。

以下为命令流语句。

```
!%%%%%%%%bar. log%%%%begin%%%%%%
```

```
! ——以“!”打头的文字为注释内容，其后的文字和符号不起运行作用
! ——在 ansys 的命令中，一般识别前 4 个字母，不区别大小写，因此，应注意命令前 4 个字符的差别
! ——例如命令 FINISH 与命令 fini 是相同的
/PREP7                    ! 进入前处理
ANTYPE, STATIC            ! 设置分析类型(静力分析)
ET,1,LINK1                ! 设置单元类型(第 1 号：杆单元 LINK1)
R,1,1                     ! 设置实常数(第 1 号：横截面积为 1)
MP, EX, 1,30E6            ! 设置材料常数(弹性模量)(第 1 号：30E6)
N,1                       ! 建立节点(第 1 号：x = 0,y = 0,z = 0)
N,2,,4                    ! 建立节点(第 2 号：x = 0,y = 4,z = 0)
N,3,,7                    ! 建立节点(第 3 号：x = 0,y = 7,z = 0)
N,4,,10                   ! 建立节点(第 4 号：x = 0,y = 10,z = 0)
E,1,2                     ! 建立一个单元(通过连接第 1 号节点和第 2 号节点)
EGEN,3,1,1                ! 再重复产生 3 个单元，每次的节点号都加 1
D,1,ALL,,,4,3             ! 施加完全约束，节点起始号为 1，终止号为 4，增量为 3
F,2,FY,-5000              ! 施加节点力(对 2 节点，FY = -5000)
F,3,FY,-1000              ! 施加节点力(对 3 节点，FY = -1000)
FINISH                    ! 结束以上流程
/SOLU                     ! 进入求解状态
OUTPR, BASIC, 1           ! 输出方式的设置
SOLVE                     ! 求解
FINISH                    ! 结束以上流程
/POST1                    ! 进入后处理
/ESHAPE,0.5               ! 对于线性单元(如杆、梁)按实体效果进行显示(以 0.5 倍的比例)
PLNSOL,U,Y,0,1.0          ! 对计算结果进行云图显示(这里对于 UY)
ETABLE, bar_I,SMISC, 1    ! 定义线性单元 I 节点的轴力
ETABLE, bar_J,SMISC,1     ! 定义线性单元 J 节点的轴力
PLLS,bar_I, bar_J         ! 画出线性单元的受力图
PRESOL, SMISC,1           ! 打印单元的计算结果(单元的轴向力)
PRRSOL                    ! 打印单元的支反力结果
FINISH                    ! 结束以上流程
!%%%%%%%%bar.log%%%%end%%%%%%
```

5.2.2　1.8m 角钢受压破坏形式及承载力分析 （命令流形式）

现有一根 1.8m 的角钢，其试验参数如表 5-2 所示。

表 5-2　**1.8m 角钢试验参数**

中心距	0.0223	泊松比	0.3
截面积	$10.86cm^2$	屈服强度	3.45e8（345MPa）
密度	$7850kg/m^3$	加载板边长	0.2
弹性模量	2.06e11（206GPa）	加载板厚度	0.018

对该角钢进行受压破坏及承载力分析。

1. 命令流

```
! EX2.6C———热轧不等边角钢
FINISH
/CLEAR
/FILNAM,COLU    ! 定义工作文件名
/PREP7   ! 建立几何模型,赋予材料属性,分网与施加边界条件等/进入前处理
!!!!!!!!!!! *******建模**********
DB = 0.08
XB = 0.08
D = 0.007
R = 0.007
L = 1.8
K,1
K,2,XB
K,3,XB,D
K,4,D,D
K,5,D,DB
K,6,0,DB
*DO,I,1,5     ! 循环创建直线
L,I,I + 1
*ENDDO
L,1,6        ! 补上 1-6
AL,1,2,3,4,5,6   ! 由线创建面
VOFFST,1,L     ! 面偏移创建体
!!!! 焊接板
NB = 0.018
RB = 0.1223
TB = 0.0777
```

```
K,100,RB,RB
K,101,RB,-TB
K,102,-TB,-TB
K,103,-TB,RB
L,100,101
L,101,102
L,102,103
L,100,103
A,100,101,102,103  ! 通过关键点创建面
VOFFST,9,NB        ! 面偏移创建体(注意 DIST 本例为 NB 的反向,法线正方向 右手规则)
K,104,RB,RB,L
K,105,RB,-TB,L
K,106,-TB,-TB,L
K,107,-TB,RB,L
L,104,105
L,105,106
L,106,107
L,104,107
A,104,105,106,107
VOFFST,15,-NB
!!!!! ***********粘接***************************
************************
WPCSYS,,0       ! 将既有坐标系的 XY 平面定义为工作平面
KWPAVE,4        ! 将工作平面移动到一组关键点的中间位置
WPROTA,,,90     ! 旋转工作平面(绕 Z、X、Y,即此语句为绕 Y 轴转 90°)
VSBW,all        ! 切分所有体
WPROTA,,90      ! 旋转工作平面(绕 Z、X、Y,即此语句为绕 X 轴转 90°)
VSBW,all        ! 切分所有体
VGLUE,ALL       ! 体粘接命令
!!!!!! *******************单元材料属性**************
******
ET,1,SOLID95           ! ET:定义单元类型,1:编号,SOLID95:实体单元,20 节点
mp,ex,1,2.06e11        ! 定义材料组 1 的弹性模量为 2.06e11
mp,prxy,1,0.3          ! 定义材料组 1 的泊松比为 0.3
mp,dens,1,7850         ! 定义材料组 1 的质量密度为 7850
TB,BKIN,1              ! 激活非线性材料属性的数据表(BKIN 双线性随动强化)
```

```
TBDATA,,3.45E8    ！定义 TB 数据表中的数据
ET,2,SOLID95
mp,ex,2,2.06e11
mp,prxy,2,0.3
mp,dens,2,7850
TB,BKIN,2
TBDATA,,3.45E8
!!!!! * * * * * * * * * * * * * * 选择几何实体赋予属性 * * * * * * * * * * * * * * * * * * * *
!!!!!! 主材
VSEL,S,VOLUME,,1    ！选择实体，全集中选择一组新的子集为当前子集，以体号选择，选择项目 1（此时为从当前子集中选择编号为 1 的几何体）
VSEL,A,VOLUME,,2,5,3    ！选择实体，选择一个子集并加入当前选择集中以扩充当前集，体，2-5，间隔为 3
vatt,1,,1    ！设置体单元属性（材料号/实常数号/单元类型号/坐标系编号）
allsel,all    ！全选
!!!!!! 加载板
VSEL,S,VOLUME,,6,20,1    ！
vatt,2,,2
allsel,all
!!!!! * * * * * * * * * * * * * * * * * * * * * * 划分单元 * * * * * * * * * * * * * * * * * * * * * * * * *
/prep7
vsel,s,mat,,1    ！选择体，选择一个新的设置，材料，0-1 号（所有体中选择被赋予了 0-1 材料属性的体）
MSHK,1    ！映射网格划分
MSHA,0    ！此例 Dimension = 3D 用四面体单元网络划分
LSEL,S,LENGTH,,L    ！选择长度为 L 的线
LESIZE,ALL,,,30    ！P199_所有线划分为 30 段
LSEL,S,LENGTH,,XB-D    ！选择长度为 XB-D 的线
LESIZE,ALL,,,2    ！ALL 后边为空即为单元边长
LSEL,S,LENGTH,,DB-D
LESIZE,ALL,,,2
LSEL,S,LENGTH,,D
LESIZE,ALL,,,1
VMESH,ALL    ！在几何体上生成体单元
```

```
vsel,s,mat,,2
MSHK,0
MSHA,1
ESIZE,0.04      ! 网格大小为 0.04
VMESH,ALL

/PREP7
ASEL,S,LOC,Z,-NB   ! 选择面集
DA,ALL,ALL      ! 对面施加自由度约束
NODE1 = NODE(0.0223,0.0223,L+NB)  ! 获取上端板上表面中心
NODE2 = NODE(0.0223,0.0223,L)     ! 获取上端板下表面中心
NODE3 = NODE(0.0223,0.0223,-NB)   ! 获取下端板下表面中心
NODE4 = NODE(0.0223,0.0223,0)
D,NODE1,UY      ! 对节点 1 的 UY 施加
D,NODE1,UX      ! 约束 约束位移值为 0
F,NODE1,FZ,-300E3    ! 施加集中荷载(对 1 点施加向下的 300000N 的编号为 FZ 的力)
/SOLU    ! 加载,求解
antype,static     ! 静力分析
ACEL,,,9.8      ! 对物体施加加速度 X,Y,Z 方向
NSUBST,400      ! 子步数和时间步长
PSTRES,ON     ! 预应力效应,ON 计入预应力效应
NLGEOM,ON     ! 大变形效应,ON 计入...
SSTIF,ON     ! 激活应力刚化效应,ON 包含...
EQSLV,SPARSE     ! 求解器选择
ARCLEN,ON     ! 激活弧长法,ON 打开弧长法,25～0.001
ARCTRM,u,0.005,NODE2,uz     ! 弧长法求解的终止控制
CNVTOL,F,,0.001      ! 收敛准则,力,缺省时为 0.1%,指定范数 0.001
ncnv,2          ! 如果不收敛时结束而不退出
OUTRES,ALL,ALL     ! 控制写入数据库和结果文件的结果数据
ALLSEL,ALL
Solve
finish

/POST1     ! GUI:Main Menu>General Postproc(通用后处理)
SET,LAST     ! GUI:Main Menu>General Postproc>Read Results-Load step
```

```
ALLSEL,ALL
PLNSOL,S,EQV,2,1      ! 等值线显示

/POST26     ! 查看时间历程上的计算结果(时间历程后处理)
NSOL,2,NODE1,U,Z,UZMAX     ! 以节点数据定义变量
PROD,3,2,,,UZMAX,,,-1     ! 变量运算
PROD,4,1,,,LOAD,,,300E3
XVAR,3      ! 定义图形显示的 X 轴
PLVAR,4      ! 图形显示变量
FINISH
```

2. 过程解析

(1) 建模。定义 DB 与 XB 为肢尖肢背长度，D 为厚度。利用六个关键点形成一个底面，通过面偏移 1.8m 完成创建体。建模程序如图 5-19 所示。

这一步关键命令为“L，I，I+1”，这是一个循环命令将 1-2、2-3 等点连成线。

为了使受压更加均匀，选择在角钢两边添加焊接板。

完整建模结束如图 5-20 和图 5-21 所示。

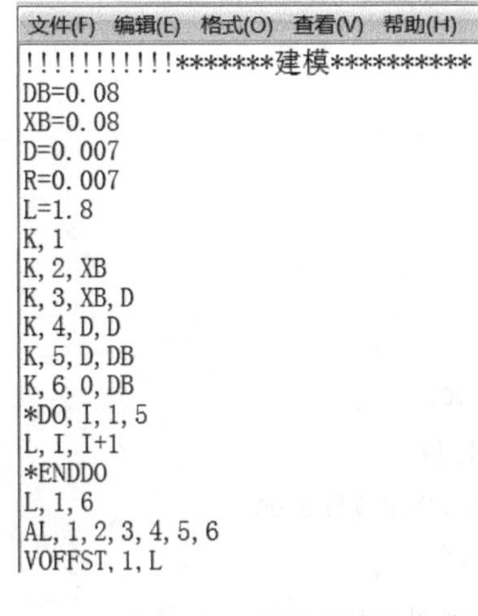

```
文件(F) 编辑(E) 格式(O) 查看(V) 帮助(H)
!!!!!!!!!!*******建模**********
DB=0.08
XB=0.08
D=0.007
R=0.007
L=1.8
K,1
K,2,XB
K,3,XB,D
K,4,D,D
K,5,D,DB
K,6,0,DB
*DO,I,1,5
L,I,I+1
*ENDDO
L,1,6
AL,1,2,3,4,5,6
VOFFST,1,L
```

图 5-19 建模程序

图 5-20

(2) 赋予材料属性（见图 5-22）。

(3) 划分单元，如图 5-23 所示。

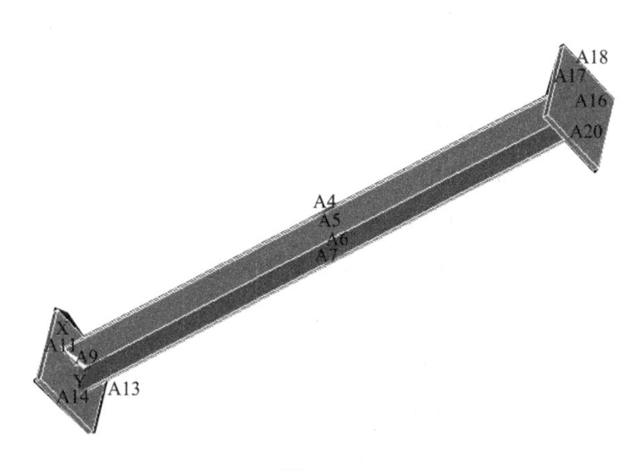

图 5-21

文件(F)　编辑(E)　格式(O)　查看(V)　帮助(H)

```
!!!!!!******************单元材料属性*********
ET,1,SOLID95
mp,ex,1,2.06e11
mp,prxy,1,0.3
mp,dens,1,7850
TB,BKIN,1
TBDATA,,3.45E8

ET,2,SOLID95
mp,ex,2,2.06e11
mp,prxy,2,0.3
mp,dens,2,7850
TB,BKIN,2
TBDATA,,3.45E8

!!!!!**************选择几何实体赋予属性*******

!!!!!!主材
VSEL,S,VOLUME,,1
VSEL,A,VOLUME,,2,5,3
vatt,1,,1
allsel,all

!!!!!!加载板
VSEL,S,VOLUME,,6,20,1
vatt,2,,2
allsel,all
```

!ET:定义单元类型，1:编号，

!SOLID95：实体单元，20节点

!定义材料组1的弹性模量为2.06e11

!定义材料组1的泊松比为0.3

!定义材料组1的质量密度为7850

!定义材料组1的屈服强度为345MPa

!选择实体，全集中选择一组新的子集为当前子集，以体号选择，选择项目1（此时为从当前子集中选择编号为1的几何体）

!选择实体，选择一个子集并加入当前选择集中以扩充当前集，选中体2~5，间隔为3

!设置体单元属性（材料号/实常数号/单元类型号/坐标系编号）

图 5-22　赋予材料属性命令流

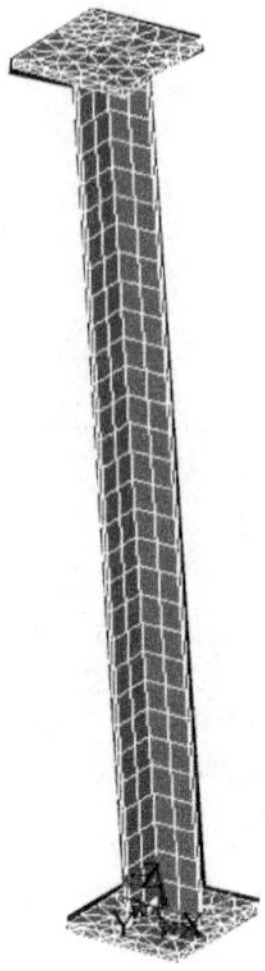

```
!!!!! ***************划分单元******************
/prep7
vsel,s,mat,,1              ! 选择体,选择一个新的设置,材料,0-1号
                           (所有体中选择被赋予了0-1材料属性的体)
MSHK,1                     ! 映射网格划分
MSHA,0                     ! 此例Dimension=3D用四面体单元网络划分
LSEL,S,LENGTH,,L           ! 选择长度为L的线
LESIZE,ALL,,,30            ! P199_所有线划分为30段
LSEL,S,LENGTH,,XB-D        ! 选择长度为XB-D的线
LESIZE,ALL,,,2             ! ALL后边为空即为单元边长
LSEL,S,LENGTH,,DB-D
LESIZE,ALL,,,2
LSEL,S,LENGTH,,D
LESIZE,ALL,,,1
VMESH,ALL                  ! 在几何体上生成体单元

vsel,s,mat,,2
MSHK,0
MSHA,1
ESIZE,0.04                 ! 网格大小为0.04
VMESH,ALL
```

图5-23　角钢网格划分图

（4）施加约束。

```
/PREP7
ASEL,S,LOC,Z,-NB                      ! 选择下端板的下表面
DA,ALL,ALL                            ! 对整个面施加约束
NODE1=NODE(0.0223,0.0223,L+NB)        ! 上端板的上表面中心点
NODE2=NODE(0.0223,0.0223,L)
NODE3=NODE(0.0223,0.0223,-NB)
NODE4=NODE(0.0223,0.0223,0)
D,NODE1,UY                            ! 施加Y方向的约束
D,NODE1,UX                            ! 施加X方向的约束
F,NODE1,FZ,-300E3                     ! 对NODE1施加竖直向下的荷载
```

（5）求解。

```
/SOLU
antype,static                         ! 定义分析类型为静力分析
```

```
ACEL,,,9.8                    ! 施加重力加速度
NSUBST,400                    ! 子步数设为 400
PSTRES,ON                     ! 打开预应力效应,大变形效应,应力刚化效应
NLGEOM,ON
SSTIF,ON
EQSLV,SPARSE                  ! 选择 sparse 求解器
ARCLEN,ON                     ! 利用弧长法求解
ARCTRM,u,0.005,NODE2,uz
CNVTOL,F,,0.001               ! 设置收敛准则参数
ncnv,2
OUTRES,ALL,ALL
ALLSEL,ALL
solve
finich
! 利用弧长法求解
! 设置收敛准则参数
```

（6）求解过程与结果，如图 5-24～图 5-26 所示。

```
/POST26                       ! 查看时间历程上的计算结果 （与时间相关的后处理）
NSOL,2,NODE1,U,Z,UZMAX        ! 提取节点 NODE1
PROD,3,2,,,UZMAX,,,-1         ! NODE1 的 Z 方向上的位移为变量 3
PROD,4,1,,,LOAD,,,300E3       ! NODE1 加载的力为变量 4
XVAR,3                        ! X 轴为位移 单位 m
PLVAR,4                       ! Y 轴荷载    单位 N
FINISH
```

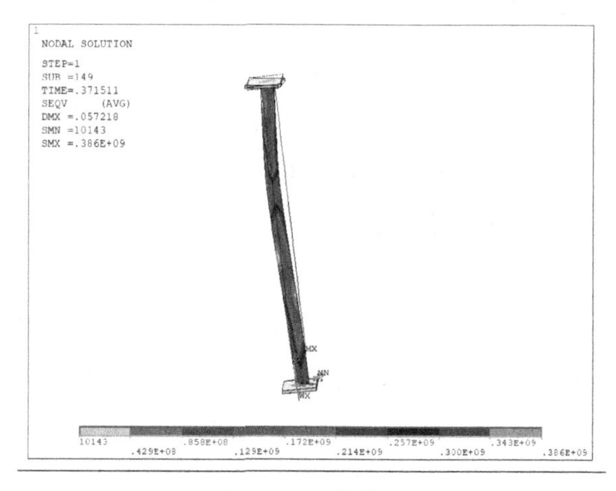

图 5-24　应力云

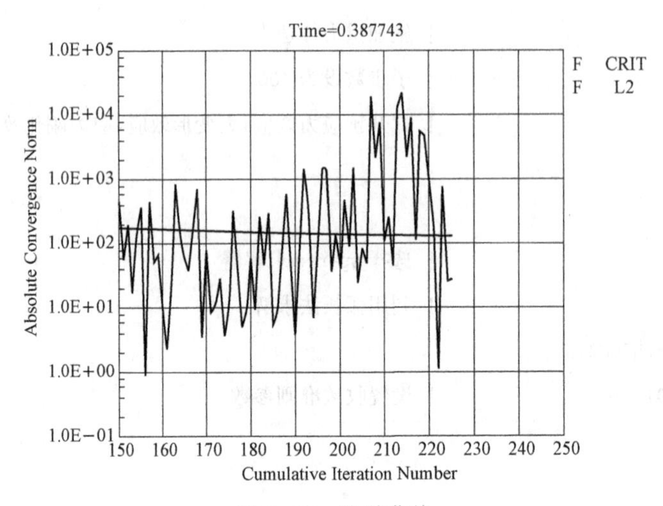

图 5-25 收敛曲线

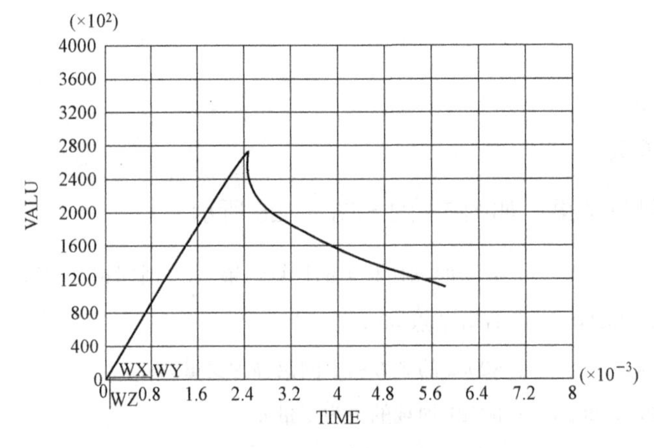

图 5-26 位移时程曲线

5.2.3 钢筋混凝土梁的 ANSYS 分析（GUI＋命令流形式）

如图 5-27 所示的钢筋混凝土梁，横截面尺寸为 $b\times h=200\text{mm}\times 400\text{mm}$，梁的跨度为 $L=3.0\text{m}$，支座宽度为 250mm 采用 C20 混凝土，梁内受拉纵筋 3ϕ20，架立筋采用 2ϕ12，箍筋采用 ϕ6@150，钢筋保护层厚度为 25mm，如图 5-27 所示。

对于梁中所采用的所有钢筋，弹性模量为 2.1×10^5MPa，抗拉强度设计值 210MPa，密度 $7.8\times 10^3\text{kg/m}^3$，泊松比为 0.3。

根据《混凝土结构设计规范》(GB 50010—2010)，混凝土的弹性模量为 2.55×10^4MPa，混凝土的轴心抗压强度设计值为 9.6MPa，轴心抗拉强度设计值为 1.10MPa。峰值压应力的应变以及极限压应变分别为 0.002 和 0.0033。

分析梁的跨中截面发生 5.0cm 竖向位移时，梁内的应力分布以及总体变形情况。

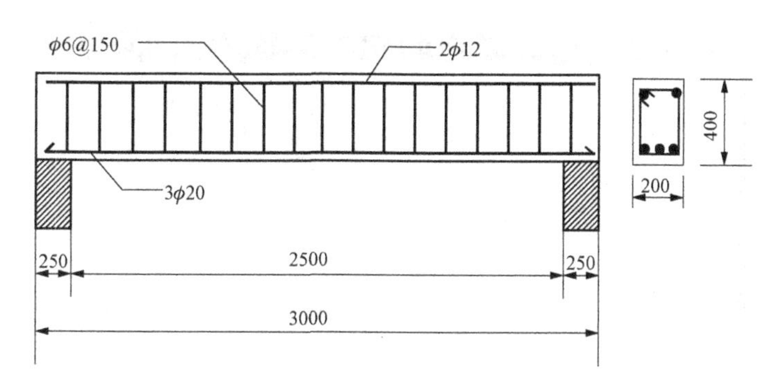

图5-27　钢筋混凝土梁

1. 建立分析模型

下面按照实际操作的先后顺序对建模的具体步骤进行介绍。

（1）第一步：分析环境设置。指定分析的工作名称为RC-BEAM。指定图形显示区域的标题为ANALYSIS OF A RC-BEAM。

（2）第二步：进入前处理器，开始建模和其他的前处理操作。

（3）第三步：定义单元类型。

1）定义钢筋单元类型。对于本问题拟采用LINK8单元来模拟钢筋，因此在图5-28中窗口的左侧选择Structure Link，右侧选择3D spar 8，单击“Apply”按钮，定义第一种单元类型。

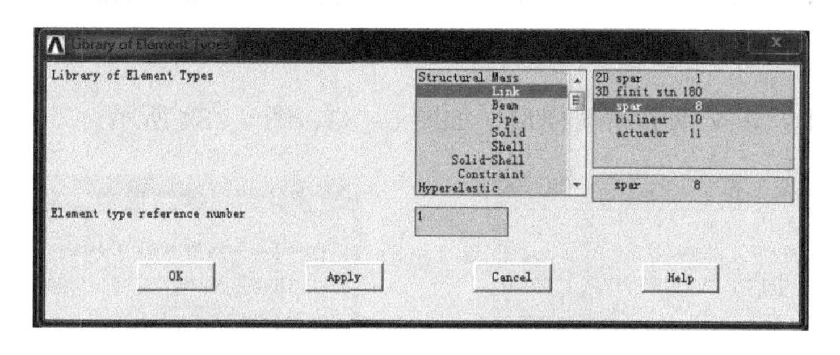

图5-28　定义钢筋单元类型

2）定义混凝土单元类型，如图5-29所示。

（4）第四步：定义钢筋截面面积（均在实常数内定义）。

1）定义箍筋面积，如图5-30所示。

2）定义架立钢筋面积，如图5-31所示。

3）定义纵筋面积，如图5-32所示。

（5）第五步：定义混凝土单元实参数。选择菜单项“Main Menu＞preprocessor＞real constant”，在“real constants”对话框中，单击“add”按钮，在接下来的单

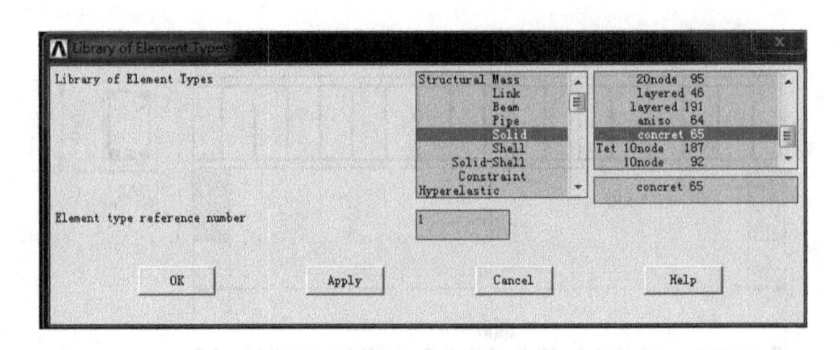

图 5-29　定义混凝土单元类型

元类型对话框中，选择“type2”，单击“OK”按钮，弹出“real constants set number4，for solid65”对话框，由于分析中采用分离式配筋方法，因此定义一个空的参数集，单击“OK”按钮，关闭该对话框。

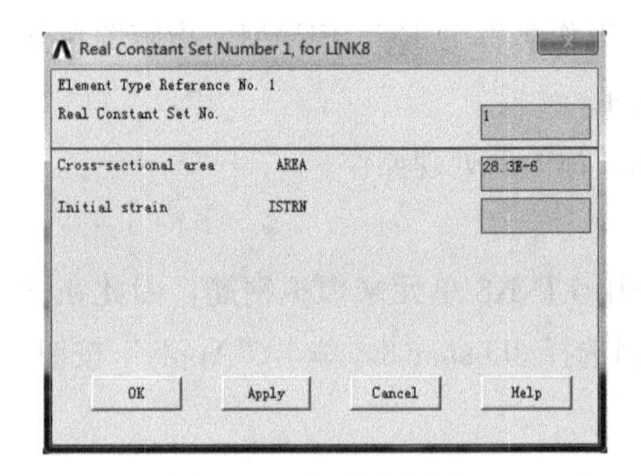

图 5-30　定义箍筋面积

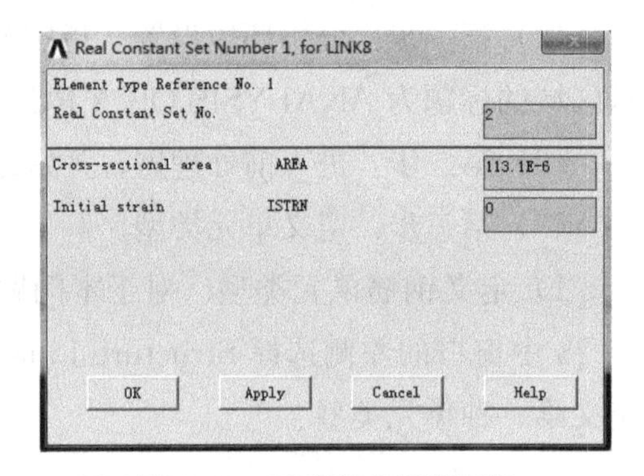

图 5-31　定义架立钢筋面积

（6）第六步：定义钢筋材料模型，如图 5-33、图 5-34 所示。

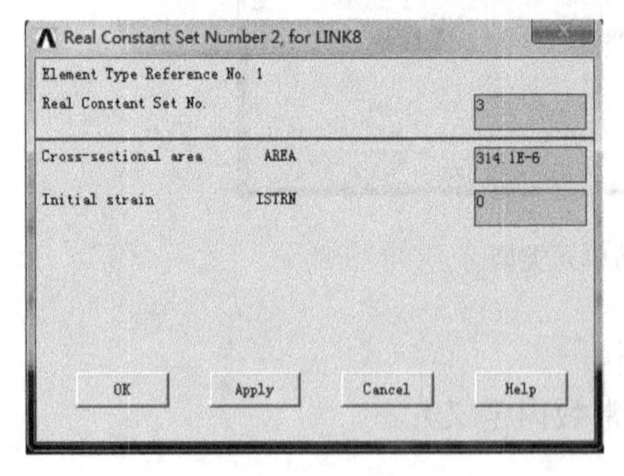

图 5-32　定义纵筋面积

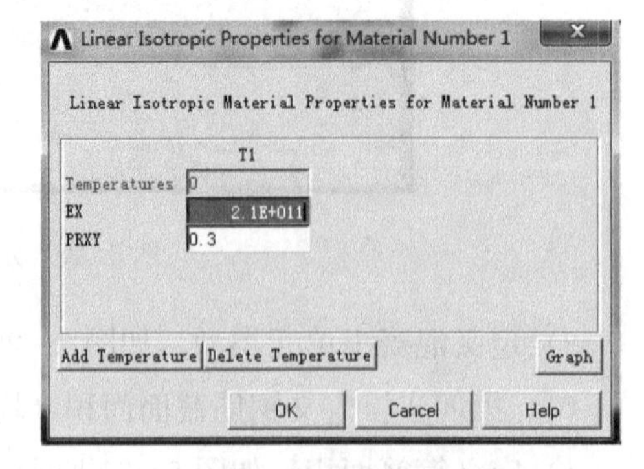

图 5-33　定义钢筋材料模型

单击窗口下边的“Graph”按钮，出现如图 5-35 所示的钢筋应力-应变关系曲线。

（7）第七步：定义混凝土的材料模型。先定义弹性阶段如图 5-36 所示。

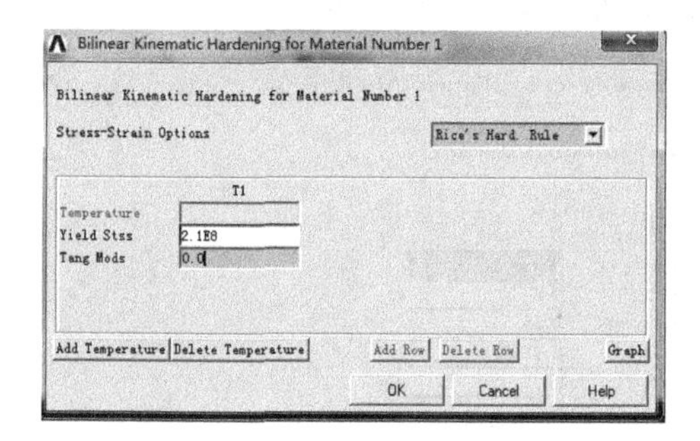

图 5 - 34　定义钢筋材料模型

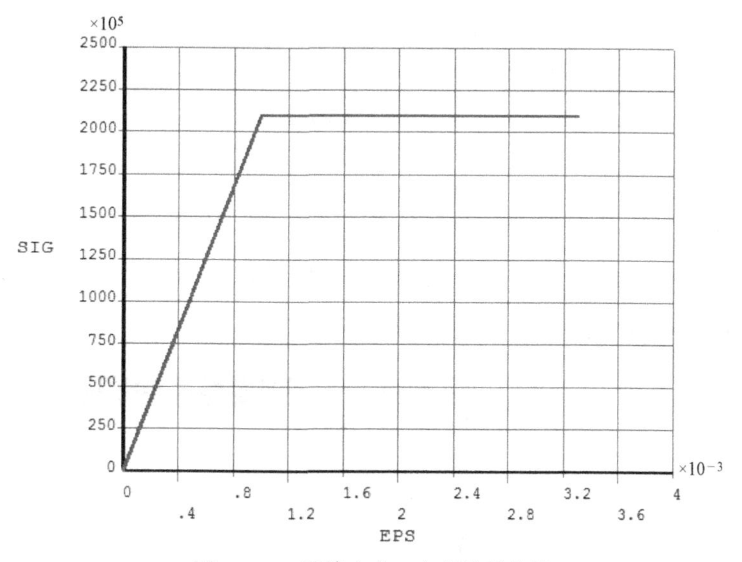

图 5 - 35　钢筋应力 - 应变关系曲线

然后定义混凝土受压应力 - 应变关系数组，如图 5 - 37 所示。

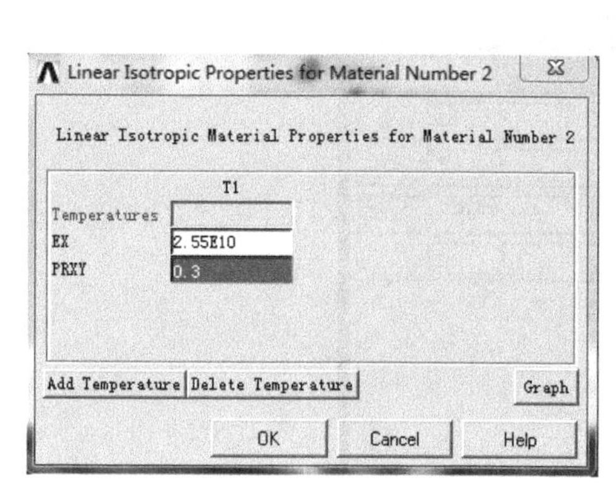

图 5 - 36　定义弹性阶段

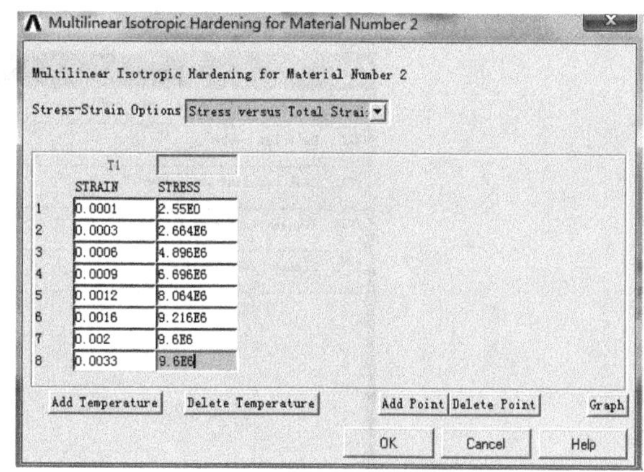

图 5 - 37　定义混凝土受压应力 - 应变关系数组

继续为混凝土定义强度准则，如图 5 - 38 所示。

Concrete for Material Number 2

Concrete for Material Number 2

	T1
Temperature	0
ShrCf-Op	0
ShrCf-Cl	0.3
UnTensSt	0.55
UnCompSt	1.5E+006
BiCompSt	-1
HydroPrs	0
BiCompSt	0
UnTensSt	0
TenCrFac	0

Add Temperature | Delete Temperature | Add Row | Delete Row | Graph

OK | Cancel | Help

图 5 - 38　定义强度准则

注意：在图 5 - 38 的混凝土的单轴抗压强度一栏中填写了－1，其意义为在计算过程中不考虑混凝土的受挤压破坏。此外，如在混凝土的单轴抗拉强度一栏中输入－1 则表示在计算过程中混凝土不发生开裂破坏。

（8）第八步：建立几何模型。

建立矩形，如图 5 - 39 所示。

（9）第九步：划分混凝土梁的体网格。

1）为混凝土梁设置网格属性，如图 5 - 40 所示。

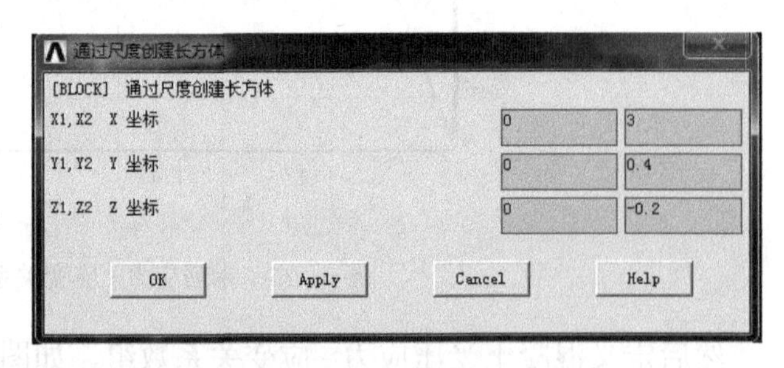

图 5 - 39　建立矩形

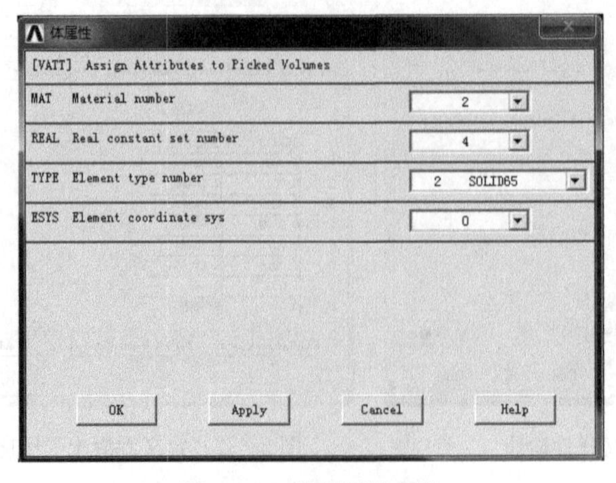

图 5 - 40　设置网格属性

2）指定梁的线段划分尺度，如图 5-41 所示。划分线 2、5、4、7 的单元边长为 0.05。划分其他八条线的长度为 0.025。

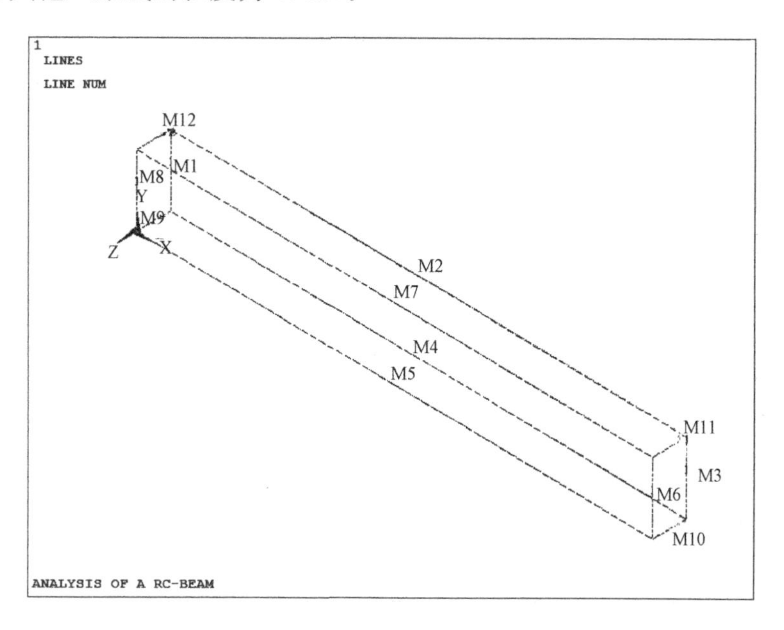

图 5-41　指定梁的线段划分尺度

3）对体积划分网格，如图 5-42 所示。

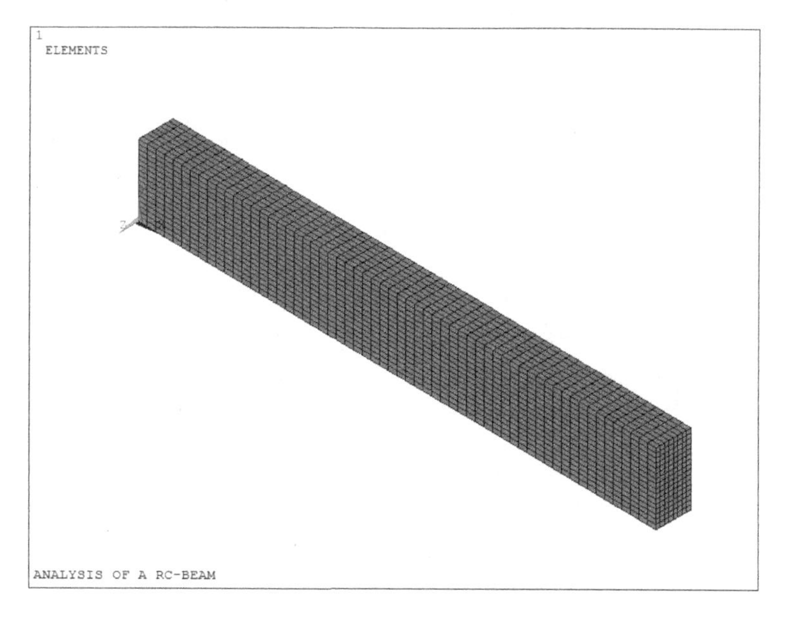

图 5-42　划分网格

（10）第十步：建立钢筋单元。

1）建立箍筋单元。先建立第一圈箍筋单元，如图 5-43 所示。

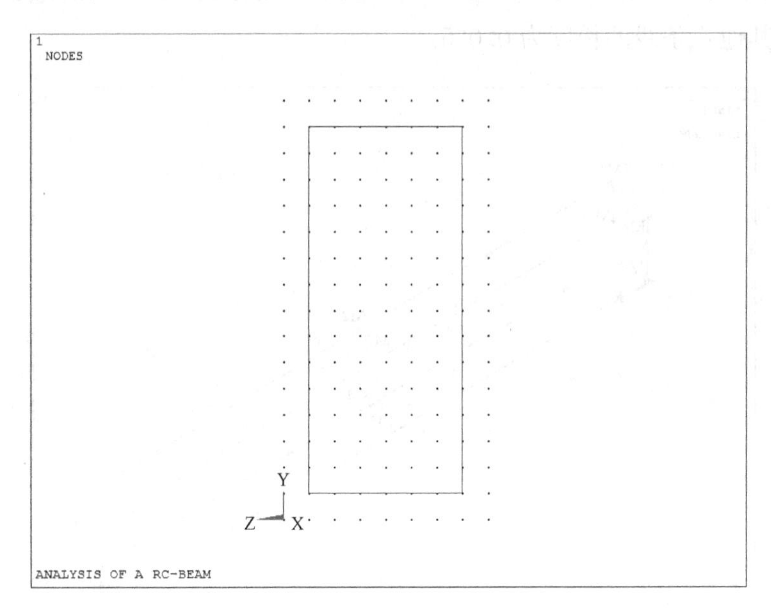

图 5-43　建立箍筋单元

然后通过复制建立所有的箍筋单元，如图 5-44、图 5-45 所示。

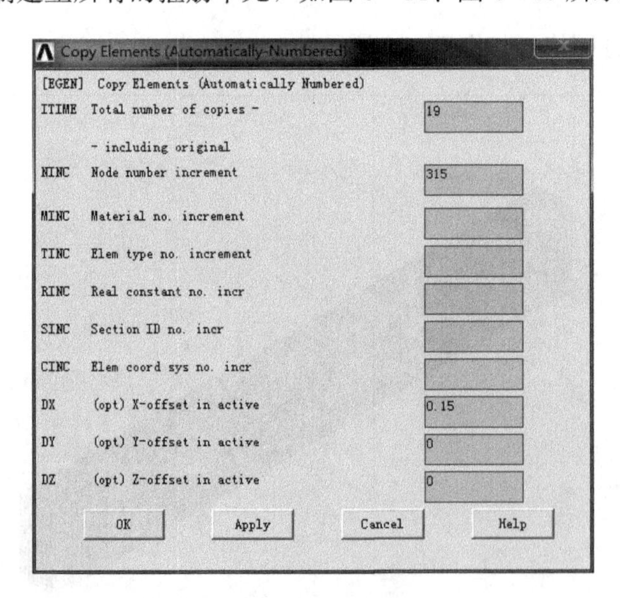

图 5-44　设置参数

2）建立纵筋单元和架立钢筋单元，如图 5-46 所示。

(11) 第十一步：施加约束条件，如图 5-47 所示。

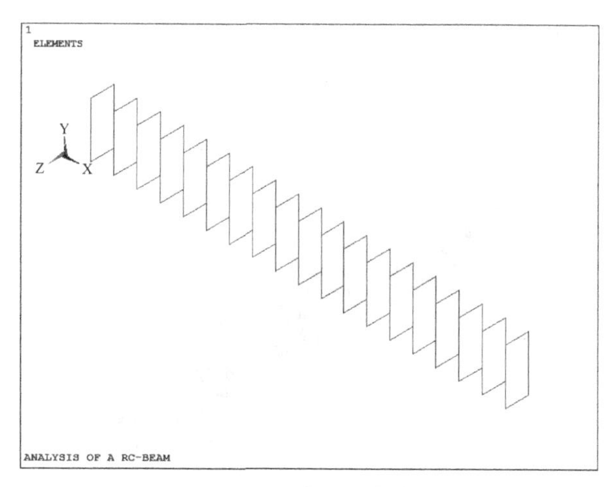

图5-45　建立纵筋单元

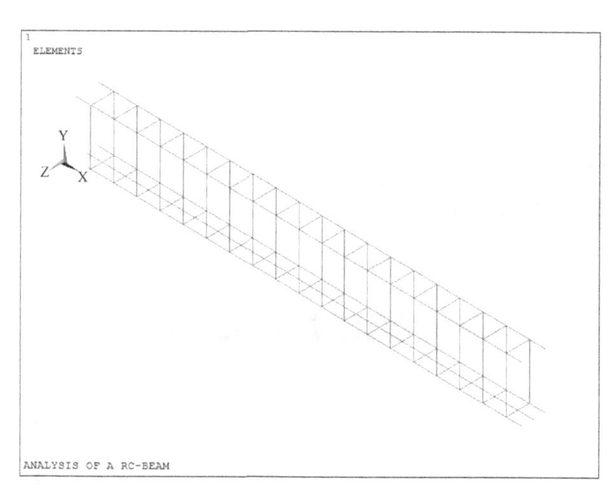

图5-46　建立纵筋单元和架立钢筋单元

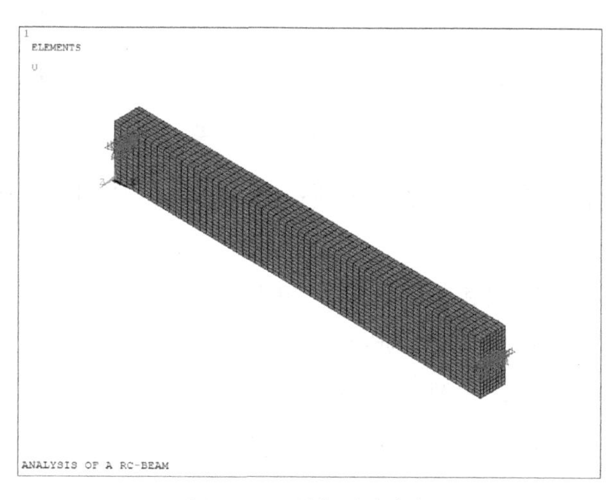

图5-47　施加约束条件

（12）第十二步：施加载荷，如图 5-48 所示。

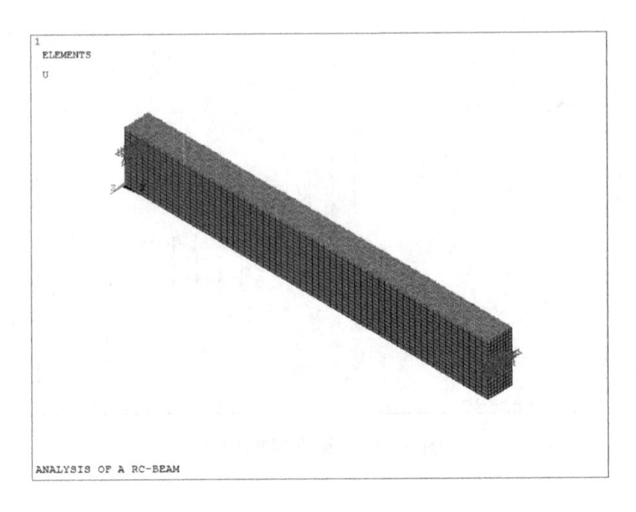

图 5-48 施加载荷

2. 分析及后处理

（1）第一步：进入求解器。

（2）第二步：求解选项设置。

1）设定分析类型为静力分析，如图 5-49 所示。

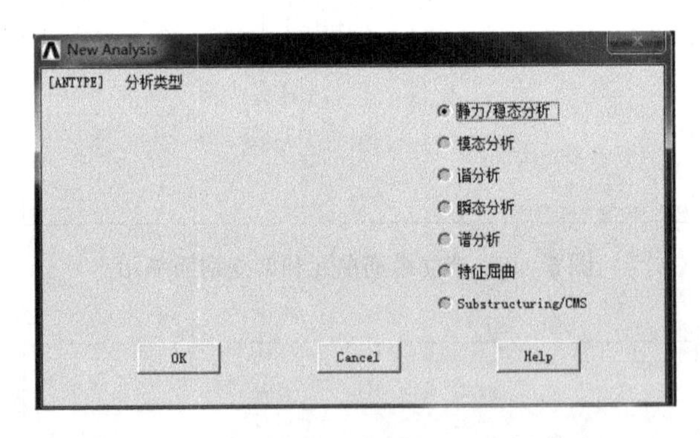

图 5-49 设定分析类型

2）分析选项设置：①打开大变形选项；②Newton-Raphson 选项；③选择求解器为 Sparse。

3）设置载荷步结束时间和子载荷步，如图 5-50 所示。

4）设置收敛准则，如图 5-51 所示。

5）设置平衡迭代次数，如图 5-52 所示。

6）打开预测开关，如图 5-53 所示。

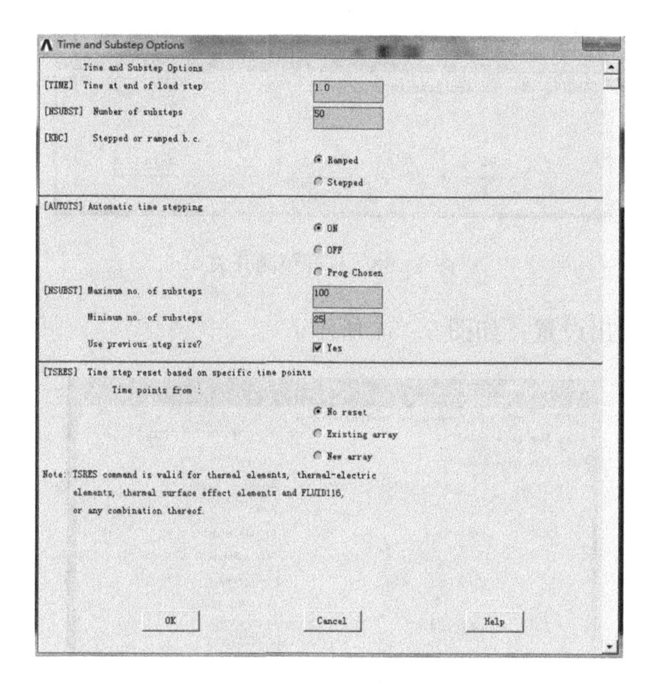

图 5 - 50　设置载荷步结束时间和子载荷步

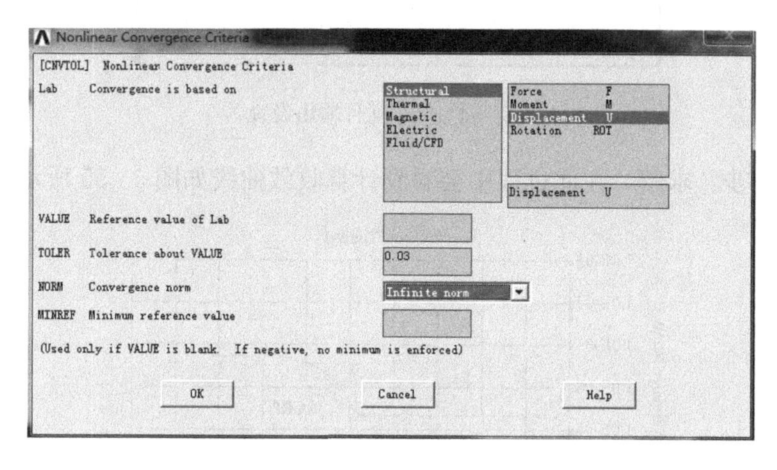

图 5 - 51　设置收敛准则

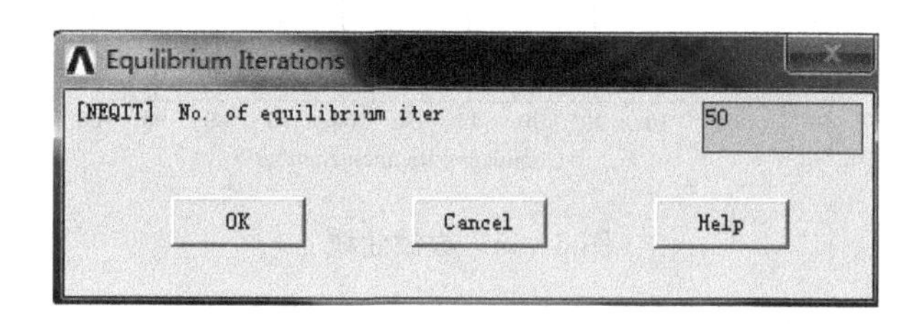

图 5 - 52　设置平衡迭代次数

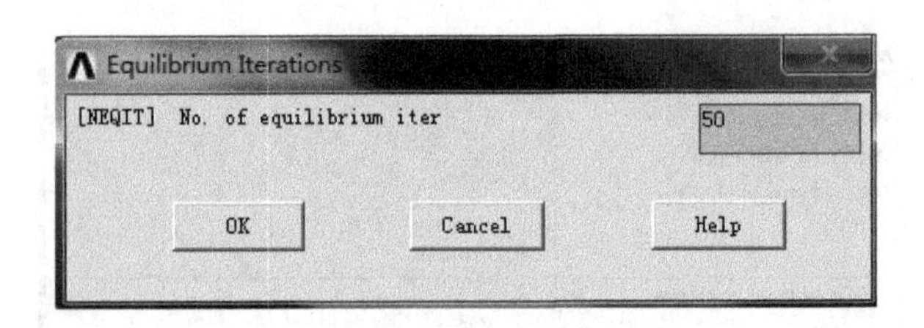

图 5-53　打开预测开关

7）结果文件输出设置，如图 5-54 所示。

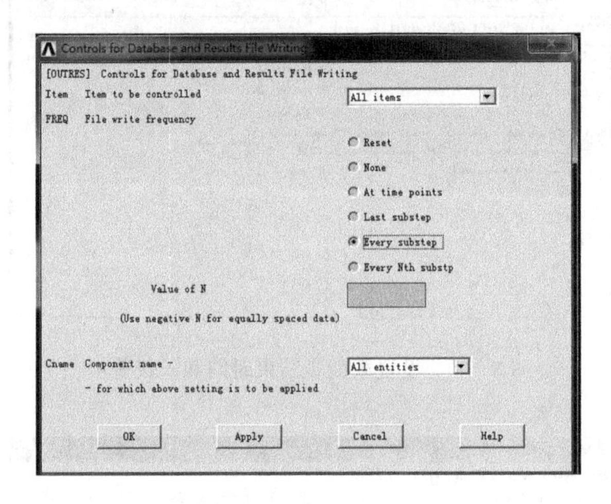

图 5-54　结果文件输出设置

（3）第三步：求解。在此过程中会看到计算收敛曲线如图 5-55 所示。

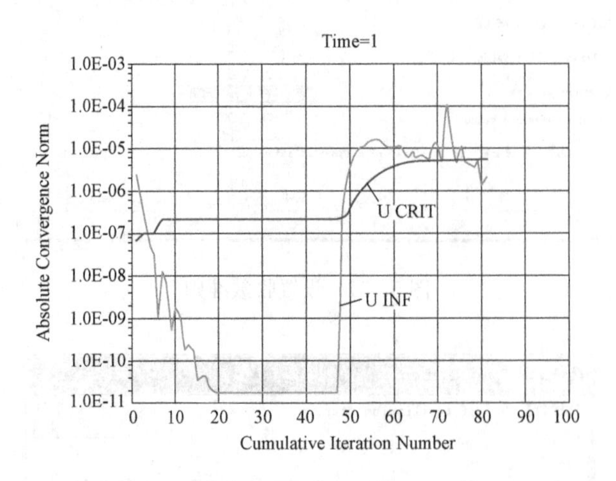

图 5-55　收敛曲线

（4）第四步：退出求解器。

（5）第五步：进入通用后处理器读取计算结果。

（6）第六步：绘制结构变形图。

1）首先设置位移缩放系数为100，如图5-56所示。

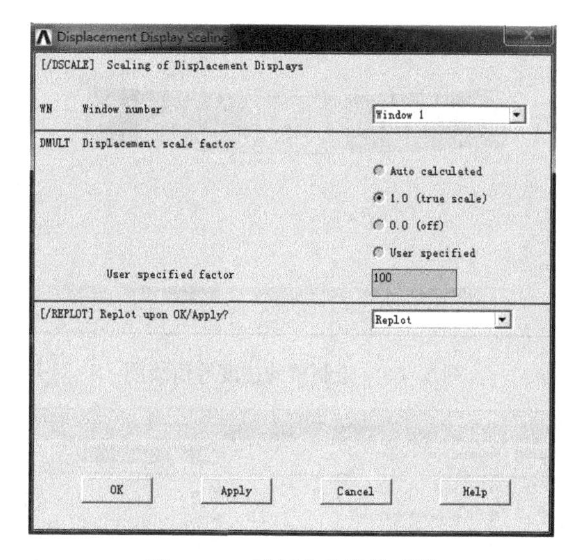

图5-56　设置位移缩放系数

2）绘制结构变形图，如图5-57所示。

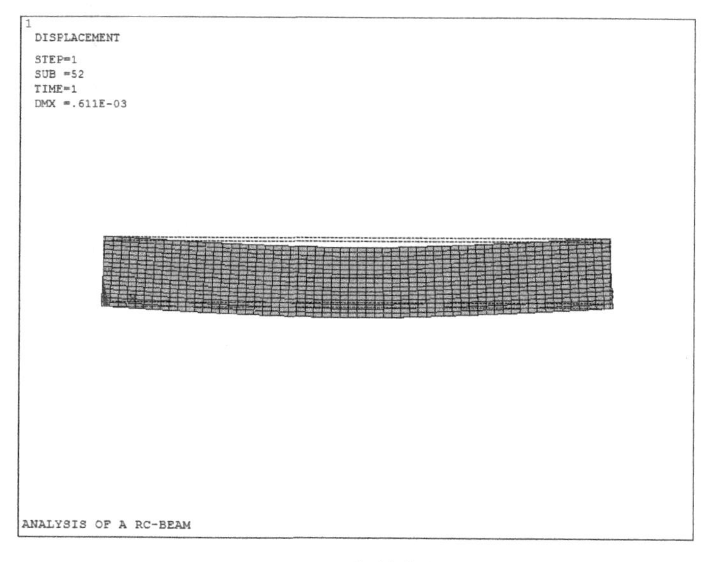

图5-57　绘制结构变形图

3）绘制梁的挠度等值线图，如图5-58所示。

（7）第七步：绘制混凝土开裂图。

1）显示设备设置，如图5-59所示。

2）绘制开裂图，如图5-60所示。

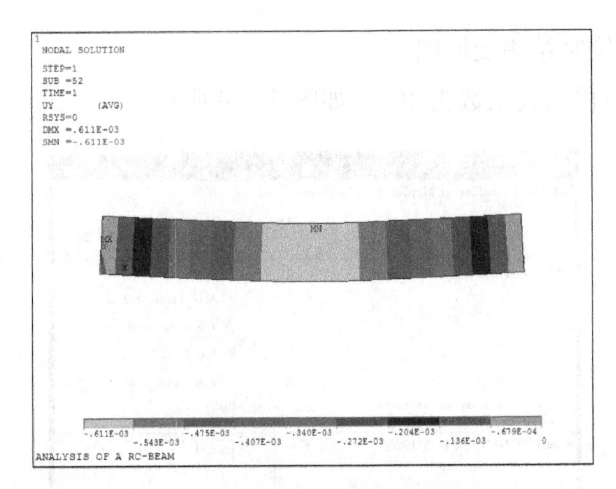

图 5-58 绘制梁的挠度等值线图

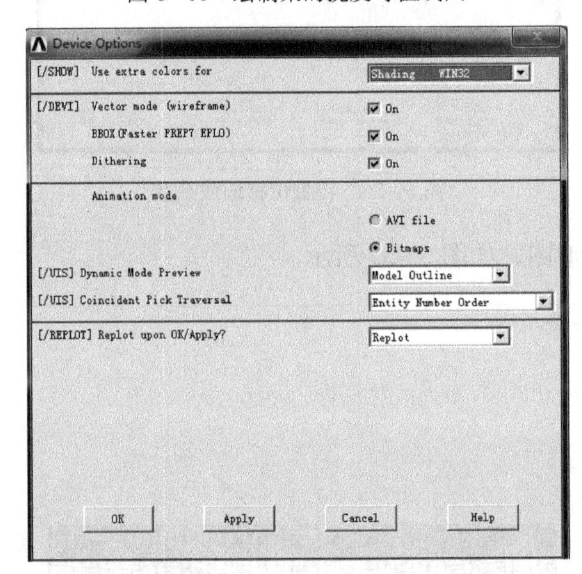

图 5-59 显示设备设置

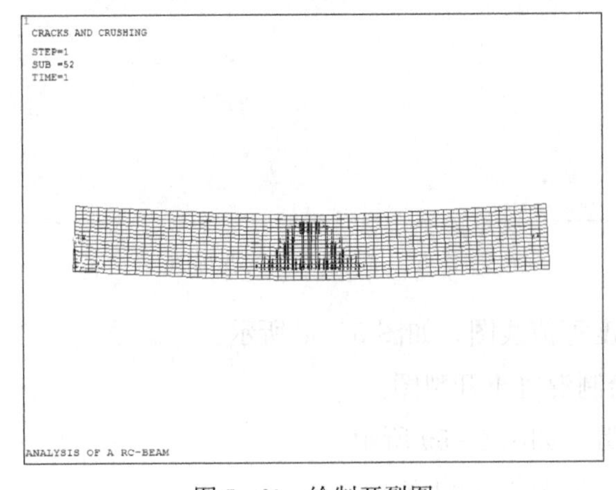

图 5-60 绘制开裂图

3. 命令流过程

```
/filEname,RC-BEAM

/TITLE,ANALYSIS OF A RC-BEAM
/PREP7
ET,1,LINK8
ET,2,SOLID65
R,1,28.3E-6,,
R,2,113.1E-6,,
R,3,314.1E-6,,
R,4,
MP,EX,1,2.1E11
MP,PRXY,1,0.3
TB,BKIN,1,1,2,1
TBDATA,,2.1E8,0.0

MP,EX,2,2.55E10
MP,PRXY,2,0.3
TB,KINH,2,1,8,

TBTEMP,0
TBPT,,0.0001,2.55E6
TBPT,,0.0003,2.664E6
TBPT,,0.0006,4.896E6
TBPT,,0.0009,6.696E6
TBPT,,0.0012,8.064E6
TBPT,,0.0016,9.216E6
TBPT,,0.002,9.6E6
TBPT,,0.0033,9.6E6
TB,CONC,2,1,9,
TBDATA,,0.3,0.55,1.5E6,-1
BLOCK,0.0,3.0,0.0,0.4,0.0,-0.2
/VIEW,1,1,2,3
/REP,FAST
LPLOT
/PNUM,LINE,1
/REPLOT
```

```
VATT,2,4,2
LSEL,S,LINE,,4,5,1
LSEL,A,LINE,,2,7,5
LESIZE,ALL,0.05
LSEL,INVE
LESIZE,ALL,0.025
LSEL,ALL
VMESH,ALL
NSEL,S,LOC,X,0.125,0.175
NPLOT
/VIEW,1,1
/REP,FAST
/PNUM,NODE,1
/REPLOT
TYPE,1
MAT,1
REAL,1
*do,i,3349,3354,1
e,I,I+1
*ENDDO
*do,i,3355,3446,7
e,I,I+7
*ENDDO
*do,i,3452,3447,-1
e,I+1,I
*ENDDO
*do,i,3447,3356,-7
e,I,I-7
*ENDDO
ESEL,S,TYPE,,1
EGEN,19,315,ALL,,,,,,,0.15,0.0,0.0,
ALLSEL,ALL

TYPE,1
MAT,1
REAL,2
```

```
*do,i,3145,9130,105
e,I,I+105
*ENDDO
esel,r,real,,2
EGEN,3,-3,ALL,,,,,,,,0.0,0.0,-0.075,
ALLSEL,ALL
TYPE,1
MAT,1
REAL,3
*do,i,3237,9222,105
e,I,I+105
*ENDDO
esel,r,real,,3
EGEN,2,6,ALL,,,,,,,,0.0,0.0,0.15,
ALLSEL,ALL
esel,S,TYPE,,1
EPLOT
/VIEW,1,1,2,3
/REP

NSEL,S,LOC,Y,0.19,0.21
NSEL,R,LOC,X,-0.01,0.01
D,ALL,ALL
ALLSEL,ALL
NSEL,S,LOC,Y,0.19,0.21
NSEL,R,LOC,X,2.99,3.01
D,ALL,ALL
ALLSEL,ALL

NSEL,S,LOC,Y,0.39,0.41
SF,ALL,PRES,  50000
ALLSEL,ALL
FINI
/SOLU
ANTYPE,0
NLGEOM,1
```

```
NROPT,FULL, ,
EQSLV,SPAR, ,0,
TIME,1
AUTOTS,1
NSUBST,100,200,50,1
KBC,0
CNVTOL,U,,0.03,0,,
NEQIT,50,
PRED,ON,,ON
OUTRES,ALL,ALL,
SOLVE
FINI
/POST1
SET,LAST
/DSCALE,1,100
/REPLOT
PLDISP,2
PLNSOL,U,Y,0,1
PLCRACK,0,0
FINISH
```

5.2.4 三梁平面框架结构的 ANSYS 分析 （GUI＋命令流形式）

如图 5-61 所示的框架结构，其顶端受均布力作用，用有限元方法分析该结构的位移。结构中各个截面的参数都为：$E=3.0\times10^{11}$ Pa，$I=6.5\times10^{-7}$ m^4，$A=6.8\times10^{-4}$ m^2，相应的有限元分析模型如图 5-62 所示。在 ANSYS 平台上，完成相应的力学分析。

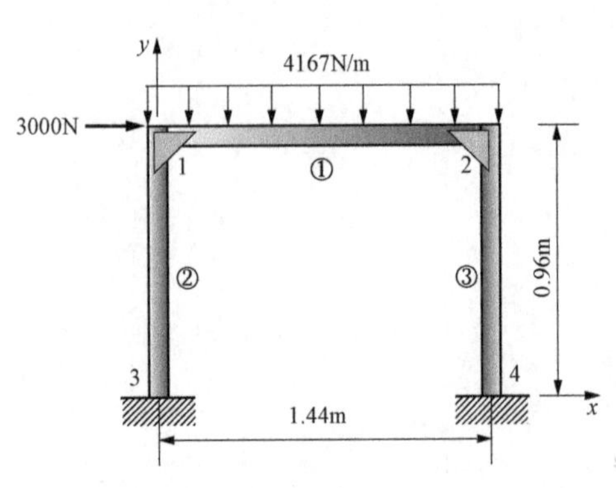

图 5-61 框架结构受一均布力作用

1. 基于图形界面的交互式操作（step by step）

（1）进入 ANSYS（设定工作目录和工作文件）。进入程序选择“ANSYS→ANSYS Interactive→Working directory（设置工作目录）→Initial jobname（设置工作文件名）：beam3→Run→OK”。

（2）设置计算类型。进入“ANSYS

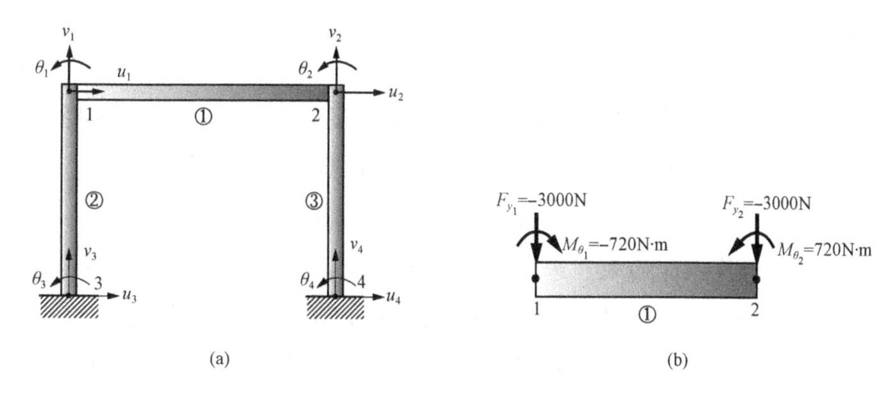

图 5-62　单元划分、节点位移及节点上的外载

（a）节点位移及单元编号；（b）等效在节点上外力

Main Menu”，选择“Preferences→Structural→OK”。

（3）选择单元类型。进入“ANSYS Main Menu”，选择“Preprocessor→Element Type→Add/Edit/Delete→Add→beam：2D elastic 3→OK（返回到 Element Types 窗口）→Close”。

（4）定义材料参数。进入“ANSYS Main Menu”，选择“Preprocessor→Material Props→Material Models→Structural→Linear→Elastic→Isotropic：EX：3e11（弹性模量）→OK”，单击该窗口右上角的“×”按钮来关闭该窗口。

（5）定义实常数以确定平面问题的厚度。进入“ ANSYS Main Menu”，选择“Preprocessor→Real Constants... →Add/Edit/Delete→Add→Type 1 Beam3→OK→Real Constant Set No：1（第 1 号实常数），Cross - sectional area：6.8e - 4（梁的横截面积）→OK→Close”。

（6）生成几何模型。

1）生成节点。进入“ANSYS Main Menu”，选择“Preprocessor→Modeling→Creat→Nodes→In Active CS→Node number 1→X：0，Y：0.96，Z：0→Apply→Node number 2→X：1.44，Y：0.96，Z：0→Apply→Node number 3→X：0，Y：0，Z：0→Apply→Node number 4→X：1.44，Y：0，Z：0→OK”。

2）生成单元。进入“ANSYS Main Menu：Preprocessor→Modeling→Create→Element→Auto Numbered→Thru Nodes”，选择节点 1、2（生成单元 1），单击“apply”，选择节点 1、3（生成单元 2），单击“apply”，选择节点 2、4（生成单元 3）→OK。

（7）模型施加约束和外载。

1）左边加 X 方向的受力。进入“ANSYS Main Menu”，选择“Solution→Define

Loads→Apply→Structural→Force/Moment→On Nodes→选择节点 1→apply→Direction of force：FX→VALUE：3000→OK”。

2）上方施加 Y 方向的均布载荷。进入“ANSYS Main Menu”，选择“Solution→Define Loads→Apply→Structural→Pressure→On Beams→选取单元 1（节点 1 和节点 2 之间）→apply→VALI：4167→VALJ：4167→OK”。

3）左、右下角节点加约束。进入“ANSYS Main Menu”，选择“Solution→Define Loads→Apply→Structural→Displacement→On Nodes”选取节点 3 和节点 4，单击“Apply”，设置“Lab：ALL DOF”，单击“OK”按钮。

（8）分析计算。进入“ANSYS Main Menu”，选择“Solution→Solve→Current LS→OK→Should the Solve Command be Executed? Y→Close（Solution is done！）”，关闭文字窗口。

（9）结果显示。进入“ANSYS Main Menu”，选择“General Postproc→Plot Results→Deformed Shape …→Def ＋ Undeformed→OK（返回到 Plot Results）”。

（10）退出系统。进入“ANSYS Utility Menu”，选择“File→Exit …→Save Everything→OK”。

2. 完全的命令流

```
!%%%%%%%%%%%%%% begin %%%%%

/PREP7                    ！进入前处理
ET,1,beam3                ！选择单元类型
R,1,6.5e-7,6.8e-4         ！给出实常数(横截面积、惯性矩)
MP,EX,1,3e11              ！给出材料的弹性模量
N,1,0,0.96,0              ！生成 4 个节点,坐标(0,0.96,0),以下类似
N,2,1.44,0.96,0 N,3,0,0,0
N,4,1.44,0,0
E,1,2                     ！生成单元(连接 1 号节点和 2 号节点),以下类似
E,1,3
E,2,4
D,3,ALL                   ！将 3 号节点的位移全部固定
D,4,ALL                   ！将 4 号节点的位移全部固定
F,1,FX,3000               ！在 1 号节点处施加 X 方向的力(3000)
SFBEAM,1,1,PRESS,4167     ！施加均布压力
FINISH                    ！结束前处理状态
/SOLU                     ！进入求解模块
```

```
SOLVE                    ! 求解
FINISH                   ! 结束求解状态
/POST1                   ! 进入后处理
PLDISP,1                 ! 显示变形状况
FINISH                   ! 结束后处理
!%%%%%%%%%%%%% end %%%%
```

5.3　输电塔线体系结构的 ANSYS 参数化分析

本实例以跨越顺德水道段线路为工程背景，跨越段采用耐 - 直 - 直 - 耐的方式，档距为 280m - 653m - 259m。直线塔为同塔四回路钢管角钢组合塔，高塔呼高为 72m，塔全高为 97.3m，根开为 22m；低塔呼高为 45m，塔全高为 70.3m，根开为 15m。导线双分裂，型号为 JLHA2/LB14 - 630/45 铝包钢芯铝合金绞线，2 根 JLHA2/LB14 - 95/55 地线。设计风速为 35m/s，A 类地貌。该钢管角钢组合塔主材使用 Q345 钢管，其他材料采用 Q235 等边角钢。导地线型号及参数如表 5 - 3 所示。

表 5 - 3　　导地线型号及参数

	导线（双分裂）	地线
型号	JLHA2/LB14 - 630/45	JLHA2/LB14 - 95/55
面积/mm^2	666.6	152.8
直径/mm	33.6	16
计算重量/（kg/km）	2030	670
年均运行张力/N	58116	26120
最大使用张力/N	77488	32650
弹性模量/MPa	62400	97400
膨胀系数/（1/℃）	21×10^{-6}	15.6×10^{-6}

（1）单塔的有限元模型如图 5 - 63 所示。

图 5-63　输电高塔有限元模型

命令流如下（节选）。

```
finish
/clear
/filname,tower
/units,si
/COM,Structural
/prep7
et,1,beam188  ！梁单元
！Q235 材料特性及本构关系
mp,ex,1,2.06e11  ！弹性模量
mp,prxy,1,0.3！主泊松比
mp,dens,1,7850*1.7！质量密度
TB,MISO,1,1,7,     ！多线性等向强化
TBTEMP,0
tbpt,,0,0
tbpt,,1e-3,206e+6
tbpt,,1.5e-3,235e+6
tbpt,,0.025,235e+6
tbpt,,0.05,375e+6
tbpt,,0.1,395e+6
tbpt,,0.17,395e+6
tbplot,miso,1
！Q345 材料特性及本构关系
```

```
mp,ex,2,2.06e11
mp,prxy,2,0.3
mp,dens,2,7850*1.7
TB,MISO,2,2,7,
TBTEMP,0
tbpt,,0,0
tbpt,,1.5e-3,309e+6
tbpt,,2.0e-3,345e+6
tbpt,,0.025,345e+6
tbpt,,0.05,470e+6
tbpt,,0.1,510e+6
tbpt,,0.17,510e+6
tbplot,miso,2

! Q235 梁单元截面数据
! 梁 Q235L40X3 截面数据
sectype,1,beam,L,L40×3,0
secoffset,cent
secdata,0.040,0.040,0.003,0.003,0,0,0,0,0,0
! 梁 Q235L40X4 截面数据
sectype,2,beam,L,L40x4,0
secoffset,cent
secdata,0.040,0.040,0.004,0.004,0,0,0,0,0,0
! 梁 Q235L45X4 截面数据
sectype,3,beam,L,L40x4,0
secoffset,cent
secdata,0.045,0.045,0.004,0.004,0,0,0,0,0,0
! 梁 Q235L50X4 截面数据
sectype,4,beam,L,L50x4,0
secoffset,cent
secdata,0.050,0.050,0.004,0.004,0,0,0,0,0,0
! 梁 Q235L50X5 截面数据
sectype,5,beam,L,L50x5,0
secoffset,cent
secdata,0.050,0.050,0.005,0.005,0,0,0,0,0,0
! 梁 Q235L56X4 截面数据
```

```
sectype,6,beam,L,L56x4,0
secoffset,cent
secdata,0.056,0.056,0.004,0.004,0,0,0,0,0,0
! 梁 Q235L56X5 截面数据
sectype,7,beam,L,L56x5,0
secoffset,cent
secdata,0.056,0.056,0.005,0.005,0,0,0,0,0,0
! 梁 Q235L63X5 截面数据
sectype,8,beam,L,L63x5,0
secoffset,cent
secdata,0.063,0.063,0.005,0.005,0,0,0,0,0,0
! 梁 Q235L70X5 截面数据
sectype,9,beam,L,L70x5,0
secoffset,cent
secdata,0.070,0.070,0.005,0.005,0,0,0,0,0,0
! 梁 Q235L75X5 截面数据
sectype,10,beam,L,L75x5,0
secoffset,cent
secdata,0.075,0.075,0.005,0.005,0,0,0,0,0,0
! 梁 Q235L75X6 截面数据
sectype,11,beam,L,L75x6,0
secoffset,cent
secdata,0.075,0.075,0.006,0.006,0,0,0,0,0,0
! 梁 Q235L80X6 截面数据
sectype,12,beam,L,L80x6,0
secoffset,cent
secdata,0.080,0.080,0.006,0.006,0,0,0,0,0,0
! 梁 Q235L80X7 截面数据
sectype,13,beam,L,L80x7,0
secoffset,cent
secdata,0.080,0.080,0.007,0.007,0,0,0,0,0,0
! 梁 Q235L90X7 截面数据
sectype,14,beam,L,L90x7,0
secoffset,cent
secdata,0.090,0.090,0.007,0.007,0,0,0,0,0,0
! 梁 Q235L90X8 截面数据
```

```
sectype,15,beam,L,L90x8,0
secoffset,cent
secdata,0.090,0.090,0.008,0.008,0,0,0,0,0,0
! 梁 Q235L100X7 截面数据
sectype,16,beam,L,L100x7,0
secoffset,cent
secdata,0.100,0.100,0.007,0.007,0,0,0,0,0,0
! 梁 Q235L100X8 截面数据
sectype,17,beam,L,L100x8,0
secoffset,cent
secdata,0.100,0.100,0.008,0.008,0,0,0,0,0,0
! 梁 Q235L100X10 截面数据
sectype,18,beam,L,L100x10,0
secoffset,cent
secdata,0.100,0.100,0.010,0.010,0,0,0,0,0,0
! 梁 Q235L110X8 截面数据
sectype,19,beam,L,L110x8,0
secoffset,cent
secdata,0.110,0.110,0.008,0.008,0,0,0,0,0,0
! 梁 Q235L110X10 截面数据
sectype,20,beam,L,L110x10,0
secoffset,cent
secdata,0.110,0.110,0.010,0.010,0,0,0,0,0,0
! 梁 Q235L125X8 截面数据
sectype,21,beam,L,L125x8,0
secoffset,cent
secdata,0.125,0.125,0.008,0.008,0,0,0,0,0,0
! 梁 Q235L125X10 截面数据
sectype,22,beam,L,L125x10,0
secoffset,cent
secdata,0.125,0.125,0.010,0.010,0,0,0,0,0,0
! 梁 Q235L140X10 截面数据
sectype,23,beam,L,L140x10,0
secoffset,cent
secdata,0.140,0.140,0.010,0.010,0,0,0,0,0,0
! 梁 Q235L140X12 截面数据
```

```
sectype,24,beam,L,L140x12,0
secoffset,cent
secdata,0.140,0.140,0.012,0.012,0,0,0,0,0,0
！梁 Q235L140X14 截面数据
sectype,25,beam,L,L140x14,0
secoffset,cent
secdata,0.140,0.140,0.014,0.014,0,0,0,0,0,0
！梁 Q235L160X10 截面数据
sectype,26,beam,L,L160x10,0
secoffset,cent
secdata,0.160,0.160,0.010,0.010,0,0,0,0,0,0
！梁 Q235L160X12 截面数据
sectype,27,beam,L,L160x12,0
secoffset,cent
secdata,0.160,0.160,0.012,0.012,0,0,0,0,0,0
！梁 Q235L180X12 截面数据
sectype,28,beam,L,L180x12,0
secoffset,cent
secdata,0.180,0.180,0.012,0.012,0,0,0,0,0,0
！梁 Q235L40X3 截面数据
……
k, 1,14.510,-652.241,93.281,
k, 2,14.520,-652.205,92.261,
l, 1,2
k, 3,14.510,-653.759,93.281,
k, 4,14.520,-653.795,92.261,
l, 3,4
k, 5,8.581,-652.052,93.101,
k, 6,8.602,-652.023,92.261,
l, 5,6
k, 7,8.581,-653.948,93.101,
k, 8,8.602,-653.977,92.261,
l, 7,8
k, 9,11.551,-652.136,92.881,
k, 10,11.561,-652.114,92.261,
l, 9,10
```

```
k, 11,11.551,-653.864,92.881,
k, 12,11.561,-653.886,92.261,
l, 11,12
k, 13,9.004,-651.880,83.101,
k, 14,9.025,-651.850,82.261,
l, 13,14
k, 15,9.004,-654.121,83.101,
k, 16,9.025,-654.150,82.261,
l, 15,16
k, 17,12.005,-652.032,82.881,
k, 18,12.015,-652.010,82.261,
……
```

(2) 输电塔线体系有限元模型的建立。在模型中，输电塔的梁单元选用 Beam189，杆单元选用 Link8，节点板、辅材及连接件的质量通过调整材料密度加以考虑。主材采用 Q345 钢管，其他杆件采用 Q235 角钢，弹性模量为 206 GPa，泊松比取 0.3。塔线体系为四回路同塔架设，塔头的导地线为垂直排列，分为 4 层，其中最上 1 层为地线，其余各层为 4 组双分裂导线。每组的双分裂导线及地线各用 1 根索模拟。按照导地线的找形理论，用 Link10 杆元来实现导地线的建模，并施加初始应变来表征导地线的初应力，基本杆元长为 20m。悬垂绝缘子串用 Link8 建模。边界上，钢管角钢组合塔塔脚固定约束；耐张塔刚度较大，导地线两端近似固定约束。塔线体系有限元模型如图 5 - 64 所示。

图 5 - 64　塔线体系有限元模型

命令流如下（节选）：

```
finish
/clear
/filname,tower
/units,si
/COM,Structural
/prep7
et,1,beam188   ！梁单元(塔)
et,2,link8     ！杆单元(绝缘子)
！Q235 材料特性及本构关系
mp,ex,1,2.06e11  ！弹性模量
mp,prxy,1,0.3！主泊松比
mp,dens,1,7850*1.65！质量密度
TB,MISO,1,1,7,    ！多线性等向强化
TBTEMP,0
tbpt,,0,0
tbpt,,1e-3,206e+6
tbpt,,1.5e-3,235e+6
tbpt,,0.025,235e+6
tbpt,,0.05,375e+6
tbpt,,0.1,395e+6
tbpt,,0.17,395e+6
tbplot,miso,1
！Q345 材料特性及本构关系
mp,ex,2,2.06e11
mp,prxy,2,0.3
mp,dens,2,7850*1.65
TB,MISO,2,2,7,
TBTEMP,0
tbpt,,0,0
tbpt,,1.5e-3,309e+6
tbpt,,2.0e-3,345e+6
tbpt,,0.025,345e+6
tbpt,,0.05,470e+6
tbpt,,0.1,510e+6
tbpt,,0.17,510e+6
```

```
tbplot,miso,2

! 绝缘子材料特性及本构关系
mp,ex,3,2.06e11
mp,prxy,3,0.26
mp,dens,3,9748.6

r,20,1.256e-3     ! 绝缘子等效截面积
r,100,,

! Q235 梁单元截面数据
! 梁 Q235L40X3 截面数据
sectype,1,beam,L,L40x3,0
secoffset,cent
secdata,0.040,0.040,0.003,0.003,0,0,0,0,0,0
! 梁 Q235L40X4 截面数据
sectype,2,beam,L,L40x4,0
secoffset,cent
secdata,0.040,0.040,0.004,0.004,0,0,0,0,0,0
! 梁 Q235L45X4 截面数据
sectype,3,beam,L,L40x4,0
secoffset,cent
secdata,0.045,0.045,0.004,0.004,0,0,0,0,0,0
! 梁 Q235L50X4 截面数据
sectype,4,beam,L,L50x4,0
secoffset,cent
secdata,0.050,0.050,0.004,0.004,0,0,0,0,0,0
! 梁 Q235L50X5 截面数据
sectype,5,beam,L,L50x5,0
secoffset,cent
secdata,0.050,0.050,0.005,0.005,0,0,0,0,0,0
! 梁 Q235L56X4 截面数据
sectype,6,beam,L,L56x4,0
secoffset,cent
secdata,0.056,0.056,0.004,0.004,0,0,0,0,0,0
! 梁 Q235L56X5 截面数据
```

```
sectype,7,beam,L,L56x5,0
secoffset,cent
secdata,0.056,0.056,0.005,0.005,0,0,0,0,0,0
! 梁 Q235L63X5 截面数据
sectype,8,beam,L,L63x5,0
secoffset,cent
secdata,0.063,0.063,0.005,0.005,0,0,0,0,0,0
! 梁 Q235L70X5 截面数据
sectype,9,beam,L,L70x5,0
secoffset,cent
secdata,0.070,0.070,0.005,0.005,0,0,0,0,0,0
! 梁 Q235L75X5 截面数据
sectype,10,beam,L,L75x5,0
secoffset,cent
secdata,0.075,0.075,0.005,0.005,0,0,0,0,0,0
! 梁 Q235L75X6 截面数据
sectype,11,beam,L,L75x6,0
secoffset,cent
secdata,0.075,0.075,0.006,0.006,0,0,0,0,0,0
! 梁 Q235L80X6 截面数据
sectype,12,beam,L,L80x6,0
secoffset,cent
secdata,0.080,0.080,0.006,0.006,0,0,0,0,0,0
! 梁 Q235L80X7 截面数据
sectype,13,beam,L,L80x7,0
secoffset,cent
secdata,0.080,0.080,0.007,0.007,0,0,0,0,0,0
! 梁 Q235L90X7 截面数据
sectype,14,beam,L,L90x7,0
secoffset,cent
secdata,0.090,0.090,0.007,0.007,0,0,0,0,0,0
! 梁 Q235L90X8 截面数据
sectype,15,beam,L,L90x8,0
secoffset,cent
secdata,0.090,0.090,0.008,0.008,0,0,0,0,0,0
! 梁 Q235L100X7 截面数据
```

```
sectype,16,beam,L,L100x7,0
secoffset,cent
secdata,0.100,0.100,0.007,0.007,0,0,0,0,0,0
! 梁 Q235L100X8 截面数据
sectype,17,beam,L,L100x8,0
secoffset,cent
secdata,0.100,0.100,0.008,0.008,0,0,0,0,0,0
! 梁 Q235L100X10 截面数据
sectype,18,beam,L,L100x10,0
secoffset,cent
secdata,0.100,0.100,0.010,0.010,0,0,0,0,0,0
! 梁 Q235L110X8 截面数据
sectype,19,beam,L,L110x8,0
secoffset,cent
secdata,0.110,0.110,0.008,0.008,0,0,0,0,0,0
! 梁 Q235L110X10 截面数据
sectype,20,beam,L,L110x10,0
secoffset,cent
secdata,0.110,0.110,0.010,0.010,0,0,0,0,0,0
! 梁 Q235L125X8 截面数据
sectype,21,beam,L,L125x8,0
secoffset,cent
secdata,0.125,0.125,0.008,0.008,0,0,0,0,0,0
! 梁 Q235L125X10 截面数据
sectype,22,beam,L,L125x10,0
secoffset,cent
secdata,0.125,0.125,0.010,0.010,0,0,0,0,0,0
! 梁 Q235L140X10 截面数据
sectype,23,beam,L,L140x10,0
secoffset,cent
secdata,0.140,0.140,0.010,0.010,0,0,0,0,0,0
! 梁 Q235L140X12 截面数据
sectype,24,beam,L,L140x12,0
secoffset,cent
secdata,0.140,0.140,0.012,0.012,0,0,0,0,0,0
! 梁 Q235L140X14 截面数据
```

```
sectype,25,beam,L,L140x14,0
secoffset,cent
secdata,0.140,0.140,0.014,0.014,0,0,0,0,0,0
! 梁 Q235L160X10 截面数据
sectype,26,beam,L,L160x10,0
secoffset,cent
secdata,0.160,0.160,0.010,0.010,0,0,0,0,0,0
! 梁 Q235L160X12 截面数据
sectype,27,beam,L,L160x12,0
secoffset,cent
secdata,0.160,0.160,0.012,0.012,0,0,0,0,0,0
! 梁 Q235L180X12 截面数据
sectype,28,beam,L,L180x12,0
secoffset,cent
secdata,0.180,0.180,0.012,0.012,0,0,0,0,0,0

! 梁 Q235L40X3 截面数据
k, 1,14.510,-652.241,93.281,
k, 2,14.520,-652.205,92.261,
l, 1,2
k, 3,14.510,-653.759,93.281,
k, 4,14.520,-653.795,92.261,
l, 3,4
k, 5,8.581,-652.052,93.101,
k, 6,8.602,-652.023,92.261,
l, 5,6
k, 7,8.581,-653.948,93.101,
k, 8,8.602,-653.977,92.261,
l, 7,8
k, 9,11.551,-652.136,92.881,
k, 10,11.561,-652.114,92.261,
l, 9,10
k, 11,11.551,-653.864,92.881,
k, 12,11.561,-653.886,92.261,
l, 11,12
k, 13,9.004,-651.880,83.101,
```

```
k, 14,9.025,-651.850,82.261,
l, 13,14
k, 15,9.004,-654.121,83.101,
k, 16,9.025,-654.150,82.261,
l, 15,16
k, 17,12.005,-652.032,82.881,
k, 18,12.015,-652.010,82.261,
l, 17,18
k, 19,12.005,-653.968,82.881,
k, 20,12.015,-653.990,82.261,
l, 19,20
k, 21,9.427,-651.707,73.101,
k, 22,9.448,-651.677,72.261,
l, 21,22
k, 23,9.427,-654.293,73.101,
k, 24,9.448,-654.323,72.261,
l, 23,24
k, 25,12.458,-651.929,72.881,
k, 26,12.469,-651.906,72.261,
l, 25,26
k, 27,12.458,-654.072,72.881,
k, 28,12.469,-654.094,72.261,
l, 27,28
k, 29,17.000,-652.441,96.761,
k, 30,16.500,-652.426,96.761,
l, 29,30
k, 31,17.000,-653.559,96.761,
k, 32,16.500,-653.574,96.761,
l, 31,32
k, 33,16.000,-652.411,96.761,
l, 30,33
k, 34,16.000,-653.589,96.761,
l, 32,34
k, 35,16.500,-652.454,97.561,
l, 35,30
k, 36,16.500,-653.546,97.561,
```

```
l, 36,32
l, 35,33
l, 36,34
l, 35,29
l, 36,31
k, 37,16.333,-652.377,95.528,
k, 38,15.503,-652.354,95.601,
l, 37,38
k, 39,16.333,-653.623,95.528,
k, 40,15.503,-653.646,95.601,
l, 39,40
k, 41,17.000,-652.280,73.061,
k, 42,17.000,-653.000,72.669,
l, 41,42
k, 43,17.000,-653.750,72.261,
l, 42,43
k, 44,16.500,-653.750,82.261,
k, 45,16.500,-653.000,82.669,
l, 44,45
k, 46,16.500,-652.279,83.061,
l, 45,46
k, 47,16.500,-653.721,83.061,
l, 47,45
k, 48,16.500,-652.250,82.261,
l, 45,48
k, 49,14.768,-653.000,93.884,
l, 3,49
k, 50,15.007,-652.298,94.441,
l, 49,50
k, 51,15.265,-653.000,95.045,
l, 50,51
l, 51,40
k, 52,15.763,-653.000,96.208,
l, 40,52
l, 52,33
……
```

思考题

5.1　同样的结构，同样的有限元分析软件，不同的人所建立的有限元模型的计算结果通常会不同，大家想一想其中的原因是什么。有限元建模不单单是操作软件，其背后需要有坚实的力学基本理论和有限元基本理论的支撑，建模的本质是简化，如何保证模型的精度和准确性，如何校验结果的准确性？请大家谈谈自己的看法。

5.2　利用有限元软件进行建模，其中有一个精细化程度的问题，具体讲就是采用什么单元、单元划分数量如何确定。这里面蕴藏一个对立统一的哲学问题，请大家从有限元模型的精度和计算效率方面谈谈自己的认识。

参 考 文 献

[1] 张洪信．有限元基本理论与 ANSYS 应用［M］．北京：机械工业出版社，2006.
[2] 曾攀．有限元分析及应用［M］．北京：清华大学出版社，2004.
[3] 周昌玉，贺小华．有限元分析的基本方法［M］．北京：化学工业出版社，2006.
[4] 张洪武，关振群，李云鹏，等．有限元分析与 CAE 技术基础［M］．北京：清华大学出版社，2004.
[5] 周传月，腾万秀，张俊堂．工程有限元与优化分析应用实例教程［M］．北京：科学出版社，2005.
[6] 尚跃进．有限元原理与 ANSYS 应用指南［M］．北京：清华大学出版社，2005.
[7] 梁醒培，王辉．应用有限元分析［M］．北京：清华大学出版社，2010.
[8] 彭细荣，杨庆生，孙卓．有限单元法及其应用［M］．北京：清华大学出版社，2012.
[9] 冷纪桐，赵军，张娅．有限元技术基础［M］．北京：化学工业出版社，2007.
[10] 胡于进，王璋奇．有限元分析及应用［M］北京：清华大学出版社，2009.
[11] 刘扬，刘巨保，罗敏．有限元分析及应用［M］．北京：中国电力出版社，2008.
[12] 石伟．有限元分析基础与应用教程［M］．北京：机械工业出版社，2010.
[13] 赵维涛，陈孝珍．有限元法基础［M］．北京：科学出版社，2009.
[14] 江见鲸，何放龙．有限元法及其应用［M］．北京：机械工业出版社，2012.
[15] 王勖成．有限元单元法［M］．北京：清华大学出版社，2003.
[16] 康国政，阚前华，张娟．大型有限元程序的原理、结构与使用［M］．成都：西南交通大学出版社，2008.
[17] 胡仁喜，康士廷，等．ANSYS 19.0 有限元分析从入门到精通［M］．北京：机械工业出版社，2019.
[18] 邢静忠，王永岗，陈晓霞，等．ANSYS 7.0 分析实例与工程应用［M］．北京：机械工业出版社，2004.
[19] 张晓磊. 钢管角钢组合塔及塔线体系［D］. 东北电力大学，2014.
[20] 江见鲸，陆新征，叶列平．混凝土结构有限元分析［M］．北京：清华大学出版社，2004.
[21] 尚晓江，邱峰，赵海峰，等．Ansys 结构有限元高级分析方法与范例应用［M］．3 版．北京：中国水利水电出版社，2015.
[22] 梁醒培，王辉，王定标，等．应用有限元分析［M］．北京：清华大学出版社，2010.
[23] 江见鲸，贺小岗．工程结构计算机仿真分析．北京：清华大学出版社，1996.